ABHANDLUNGEN DER DEUTSCHEN AKADEMIE
DER WISSENSCHAFTEN ZU BERLIN

Klasse für Mathematik, Physik und Technik
Jahrgang 1960 Nr. 7

REAKTIONSKINETIK VON ELEKTRONENPROZESSEN IN FESTKÖRPERN

Tagung
der Deutschen Akademie der Wissenschaften zu Berlin
Physikalisch-Technisches Institut
— Bereich Elektrischer Durchschlag —
vom 11.—13. April 1960

Herausgegeben von KARL WOLFGANG BÖER

Mit 126 Abbildungen und 12 Tabellen

AKADEMIE-VERLAG · BERLIN
1960

Vorgelegt von Hrn. ROMPE in der Klassensitzung vom 11. Februar 1960
Zum Druck genehmigt am gleichen Tage, ausgegeben am 30. Juni 1960

Erschienen im Akademie-Verlag GmbH, Berlin W 1, Leipziger Str. 3—4
Lizenz-Nr. 202 · 100/766/60

Gesamtherstellung: VEB Druckerei „Thomas Müntzer“ Bad Langensalza
Bestellnummer: 2001/60/I/7
Printed in Germany
ES 18 B 6/7

V O R W O R T

Im vorliegenden Band sind die Vorträge und die wichtigsten Diskussionsbemerkungen der Arbeitstagung "Reaktionskinetik von Elektronenprozessen in Festkörpern" in Berlin zusammengefaßt. Wir waren bemüht, diesen Tagungsbericht so schnell wie möglich erscheinen zu lassen, und haben daher zur Veröffentlichung den Weg der Photoreproduktion gewählt. Dabei mußte allerdings der Nachteil in Kauf genommen werden, auf eine nachträgliche Korrektur der Manuskripte zu verzichten.

Die Diskussionsbemerkungen wurden nach Tonbandaufzeichnungen von einer Wissenschaftlergruppe unter Leitung von Herrn Dipl.-Phys. Borchardt zusammengestellt. Eine redaktionelle Überarbeitung erfolgte gemeinsam mit Herrn Professor Dr. Schön, Herrn Dr. Broser und Herrn Dr. Niekisch.

Die während der Tagung gehaltenen Vorträge unterscheiden sich hinsichtlich der Bezeichnungsweise erheblich voneinander. Um ein müheloses Vergleichen der Arbeiten untereinander und eine kurzgefaßte Niederschrift der Diskussion zu ermöglichen, haben wir uns entschlossen, die Bezeichnungen für diesen Band möglichst einheitlich umzuschreiben. Dies soll allerdings einer wünschenswerten gemeinsamen Absprache über eine einheitliche Bezeichnungsweise in der Reaktionskinetik nicht vorgreifen. Wir bitten um Nachsicht dafür, daß wir, um beim Umschreiben Irrtümer möglichst zu vermeiden, die Bezeichnungen weitgehend an die in unserem Hause üblichen Bezeichnungen angeglichen haben. Es wurden folgende Bezeichnungen verwendet:

Zentren		Elektronen in den Zentren	Löcher in den Zentren
Haftstellen	H	h	-
Aktivatoren	A	-	r_A
Rekombinationszentren	N_R	n_R	p_R
Donatoren	N_D	n_D	-
Akzeptoren	N_A	-	p_A

Bei mehreren Termgruppen derselben Art wurde eine Indizierung vorgenommen. Der laufende Index beginnt mit dem Term, der dem entsprechenden Band energetisch am nächsten liegt. Die Übergänge wurden in einfachen Modellen entsprechend der Abbildung bezeichnet. Dabei weisen die angefügten

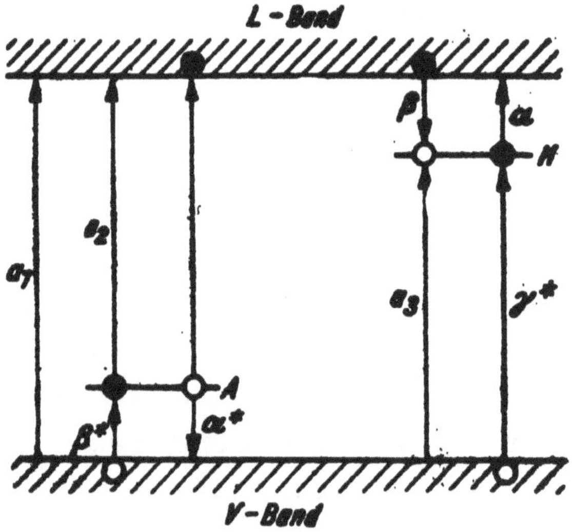

Sterne auf Löcherübergänge hin. Bei komplizierteren Modellen wurden Anfangs- und Endzustand durch Anfügen entsprechender Indizes an die griechischen Buchstaben gekennzeichnet. Für die optische Anregungsrate [$cm^3 s^{-1}$] wurden a bzw. a_1, a_2, ... gewählt, und die optische Anregungswahrscheinlichkeit [s^{-1}] wurde mit $\bar{a}$ bezeichnet. Die thermische Anregung wurde α , die Rekombination (insbesondere die strahlende Rekombination) wurde γ genannt.

Unseren an der technischen Organisation der Tagung und der Vorbereitung des Tagungsberichtes beteiligten Mitarbeitern, insbesondere Herrn Dipl.-Phys. W. Borchardt, Herrn Dipl.-Phys. R. Boyn, Herrn Dipl.-Math. S. Oberländer und Herrn Dipl.-Phys. J. Voigt möchte ich an dieser Stelle für ihre wirkungsvolle Unterstützung danken. Mein besonderer Dank gilt Herrn Professor Dr. M. Schön, Herrn Dr. I. Broser und Herrn Dr. E.A. Niekisch für ihre Mitarbeit an der redaktionellen Überarbeitung der Diskussion. Dem Akademie-Verlag schulden wir Dank für das Eingehen auf unsere Wünsche und die kurzfristige Publikation.

Berlin, im April 1960

K.W. Böer

INHALTSVERZEICHNIS

Zur Eröffnung

R. ROMPE

Erlauben Sie mir, im Namen des Präsidiums der Deutschen Akademie der Wissenschaften und im Namen des Vorstandes der Forschungsgemeinschaft der Deutschen Akademie der Wissenschaften unsere diesjährige Arbeitstagung, die den Festkörpern gewidmet ist, zu eröffnen. Ich begrüße Sie sehr herzlich im Namen dieser Institutionen sowie in meinem eigenen Namen.

Ich möchte, da Herr BÖER zur programmatischen Seite der Reaktionskinetik zu sprechen beabsichtigt, hier nur meiner besonderen Befriedigung darüber Ausdruck geben, daß die Reaktionskinetik offenbar wieder stärkere Beachtung findet. Seinerzeit - Mitte der dreißiger Jahre - war sie Ausgangspunkt zur Einführung quantenphysikalischer Gedankengänge in die Festkörperphysik. Später ist sie dann etwas in Mißkredit geraten und hat als eine sehr formale Wissenschaft gegolten. Manche Physiker meinten, daß die Ergebnisse der Reaktionskinetik nicht viel mehr darstellen als Interpolationsformeln, wie es damals in der Literatur oft diskutiert wurde.

In den letzten Jahren hat sich die Situation etwas verbessert, und die Physiker nehmen die Reaktionskinetik offenbar wieder recht ernst. Das hängt sicherlich damit zusammen, daß ihre Parameter heute viel besser als seinerzeit verstanden werden.

Ich glaube, die Zusammenstellung der Vorträge unserer diesjährigen Tagung zeigt auch das rechte Gleichgewicht zwischen der formalen Behandlung der Reaktionskinetik und der Diskussion der in sie eingehenden physikalischen Größen.

Damit eröffne ich die Tagung und wünsche für ihren Ablauf viel Erfolg.

Berlin, Physikalisch-Technisches Institut
der Deutschen Akademie der Wissenschaften

Einige Bemerkungen zur Problemstellung in der Reaktionskinetik

K.W. BÖER

Gestatten Sie mir zu Beginn dieser Tagung ein paar sehr einfache, allgemeine Bemerkungen zur Reaktionskinetik. Dabei möchte ich mich auf die Reaktionskinetik reiner Elektronenprozesse in festen Körpern beschränken, die während der Tagung besonders eingehend besprochen werden sollen.

Das physikalische Ziel reaktionskinetischer Untersuchungen ist, Kenntnis über das Reaktionsgeschehen zu erlangen und die Reaktionsparameter zu bestimmen. Im allgemeinen ist das Reaktionsgeschehen außerordentlich kompliziert. Es verläuft in großer Mannigfaltigkeit nebeneinander eine Vielzahl von Elektronenprozessen. Eine quantitative Beschreibung des Gesamtgeschehens ist hoffnungslos und scheitert an den mathematischen Schwierigkeiten.

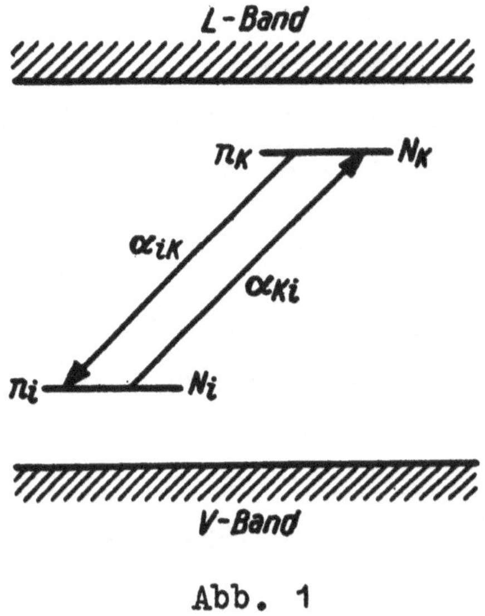

Abb. 1

Man ist daher gezwungen, zu sogenannten reaktionskinetischen Modellen überzugehen, die aus einem Energiespektrum möglicher Elektronenzustände sowie einer Anzahl von

Übergängen zwischen diesen bestehen, und mit denen im allgemeinen der zeitliche Ablauf der Bildung von Elektronenverteilungen über diese Energiezustände untersucht wird. Diese Modelle lassen sich mathematisch durch ein System simultaner nichtlinearer Differentialgleichungen von folgendem Typus beschreiben:

$$\cdots$$

$$\dot{n}_i = \sum_K \alpha_{Ki} n_K (N_i - n_i) - \sum_K \alpha_{iK} n_i (N_K - n_K)$$

$$\cdots$$

Es bedeuten die kleinen lateinischen Buchstaben die Elektronenkonzentrationen in den entsprechenden Termen und die großen lateinischen Buchstaben die entsprechenden Termkonzentrationen.

Schon dieses noch sehr allgemeine Modell enthält eine Reihe wesentlicher Vereinfachungen gegenüber der Natur. So wird z.B. eine räumliche Homogenität der Erscheinungen vorausgesetzt, die Bildung und Vernichtung von Störtermen vernachlässigt usf. Trotzdem ist eine mathematische Behandlung dieses Modells, sofern man sich nicht darauf beschränkt, eine Vielzahl von Termen und Übergängen zwischen ihnen einfach fortzulassen, bekanntlich praktisch nicht mehr durchzuführen.

Aber selbst in einem häufig untersuchten sehr weitgehend vereinfachten Modell, das nur noch zwei Termgruppen, das Leitungsband und vier Übergänge zwischen ihnen enthält (vgl. Abb. 2), ist zur mathematischen Behandlung des Problems die Lösung einer Abelschen Differentialgleichung zweiter Art nötig. Die Lösungskurven dieser Differentialgleichungen sind bekanntlich nicht mehr als geschlossene Ausdrücke bekannter tabulierter Funktionen darstellbar.

Zur Bestimmung der reaktionetischen Parameter besteht ein Weg darin, die Lösungskurve dieses Differentialgleichungssystems mit einem experimentell gefundenen Verlauf zur Deckung zu bringen. Aus dem Experiment erhält man jedoch keine einfache Kurve, sondern ein Band von der Breite der Meßfehler. In diesem Band muß die Lösungskurve des Differentialgleichungssystems untergebracht werden.

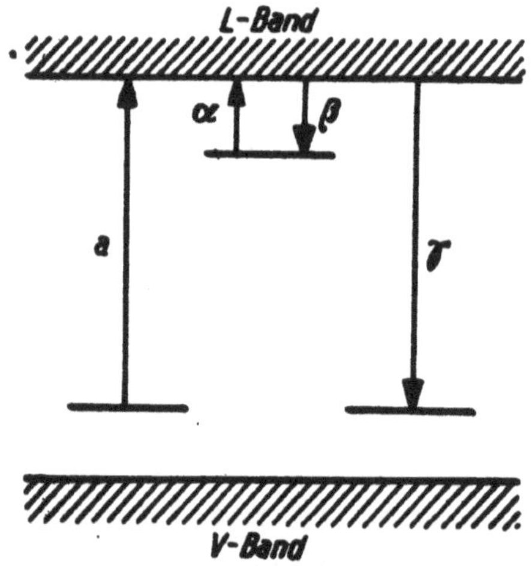

Abb. 2

Hat man auf diese infolge des numerischen Auswertungsverfahrens recht mühsame Weise ein Parametermultipel bestimmt, so ist man keineswegs gewiß, ob dieses auch eindeutig den Kurvenverlauf beschreibt. Die Vermutung, daß eine Vielzahl von Parameterkombinationen denselben experimentellen Befund zu beschreiben gestattet, hat manche Wissenschaftler davon abgehalten, sich intensiver mit reaktionskinetischen Problemen zu beschäftigen. Es liegt die Vermutung nahe, daß reaktionskinetische Modelle, die den Ablauf der Elektronenprozesse in der Natur einigermaßen richtig wiedergeben können, eine viel zu große Zahl freier Parameter enthalten und daher jeden experimentell gefundenen Kurvenverlauf in vieldeutiger Weise zu erklären gestatten.

In dieser Situation könnte man versuchen, auf ein und dieselbe Untersuchungssubstanz nacheinander eine Reihe sehr einfacher reaktionskinetischer Modelle anzuwenden, die jeweils nur einige wenige Übergänge enthalten, und aus verschiedenen Experimenten dann nacheinander alle Parameter der Modelle bestimmen. Man darf dann aber nicht erwarten, daß diese Parameter dieselben Werte haben, wie die entsprechenden Parameter in einem allgemeineren, alle Teilmodelle enthaltenden reaktionskinetischen Modell. Dies kann zwar gelegentlich der Fall sein, muß aber nicht generell gelten.

Zur Verdeutlichung soll hier auf zwei Beispiele hingewiesen werden:

1) Wird die Theorie der Glowkurven ohne Berücksichtigung des Retrappings durchgeführt, so lassen sich zwar sehr einfach numerische Ergebnisse erhalten und die Parameter des Systems rasch bestimmen. Hierbei ergibt sich für den Frequenzfaktor der thermischen Anregung von Elektronen aus Hafttermen in das Leitungsband für CdS-Einkristalle ein Wert von etwa 10^8 s^{-1}. Dieser Wert liegt um mindestens vier Größenordnungen unter dem aus der mikroskopischen Theorie zu erwartenden Frequenzfaktor. Bestimmt man diesen aus einem erweiterten reaktionskinetischen Modell, das auch den Retrapping-Übergang enthält, so ergibt sich beim CdS für ihn ein Wert von etwa 10^{12} s^{-1}.

2) Im Vortrag von Herrn VOIGT (vgl. Seite 32) wird gezeigt, daß der Rekombinationskoeffizient für den Einfang eines Elektrons aus dem Leitungsband in einen ionisierten Aktivator in einem einfachen Vierübergangsmodell denselben Wert besitzt wie in einem um drei zusätzliche Übergänge erweiterten Modell.

Es muß also festgestellt werden, daß die in einem reaktionskinetischen Modell bestimmten Parameter im allgemeinen effektive Parameter sind und sich von den echten physikalischen Parametern, die auch einer mikroskopischen Theorie zugänglich sind, wie z.B. Frequenzfaktoren, Konzentrationen, Einfangquerschnitte usf. unter Umständen um Größenordnungen unterscheiden können.

Diese Ergebnisse erscheinen zunächst entmutigend. Aber es zeichnet sich doch eine ganze Reihe hoffnungsvoller Ansätze ab. Zweifellos kann man heute noch nicht erwarten, auf einmal eine Klärung des Ablaufs von Elektronenprozessen in festen Körpern zu erhalten, sondern man muß in gewisser Weise iterativ vorgehen. Ein Weg wäre folgender:

1) Man beobachtet zunächst den Ablauf irgend eines nicht gezielten Experimentes.
2) Dann sucht man ein physikalisch naheliegendes ökonomisches Modell, das den experimentellen Ablauf zu beschreiben gestattet.
3) Man sucht die Parameter des Modells durch Vergleich mit dem Experiment zu bestimmen. Dabei sollte man zweckmäßigerweise neue gezielte Experimente anstellen, die eine Parameterbestimmung in möglichst einfacher Weise gestatten.
4) Durch einen Vergleich mit anderen experimentellen Ergebnissen und den zur Erklärung dieser Ergebnisse verwandten Modellen versucht man dann ein möglichst allgemeines ökonomisches Modell zu konstruieren, das das breite Spektrum der experimentellen Ergebnisse zu erklären gestattet.
5) Schließlich wird man durch Vergleich der aus den Teilmodellen erhaltenen Parameter ihre Zuverlässigkeit prüfen und Kontrollmöglichkeiten suchen, um abzuschätzen, inwieweit die gefundenen effektiven Parameter von den echten abweichen.

Zur Erläuterung der Problemrichtungen, bei denen neue Untersuchungsmethoden erarbeitet werden müßten bzw. die bisher entwickelten Methoden zu vervollkommnen sind, will ich für die oben angegebene Aufgabenreihe einige Beispiele anführen:

Zu 1) Man betrachte hierzu einen Photoleiter und untersuche das Anklingen der Photoleitung nach dem Einschalten einer Belichtung. Bekanntlich unterscheidet sich dieses Anklingen von Prüfling zu Prüfling und für unterschiedliche Anregungsbedingungen sehr weitgehend. Beachtet man bei den so erhaltenen Meßkurven nur die zeitliche Reihenfolge charakteristischer Punkte, als welche Extrema und Wendepunkte bezeichnet werden sollen, so können alle bisher gefundenen Kurven in fünf verschiedene Klassen eingeteilt werden (vgl. Abb. 3). Dabei gehören Anklingkurven unterschiedlicher Klassen im allgemeinen zu verschiedenen Prüflingen bzw. zu unterschiedlichen Anregungsbedingungen.

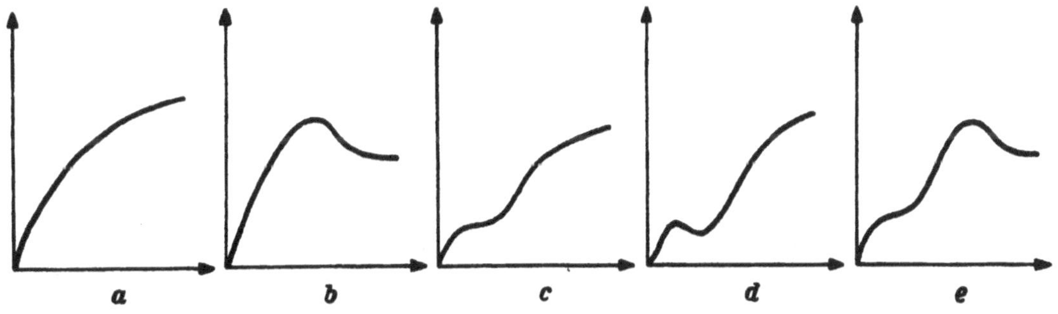

Abb. 3

Zu 2) Zur Untersuchung, welches Modell den Kurvenverlauf einer Klasse zu beschreiben gestattet bzw. welche Modelle dies grundsätzlich nicht können, haben wir vor einigen Jahren mit Herrn VOGEL ein sehr einfaches Verfahren entwickelt [1]. Dieses gestattet, mit Hilfe eines schachbrettartigen Schemas innerhalb weniger Minuten den grundsätzlich möglichen Lösungskurvenverlauf hinsichtlich des Auftretens und der zeitlichen Reihenfolge von Wendepunkten und Extrema zu übersehen, so daß man in der Lage ist, ohne jede Rechnung solche Modelle von der weiteren Untersuchung auszuschließen, deren Lösungskurven nicht den experimentell gefundenen Verlauf aufweisen können. Herr OBERLÄNDER hat inzwischen mit einem ähnlichen, allgemeineren Ziel eine sogenannte Prämissionsmethode entwickelt, über die er im Laufe der Tagung berichten wird.

Mit diesen Methoden läßt sich z.B. zeigen, daß das in Abb. 3 gezeichnete Modell Lösungskurven der Klasse a und c enthält, sofern der Koeffizient für das Anhaften der Elektronen an Hafttermen größer als der Koeffizient für die Rekombination von Elektronen in die Aktivatoren ist. Ist dies z.B. auf irgendeine andere Weise zuvor festgestellt worden, so scheiden die Verläufe b und e für eine Erklärung innerhalb des Modells aus. Ein Verlauf der Klasse d, so wie er gelegentlich gefunden wird, - Herr WANTOSCH wird darüber ausführlich auf der Tagung berichten - ist überhaupt nicht mit dem angegebenen Modell zu erklären.

Zu 3) Betrachten wir zur näheren Erläuterung Anklingkurven der Klasse a und c etwas genauer. Zu ihrer Beschreibung soll das in Abb. 2 angegebene Modell benutzt werden. Beide Anklingkurven lassen sich an ein und demselben Kristall erhalten. Es ist nun unzweckmäßig, Kurven der Klasse a zur Parameterbestimmung zu benutzen. Sehr viel einfacher gelingt dies mit Kurven der Klasse c, die über zwei charakteristische Punkte verfügen. In diesen verschwinden gewisse Ableitungen der Lösungskurven, wodurch sich das Differentialgleichungssystem an diesen Stellen beträchtlich vereinfacht. Es ist also naheliegend, die Anregungsbedingungen so zu wählen, daß Anklingkurven mit charakteristischen Punkten auftreten, und diese selbst dann zur Auswertung zu benutzen. Wir haben diese Methode als

Methode der charakteristischen Punkte bezeichnet [2]. Man kann hier sogar noch einen Schritt weitergehen. Die Kurven der Klasse c zeigen eine Art Plateau. Hier tritt nicht nur ein Wendepunkt auf, sondern es verschwindet näherungsweise die erste zeitliche Ableitung. Dieser charakteristische Punkt ist zur Auswertung besonders verlockend und aus ihm lassen sich, wie wir vor einigen Jahren gezeigt haben, in besonders einfacher Weise zwei Parameter des Modells bestimmen [2,3].

Zur Bestimmung des vollständigen Satzes der reaktionskinetischen Parameter dieses Modells ist aber das Anklingen der Photoleitung in der hier beschriebenen Art nicht besonders geeignet. Es ist daher zweckmäßig, nach einem gezielten Experiment zu suchen, bei dessen Auswertung in einfacher Weise die Parameter erhalten werden können. Wir haben für dieses Beispiel mit Herrn OBERLÄNDER ein solches einfaches Verfahren beschrieben [4,5]. Es ist die Methode der gesteuerten Anregung. Hierbei ändert man nach dem Einschalten der Lichtanregung von einem Zeitpunkt ab, bei dem noch nicht die stationäre Photoleitung erreicht worden ist, die Lichtintensität so, daß sich nunmehr die Photoleitung nicht mehr ändert. Die jetzt zeitlich variable Lichtintensität ergibt in sehr einfacher Weise den vollständigen Satz der Parameter des Systems.

Diese Parameter können nun auch unter Ausnutzung anderer Experimente mehrfach bestimmt werden, so z.B. mit der Wechsellichtmethode, der Methode der Glowkurven, usf. [6]. Stimmen die Werte der Parameter für die verschiedenen Methoden miteinander überein, so kann man daraus einen gewissen Hinweis für die Zuverlässigkeit der gefundenen Parameterwerte entnehmen.

Zu 4) Die Tatsache, daß eine Glowkurve im allgemeinen mehrere Maxima zeigt, das Auftreten der Superlinearität der Photoleitung, die Existenz von Tilgungseffekten u.a. zeigt jedoch, daß das in Abb. 2 angegebene Modell nicht ausreichend für das physikalische Gesamtgeschehen der untersuchten Kristalle sein kann. Es müssen vielmehr noch weitere Übergänge über das Valenzband hinzugenommen sowie außer den eingezeichneten Termen noch weitere berücksichtigt werden. Es erhebt sich nun die Frage, inwieweit die für das Vierübergangsmodell bestimmten Parameter auch in einem allgemeineren Modell denselben Wert behalten. Diese Frage ist natürlich allgemein nicht einfach zu beantworten. Wir haben sie am Beispiel der Erweiterung des Vierübergangsmodells auf ein Siebenübergangsmodell (vgl. Abb. 4) etwas genauer untersucht.

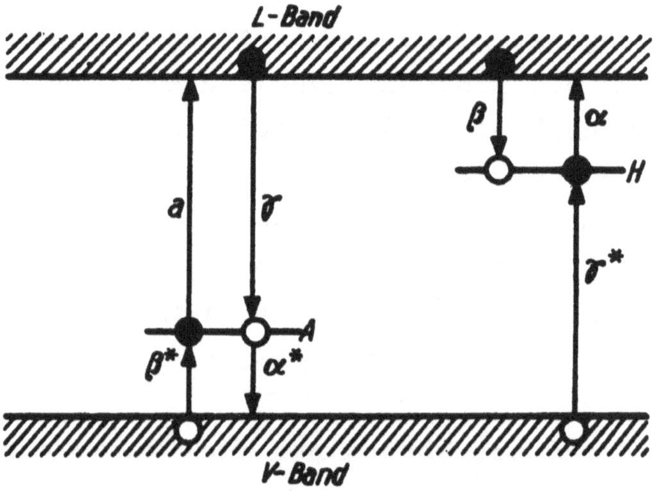

Abb. 4

Herr VOIGT wird in seinem Vortrag darauf etwas näher eingehen. Dabei läßt sich zeigen, daß die

Hafttermkonzentration und der Rekombinationskoeffizient für den Übergang von Elektronen aus dem Leitungsband in ionisierte Aktivatoren in beiden Modellen denselben Wert haben. Über die anderen beiden Parameter läßt sich zur Zeit noch nichts aussagen. Die theoretischen Untersuchungen hierzu sind im vollen Gange.

Zu 5) Zur letzten Frage schließlich, inwieweit nämlich die auf diese Weise bestimmten effektiven Parameter von den echten Parametern abweichen, kann zum augenblicklichen Zeitpunkt noch nicht viel gesagt werden. Hier müssen entsprechende Untersuchungen erst einsetzen.

Mit diesen wenigen Beispielen sollte gezeigt werden, in welcher Weise versucht wird, die beschriebene Problemstellung zu befolgen, und wo noch größere Lücken offenstehen. Dabei wurde verständlicherweise nicht auf Vollständigkeit Wert gelegt, so daß eine ganze Reihe interessanter besonders aussichtsreicher Methoden hier keine Erwähnung fand, z.B. insbesondere die Methode der Quasistationaritäten oder der Quasigleichgewichte usf. Es ist bereits eine Vielzahl von Ansätzen vorhanden, um sich zwingend ergebende Vereinfachungen auch tatsächlich auszunutzen. Man sollte sich bemühen, in viel stärkerem Maße als bisher solche Vereinfachungsmöglichkeiten auszunutzen und durch sie das rein gefühlsmäßige Fortlassen von Übergängen zu ersetzen.

Zusammenfassend kann festgestellt werden, daß zwar das Reaktionsgeschehen von Elektronenprozessen in Festkörpern außerordentlich kompliziert ist, daß es aber doch recht sinnvoll erscheint, einfachere reaktionskinetische Modelle zur Beschreibung eines Teilgeschehens zu verwenden. Es existieren bereits mathematische Methoden, die bei der Auswahl geeigneter Modelle behilflich sein können. Die Bestimmung des vollständigen Satzes der Parameter dieser Modelle sollte möglichst durch mehrere Arten von Experimenten, die unabhängig voneinander sind, erfolgen. Bei der Auswertung der Ergebnisse ist zu berücksichtigen, daß die gewonnenen reaktionskinetischen Parameter effektive Parameter sind, die sich von den echten Größen gegebenenfalls beträchtlich unterscheiden können.

Literatur:

[1] K.W. BÖER und H. VOGEL, Z. Phys. Chem. 206 (1956) 1-40
[2] K.W. BÖER und H. VOGEL, Ann. Phys. (6) 17 (1955) 10
[3] K.W. BÖER und H. WANTOSCH, Ann. Phys. (7) 2 (1959) 406
[4] K.W. BÖER und S. OBERLÄNDER, Z. Naturforsch. 13a (1958) 351
[5] S. OBERLÄNDER, Z. Naturforsch. 14a (1959) 91
[6] K.W. BÖER, Wiss. Z. d. Humboldt-Univ. 3 (1958/59) 352

Berlin, IV. Physikalisches Institut der Humboldt-Universität und Physikalisch-Technisches Institut der Deutschen Akademie der Wissenschaften, Bereich elektrischer Durchschlag

Diskussion

RUPPEL: Es wurde in diesem Vortrag darauf hingewiesen, daß für den Frequenzfaktor ohne Berücksichtigung des Retrappings $10^8\ s^{-1}$, mit Berücksichtigung desselben $10^{12}\ s^{-1}$ erhalten wurde. Kann man nun sagen, daß ein reaktionskinetisches Modell, das für den Frequenzfaktor $10^{12}\ s^{-1}$ ergibt, a priori besser sei, weil $10^{12}\ s^{-1}$ der physikalisch vernünftigere Wert ist? Läßt sich nicht vielmehr vermuten, daß auch eine kleinere Frequenz durchaus physikalisch vernünftig ist, da das Potentialgebirge um eine Haftstelle nicht kugelsymmetrisch zu sein braucht und dann nur an wenigen Sattelpunkten den Elektronen die Möglichkeit zum Durchschlüpfen frei gibt?

SEIWERT: Es existieren hierzu theoretische Arbeiten von VASILEFF [1], HAKE [2] und HERMAN und MEYER [3]. Diese Autoren sind der Ansicht, daß auch $10^8\ s^{-1}$ ein recht ver-

nünftiger Wert für den Frequenzfaktor ist.
BÖER: Dieses Beispiel sollte nur angeführt werden, um zu zeigen, daß aus verschiedenen reaktionskinetischen Modellen Parameter für ein und denselben Übergang erhalten werden können, die sich um Größenordnungen voneinander unterscheiden. Dabei sollte der Wert 10^{12} s^{-1} nicht als Wert für den echten physikalischen Parameter bezeichnet werden. Es ist jedoch recht wahrscheinlich, daß der unter Berücksichtigung des Retrappings gewonnene Wert dem echten Frequenzfaktor näher kommt als der Wert, der sich aus dem Vergleich zwischen dem einfacheren Modell und dem Experiment ergibt. Gerade dieses Beispiel ist aber auch deshalb besonders bemerkenswert, weil es zeigt, wie gefährlich es ist, reaktionskinetische Parameter anzugeben, ohne zu beachten, daß es sich hier um effektive Parameter handelt. Die unter Zugrundelegung dieser Parameter angestellten Überlegungen einer mikroskopischen Theorie sind sicher verfrüht, und ihre Ergebnisse können zu beträchtlichen Fehlschlüssen führen.

SCHÖN: Bei Kristallphosphoren insbesondere vom ZnS-Typ sind nach unseren Untersuchungen die Verhältnisse so kompliziert, daß sich quantitative Aussagen aus Glowkurven, zu denen u.a. auch die Bestimmung des Frequenzfaktors gehört, nur sehr schwer gewinnen lassen.
BOHUN: Die große Unsicherheit, die auf dem Gebiet des Frequenzfaktors für die thermische Anregung eines Elektrons besteht, wird deutlich durch eine andere extremale Angabe. PARFIANOVIČ [4] hat für diesen Frequenzfaktor 10^{17} s^{-1} angegeben.
BROSER: Es wurde im Vortrag darauf hingewiesen, daß reaktionskinetische Modelle außerordentlich wichtig sind, um mit ihrer Hilfe aus den Experimenten letztlich auch echte Reaktionsparameter, die einer mikroskopischen Theorie zugänglich sind, zu erhalten. Ich möchte in Ergänzung dazu darauf hinweisen, daß derartige Modelle zum Teil

auch für den Experimentator gemacht sind, der sich bei seiner experimentellen Arbeit an irgendein Modell halten möchte, mit dessen Hilfe er das experimentelle Geschehen inter- und extrapolieren kann. Zu diesem Zwecke ist die absolute Größe einzelner Parameter nicht entscheidend, sondern vielmehr allein die Tatsache, eine Anzahl Parameter zur Verfügung zu haben, mit deren Hilfe sich eine große Zahl experimenteller Ergebnisse beschreiben läßt, bzw., was vielleicht das wichtigste ist, gewisse Experimente voraussagen lassen. Man sollte in diesem Sinne diese Modelle nicht nur zum Vergleich mit physikalischen Grundlagen, also zur Bestimmung mikroskopischer Größen heranziehen, sondern auch als ein Schema betrachten, in dem sich die zahlreichen Ergebnisse einordnen lassen.

BOHUN: Die Mannigfaltigkeit der Parameter wird noch größer, wenn man, wie es häufig nötig ist, außer den Elektronenprozessen noch Diffusionsprozesse schwerer Gitterbausteine berücksichtigt.

ROMPE: Die Reaktionskinetik wird in vielen anderen Gebieten der Physik ebenfalls benutzt, wie z.B. in der Plasmaphysik, Photochemie und Kernphysik. Am problematischsten ist sie in der Halbleiterphysik. Das hat offenbar seinen Grund darin, daß man in den anderen Gebieten zuerst durch gezielte Experimente die Reaktionspartner und ihre Konzentrationen, die Elementarprozesse und ihre Wirkungsquerschnitte geklärt und bestimmt hat und dann, wenn man dadurch die wichtigsten Parameter kannte, festgestellt hat, daß man mit diesen Parametern Reaktionskinetik treiben kann. In der Halbleiterphysik ist man umgekehrt vorgegangen. Ich würde daher vorschlagen, die Punkte 1 und 2 des im Vortrag genannten Untersuchungsprogramms zu streichen. Sollte man das jedoch nicht können, so glaube ich, daß man im Grunde keine echte Reaktionskinetik treibt, sondern zumindest in dieser Phase noch reine Interpolationsformeln vor sich hat.

Literatur:

[1] H.D. VASILEFF, Phys. Rev. 96 (1954) 603
[2] C.H. HAKE, J. Opt. Soc. America 47 (1957) 649
[3] R.C. HERMAN und C.F. MEYER, J. Appl. Phys. 17 (1946) 743
[4] Angaben bei Č.B. LUŠČIK, Trudy FIAN 8 (1958) 93

Bemerkungen zu reaktionskinetischen Modellen

MICHAEL SCHÖN

Für die photoleitenden Phosphore, zu denen besonders auch die Gruppe der II-VI-Verbindungen gehört, war die Reaktionskinetik von großer Bedeutung. Gelang es doch nur mit Hilfe kinetischer Fragestellungen, experimentell Aufschluß über die Elementarprozesse zu erhalten, die den Ablauf der Elektronenvorgänge in diesen Kristallen bestimmen.

Die Photoleitung ist der jeweiligen Konzentration freier angeregter Ladungsträger, meist der e i n e s Vorzeichens, proportional. Die Konzentration der Ladungsträger wird durch die Anregungs- und Rekombinationsprozesse bestimmt, über die man also durch Photoleitungsmessungen m i t t e l b a r Auskunft erhält. U n m i t t e l b a r erfaßt man die Rekombinationsvorgänge durch Messungen des Verhaltens der Lumineszenz, wenigstens in den Fällen, in denen der Leuchtvorgang auf einer reinen Rekombination beruht, wie es bei den mit Cu, Ag oder Au u.a. aktivierten Sulfidphosphoren, nicht aber bei den mit Mn oder Seltenen Erden aktivierten, der Fall ist. Auch die strahlungslosen Rekombinationsprozesse lassen sich durch Lumineszenzmessungen erfassen. Sie stehen mit den leuchtenden in Konkurrenz und äußern sich in der Lumineszenzausbeute.

Die ersten reaktionskinetischen Modelle wurden an Hand von Lumineszenzuntersuchungen entwickelt. Aus der Tatsache der Photoleitung wußte man, daß man das Bändermodell zugrunde legen muß, aus den Messungen von ANTONOV-ROMANOVSKIJ über den Gang der Helligkeit des Leuchtens mit der anregenden Lichtsumme während kurzzeitiger Anregung, daß geschwindigkeitsbestimmend beim Elementarvorgang des Leuchtens ein Rekombinationsprozeß ist. Da die Emissionswellenlänge von der Art des Aktivators abhängt, war es nun sehr leicht, den lokalisierten Aktivatorterm in das Bändermodell einzuzeichnen. Man muß verlangen, daß er im Grundzustand mit einem Elektron besetzt ist, daß er also unterhalb der FERMI-Grenze liegt. Außerdem zwangen die Erscheinungen der einfrierbaren Phosphoreszenz mit der temperaturabhängigen und durch IR beeinflußbaren Nachleuchtdauer zur zusätzlichen Annahme von lokalisierten Termen oberhalb der FERMI-Grenze, den Haftstellen für Elektronen. Um die gute Lichtausbeute auch bei Band-Band-Anregung zu verstehen, wie sie sich besonders bei Anregung durch hochenergetische Strahlung äußert, mußte man bereits in der ersten Fassung des Modells annehmen, daß Löcher im Valenzband sehr rasch mit Elektronen aus den Aktivatortermen aufgefüllt werden. Im übrigen wurde aber noch keine Wechselwirkung mit Löchern berücksichtigt, weshalb es auch nicht möglich war, aus dem Modell irgendwelche Aussagen über das Ausbeuteverhalten zu machen.

Die in der Festkörperphysik bis dahin noch nicht diskutierte Wechselwirkung mit den Löchern mußte zunächst eingeführt werden, um den bei Phosphoren mit mehreren Aktivatoren bei Variation der Intensität oder der Temperatur beobachteten Farbumschlag zu verstehen. Das war in einfacher Weise mit der Annahme möglich, daß Elektronen thermisch aus dem Valenzband in ionisierte Aktivatoren übergehen, bzw., was damit äquivalent ist, daß in Aktivatoren eingefangene Löcher thermisch ins Valenzband frei gemacht werden. (Die Berechnung der Wahrscheinlichkeit dieses Prozesses ist im "Löcherbild" besonders einfach. Daher empfiehlt es sich allgemein, zur Darstellung der Elektronenprozesse unterhalb der FERMI-Grenze das "Löcherbild" zu verwenden). Die thermische Wechselwirkung zwischen Aktivatoren und Valenzband, die analog zu der zwischen Haftstellen und Leitungsband ist, bedingt aber auch das Vorhandensein von freien Löchern im Valenzband in einer Konzentration, die mindestens gleich der ist, die dem quasithermischen Gleichgewicht entspricht. Dadurch werden nun auch Rekombinationsprozesse zwischen in Haftstellen eingefangenen Elektronen und freien Löchern möglich, die man als strahlungslos annehmen mußte, da eine entsprechende Strahlung nicht beobachtet wurde. Mit diesen Prozessen konnte man sofort eine wichtige Tatsache verstehen, daß nämlich z.B. ZnS:Ag- Phosphore keine Phosphoreszenz zeigen, während ZnS:Cu- Phosphore sehr stark nachleuchten. Der zur blauen Emission führende Ag-Term liegt tiefer als der grün leuchtende Cu-Term. Daher ist im ZnS:Ag cet.par. die Konzentration der Löcher größer als im ZnS:Cu und damit auch die Zahl der strahlungslosen Rekombinationen. Die Haftstellen entleeren sich dann nicht über das Leitungsband sondern über das Valenzband.

Die Zuordnung der strahlungslosen Übergänge zu diesen Rekombinationsprozessen schien zunächst einige Schwierigkeiten zu machen, da sie zu Aussagen über das Ausbeuteverhalten führte, die mit den experimentellen Befunden nicht im Einklang waren. Aber durch die Entdeckung der Superlinearität der A u s b e u t e der Lumineszenz durch NAIL, URBACH und PEARLMAN sind diese Widersprüche behoben worden.

Wir kommen somit auf Grund der Lumineszenzerfahrungen zu dem M i n i m a l - Modell der photoleitenden Phosphore, das mindestens zwei Sorten von Gitterstörungen hat, von denen im allgemeinen der eine Term unterhalb, der andere Term oberhalb der FERMI-Grenze liegt. Dieses Modell ist symmetrisch in Elektronen und Löchern. Die eine Art der Gitterstörungen wirkt als Elektronenfänger, die andere als Fänger für Löcher. Die eingefangenen Elektronen können mit freien Löchern, die eingefangenen Löcher mit freien Elektronen rekombinieren. Außerdem stehen die eingefangenen Elektronen mit dem Leitungsband, die eingefangenen Löcher mit dem Valenzband in thermischer Wechselwirkung. Wegen der bei photoleitenden Phosphoren im allgemeinen großen Breite der verbotenen Zone können thermische Wechselwirkungen zwischen Haftstellen und Valenzband sowie zwischen Aktivatoren und Leitungsband vernachlässigt werden. Bei der Anregung entstehen "Paare" von Löchern und Elektronen, von denen je nach der Art der Anregung die einen oder die anderen schon bei der Anregung lokalisiert sein können. Die Paare verschwinden durch Rekombinationsprozesse zwischen einem freien und einem gebundenen Partner. Auf Grund der Erfahrungen bei der Lumineszenz spielen Rekombinationen zwischen freien Partnern eine allenfalls untergeordnete Rolle. Bei den Phosphoren ist der eine der beiden Rekombinationsprozesse leuchtend, der andere strahlungslos.

Dieses Minimal-Modell ist nicht das einzig mögliche. Aber es ist das Modell, in das sich die beobachteten Erscheinungen der Lumineszenz und der Photoleitung am zwanglosesten einordnen lassen, und vor allem, es ist das Modell, das mit unseren Kenntnissen über die Struktur der photoleitenden Phosphore am besten übereinstimmt.

So wissen wir, daß bei der Präparation der Phosphore die uns interessierenden Aktivatoren nur bei geeigneter Koaktivierung in die Kristalle eingebaut werden können. (Die Aktivatoren, im Periodischen System links von den Grundgitterbausteinen stehend, würden für sich allein als Akzeptoren, die rechts von den Grundgitterbausteinen stehenden Koaktivatoren als Donatoren wirken. Erst durch den gleichzeitigen Einbau, bei dem die "Akzeptoren" ein Elektron von den "Donatoren" übernehmen, werden sie zu "Aktivatoren".) Als Koaktivatoren können auch Anionenlücken dienen. Die Koaktivatoren wirken als Elektronenhaftstellen, da sie bei der Präparation Elektronen abgegeben haben. Sie bilden das System der flachen Haftstellen, deren Konzentration mit der der Aktivatoren vergleichbar sein muß. Aber auch unabhängig von der Aktivierung zum Leuchten sollte man bei unseren Kristallen, die einen polaren Bindungsanteil haben, Störungen auf der Kationen- und auf der Anionenseite haben, die, wie man sich leicht überlegen kann, in ihrem Verhalten gegenüber den Elektronen und Löchern symmetrisch - allerdings mit Unterschieden in den Termlagen und den Einfangquerschnitten - sind. Schwieriger werden allerdings die Verhältnisse, wenn wir auch die FRENKEL-Defekte berücksichtigen, die in unseren Kristallen praktisch nur auf der Kationenseite zu erwarten sind. Aber auch hier ist zu erwarten, daß die den Kationenlücken und die den Kationen auf Zwischengitterplätzen entsprechenden Terme auf entgegengesetzten Seiten der FERMI-Grenze liegen. Die in unserem Minimal-Modell auf Grund des Lumineszenzverhaltens angenommenen zwei Arten von lokalisierten Stördermen dürften daher allgemein in unseren Kristallen vorhanden sein.

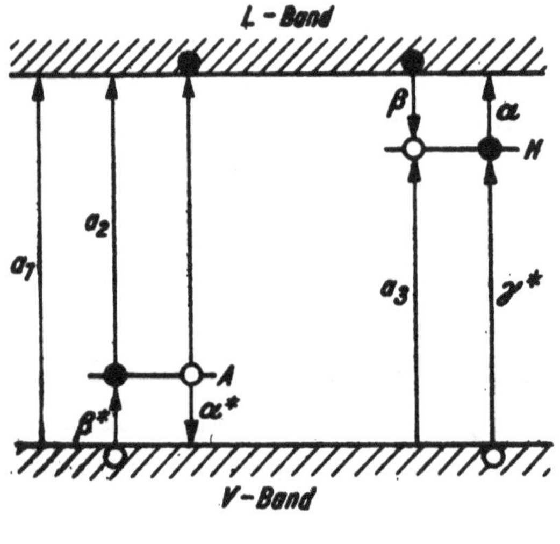

Abb. 1

In Abb. 1 ist das Minimal-Modell dargestellt. Von den Übergängen zwischen Leitungsband L, Haftstellen der Konzentration H, Aktivatoren der Konzentration A und dem Valenzband V sind berücksichtigt: die leuchtende Rekombination freier Elektronen n mit Löchern p_A in Aktivatoren (ihre Häufigkeit pro cm^3 und s ist gleich der Zahl I der emittierten Quanten pro cm^3 und s, $I = \gamma n p_A$), der Einfang freier Elektronen in unbesetzte Haftstellen mit der Häufigkeit $\beta n(H-h)$, der Übergang von Elektronen aus den Haftstellen ins Leitungsband - thermisch oder auch durch Strahlung induziert - mit der Häufigkeit α h, die strahlungslose Rekombination zwischen freien Löchern p_V und eingefangenen Elektronen h mit der Häufigkeit $\gamma^* h\ p_V$, der Einfang von freien Löchern in Aktivatoren mit der Häufigkeit $\beta^* p_V(A-p_A)$ und das - thermische oder strahlungsinduzierte - Freiwerden der eingefangenen Löcher mit der Häufigkeit $\alpha^* p_A$. Für die Anregung hat man drei Möglichkeiten: die Band-Band-Anregung mit a_1 pro cm^3 und s erzeugten freien Elektronen und Löchern, die Anregung aus den Aktivatoren mit $a_2 = \bar{a}_2(1-p_A/A)$ pro cm^3 und s erzeugten freien Elektronen und eingefangenen Löchern und die Anregung von Elektronen aus dem Valenzband in Haftstellen mit $a_3 = \bar{a}_3(1-h/H)$ pro cm^3 und s erzeugten eingefangenen Elektronen und freien Löchern. Die Wahrscheinlichkeiten α bzw. α^* $[s^{-1}]$ setzen sich additiv zusammen aus einem thermischen und einem Strahlungsanteil. Dieser ist der eingestrahlten Intensität proportional und kann, wenn man nicht gerade IR-Versuche diskutiert, vernachlässigt werden. Zwischen dem thermischen Anteil und dem entsprechenden Einfangkoeffizienten β bzw. β^* $[cm^3 s^{-1}]$ besteht die Beziehung:

$$(1) \quad \frac{\alpha}{\beta} \left(\text{bzw.} \frac{\alpha^*}{\beta^*}\right) = N_L \,(\text{bzw.}\, N_V) \cdot \exp\left(-\frac{E}{kT}\right)$$

wobei N_L bzw. N_V die statistischen Gewichte des Leitungs- bzw. des Valenzbandes bedeuten und für E die entsprechenden Haftenergien der Elektronen bzw. Löcher einzusetzen sind.

Unter Berücksichtigung der genannten Prozesse erhält man die Bilanzgleichungen, aus denen sich das dem Minimal-Modell entsprechende Lumineszenz- und Photoleitungsverhalten berechnen läßt:

$$(2) \quad \frac{dn}{dt} = a_1 + \bar{a}_2\left(1-\frac{p_A}{A}\right) - \gamma n p_A - \beta n\,(H-h) + \alpha h$$

(3) $$\frac{dh}{dt} = \bar{a}_3\left(1-\frac{h}{H}\right) + \beta n(H-h) - \alpha h - \gamma^* h p_V$$

(4) $$\frac{dp_A}{dt} = \bar{a}_2\left(1-\frac{p_A}{A}\right) - \gamma n p_A + \beta^* p_V (A-p_A) - \alpha^* p_A$$

(5) $$\frac{dp_V}{dt} = a_1 + \bar{a}_3\left(1-\frac{h}{H}\right) - \beta^* p_V (A-p_A) + \alpha^* p_A - \gamma^* h p_V$$

Die Gleichungen lassen sich in dieser allgemeinen Form auch nicht für den stationären Fall lösen. Sie lassen sich jedoch mit Hilfe der Neutralitätsbedingung, die wir für unseren Fall zweckmäßig in der Form

(6) $$n + h = p_V + p_A$$

schreiben, praktisch ohne Beeinträchtigung der Genauigkeit vereinfachen. Solange die Gitterstörungen nicht voll aufgefüllt sind, muß $n \ll h$ und $p_V \ll p_A$ sein, so daß wir mit

$$h = p_A$$

rechnen können. Wenn jedoch bei $H < A$ die Elektronenhaftstellen oder bei $A < H$ die Aktivatoren bei stärkerer Anregung aufgefüllt werden, wird schließlich $n > h = H$ bzw. $p_V > p_A = A$, und wir können mit den Beziehungen

$$n + H = p_A \qquad \text{bzw.} \qquad p_V + A = h$$

rechnen. Aus Gründen, auf die wir später noch zurückkommen, hat der Fall, daß bei extremer Anregung beide Arten von Störungen voll gefüllt werden, keine Bedeutung, so daß wir die Beziehung

$$n + H = p_V + A$$

nicht zu berücksichtigen brauchen.

Mit dieser einzigen Vereinfachung lassen sich für

den stationären Fall allgemeine exakte Lösungen angeben, die sich in den Grenzbereichen der Näherungen gut aneinander anschließen. Weniger allgemein, aber für die Diskussion ausreichend, sind die Lösungen, die man für das Abklingen erhält. (Es ergeben sich nicht nur die bekannten Abklingfunktionen für das Leuchten nach einer Hyperbel zweiten Grades, also ein Abklingen mit t^{-2}, sondern auch Abklingmöglichkeiten mit $t^{-\frac{1}{2}}$ und t^{-1}.) Schwieriger ist dagegen die Berechnung der Anklingvorgänge. Solange im Beginn des Anklingens die Rekombinationsprozesse mit den Übergangskoeffizienten γ und γ^* noch klein von zweiter Ordnung sind, lassen sich Lösungen angeben, die für den Photostrom die bekannten Plateaus ergeben. Für den weiteren Verlauf der Anklingkurve erhält man erst wieder Lösungen, wenn man annehmen kann, daß sich das quasithermische Gleichgewicht zwischen freien und eingefangenen Ladungsträgern eingestellt hat (d.h. nach Zeiten $1/\alpha$ bzw. $1/\alpha^*$).

Als Beispiel für die stationären Lösungen sei der Ausdruck angegeben, aus dem man im Bereich $h = p_A$ bei Band-Band-Anregung sofort ersehen kann, ob Superlinearität des Photostroms vorliegt oder nicht. Man erhält

$$(7) \qquad \frac{d\ln\frac{n}{a_1}}{d\ln a_1} = \frac{d\ln w}{d\ln a_1}\left(1 - \frac{w}{1+w} - \frac{w}{w-w_0} - \frac{w}{\xi - w}\right),$$

n ist dem Photostrom proportional. Man sieht sofort, daß man lediglich das Vorzeichen der rechten Seite zu diskutieren hat. Ist es positiv, so liegt Stromsuperlinearität vor.

$w = I/I'$ ist das Verhältnis der Häufigkeit der beiden Rekombinationsprozesse, eng verwandt mit der Quantenausbeute η des Leuchtens $[\eta = w/(1+w)]$ und vor allem eine charakteristische Variable, die mit den übrigen in einfach zu gewinnenden Zusammenhängen steht.

w_0 ist der Wert von w bei verschwindender Anregungsintensität. Zu beachten ist noch - was sich leicht beweisen läßt - daß $w(a_1)$ eine monotone Funktion ist, daß also $w-w_0$ und $d \ln w/d \ln a_1$ (die beide das gleiche Vorzeichen haben) für einen bestimmten Kristall nur ein Vorzeichen haben können (welches, läßt sich auf Grund einer einfachen Beziehung zwischen den Parametern des Modells sofort feststellen). Ist nun das Vorzeichen positiv, d.h. nimmt die Ausbeute mit der Intensität zu (es braucht keine Superlinearität der Ausbeute vorzuliegen, die ja durch $d \ln w/d \ln a_1 > 1$ gegeben ist, während hier $d \ln w/d \ln \alpha_1 > 0$ genügt), so ist die Superlinearität des Stroms an die Bedingung geknüpft, daß die Klammer in (7) rechts positiv ist. Die beiden ersten Glieder in der Klammer sind zusammen stets positiv und < 1, der Absolutwert des dritten Gliedes ist bei $w > w_0$ größer als 1, so daß die ersten drei Glieder zusammen negativ sind. Ihre Summe beträgt

$$- \frac{w_0 + w^2}{(1+w)(w-w_0)}$$

Sie ist für große Werte von w gleich -1 und kann durch das vierte Glied, das im allgemeinen höchstens den Wert +1 haben kann, nicht mehr kompensiert werden. Dagegen wird sie für $w_0 \ll w \ll 1$ gleich $-w$. In diesem Fall kann die Klammer positiv werden. Superlinearität des Stroms kann also nur bei kleinen Werten von w auftreten. Ob sie wirklich auftritt, hängt nun von dem vierten Glied ab. $w/(\xi - w)$ muß dann negativ sein. Das ist nur möglich, wenn $w > \xi$ ist. ξ ist nun eingeführt als formaler, physikalisch wegen der Begrenzung der Zahl der Elektronen in den Haftstellen ($h \leq H$) nicht erreichbarer Wert von w für den Fall $h = \infty$. ξ ist in der Beziehung $a_1 = f(w)$ einer der drei Pole, entspricht also einer Unendlichkeitsstelle von a_1 und kann daher nicht zwischen w und w_0 liegen. Daher muß bei Stromsuperlinearität auch $\xi < w_0$ sein. Außerdem muß $|\xi|$ sehr klein sein.

Nun ist ξ selbst gegeben durch die Beziehung

$$\xi = \frac{\frac{\gamma}{\beta} - \frac{\gamma}{\gamma^*}\frac{N_L}{N_V}\exp\left[-\frac{E_H - E_A}{kT}\right]}{\frac{\gamma}{\beta^*}\frac{N_L}{N_V}\exp\left[-\frac{E_H - E_A}{kT}\right] - 1} \tag{8}$$

Die Bedingungen, daß $|\xi|$ sehr klein und $\xi < w_0$ sein muß, sind aber praktisch nur zu erfüllen, wenn die Exponentialfunktion klein ist, also $E_H > E_A$ gilt, und wenn außerdem $\gamma / \beta \ll 1$ ist.

In dem Fall, daß mit der Intensität die Ausbeute abnimmt, müßte wegen des negativen Vorzeichens des ersten Faktors in (7) rechts bei Stromsuperlinearität die Klammer negativ sein. Berücksichtigt man, daß jetzt $w < w_0$ ist, und faßt man die beiden letzten Glieder im Klammerausdruck zusammen, so sieht man, daß deren Summe stets positiv ist, da nach dem oben Gesagten $\xi - w$ und $\xi - w_0$ stets das gleiche Vorzeichen haben. Stromsuperlinearität ist also dann nicht möglich (im Gegensatz zu den Ausführungen in [1] S. 311, dritter Absatz, die unzutreffend sind).

In ähnlicher Weise wie hier lassen sich auch die Abhängigkeiten des Photostroms selbst, also die von n sowie die von p_V, h, p_A und w von a_1 auch in den anderen Lösungsbereichen allgemein diskutieren.

Das Minimal-Modell gibt alle Züge der an photoleitenden Phosphoren beobachteten Erscheinungen wieder, so daß man annehmen darf, daß es wenigstens prinzipiell brauchbar ist. Die quantitative Übereinstimmung mit der Erfahrung kann aber oft nicht befriedigen. Das liegt offenbar daran, daß das Modell noch zu einfach ist. Es enthält in der hier besprochenen Form zu weitgehende Vereinfachungen.

So wird z.B. angenommen, daß räumliche Homogenität sowohl in der Verteilung der Gitterstörungen wie auch in der Anregung vorliegt. Außerdem wird der Einfluß der Oberflächen vernachlässigt. Ferner weiß man, daß in den Kristallen mehrere Arten von Gitterstörungen vorhanden sind, insbesondere mindestens zwei Arten von Haftstellen. Schließlich muß man bei den II-VI-Verbindungen auch mit der Möglichkeit rechnen, daß mehrwertige Gitterstörungen vorliegen, also Haftstellen, die in der Lage sind, mehrere Ladungsträger einzufangen. Es sind auch Gitterstörungen denkbar, die primär sowohl ein Elektron als auch ein Loch anlagern können.

In dem Problem der notwendigen Erweiterung des Modells liegen die eigentlichen Schwierigkeiten der Reaktionskinetik. Nur das Minimal-Modell läßt sich mit der nötigen Sicherheit und Schärfe berechnen. Bei den erweiterten Modellen muß man Näherungsverfahren anwenden, deren Korrektheit sich experimentell oft nicht kontrollieren läßt. Hinzu kommt, daß mit jeder Erweiterung des Modells zusätzliche Parameter verfügbar werden, die die formelle Anpassung des Modells an die Messungen erleichtern, ohne daß dieser Anpassung eine physikalische Realität entsprechen müßte. Diese Gefahr ist besonders groß, wenn man das Modell unendlich vielfältig, z.B. durch die Annahme eines Kontinuums von Störstellen, erweitert. Zum Anpassen hat man eine Funktion zur Verfügung. Die Übereinstimmung mit den Messungen hat dann keine Beweiskraft für die Gültigkeit des erweiterten Modells, es sei denn, daß es gelingt, mit der gleichen Funktion sehr verschiedenartige Messungen bei großer Variation der Versuchsbedingungen anzugleichen. (Diese Warnung sei deshalb gestattet, weil schon einige Male - in einem Fall mit besonders nachhaltiger Wirkung - durch Anpassung mit Hilfe von Funktionen unsere Vorstellungen über die Lumineszenz der Kristallphosphore in falsche Bahnen geraten sind).

Im einzelnen sei zu der Erweiterung des Modells folgendes bemerkt:

1) Die Inhomogenität der räumlichen Verteilung der Störstellen, für die wir einige Hinweise haben, würde sich in ihren reaktionskinetischen Folgen quantitativ nicht erfassen lassen. Ihre wesentliche Wirkung dürfte darin bestehen, daß beim Auffüllen der Gitterstörungen Raumladungen entstehen, die die räumliche Verteilung der Ladungsträger in den Bändern beeinflusser und die sich vorwiegend dahin auswirken, daß z.B. die effektiven Einfangquerschnitte vom Anregungszustand abhängig werden, was sich vielleicht durch geeignete Experimente nachweisen läßt.

2) Die räumliche Inhomogenität der Anregung, die sich nur schwer vermeiden läßt, führt zu Konzentrationsgradienten der Ladungsträger, die ihrerseits zur Ausbreitung des Anregungszustandes durch ambipolare Diffusion Anlaß geben können. Dann sind aber die tatsächlichen Erregungsdichten kleiner, als man sie aus der eingestrahlten Intensität und dem Absorptionskoeffizienten errechnet. Im Rahmen der oben genannten Neutralitätsbedingungen ($h = p_A$, $n + H = p_A$, bzw. $p_V + A = h$) dürfte diese Diffusion bei der Betrachtung schneller Vorgänge keine Rolle spielen. Dagegen ist durchaus damit zu rechnen, daß sie auf das Abklingen der Phosphoreszenz einen Einfluß hat. (Diese Frage läßt sich vielleicht durch geeignete Versuche entscheiden.) Quantitativ läßt sich das Problem der inhomogenen Anregung nicht lösen, da man in die Reaktionsgleichungen die entsprechenden elektrischen Glieder einführen müßte. Das durch die Ortsabhängigkeiten entstehende System von nichtlinearen partiellen Differentialgleichungen ist auch näherungsweise nicht befriedigend zu lösen.

3) Im Vordergrund der Diskussion steht heute das Problem der Erweiterung des Modells durch Einführung mehrerer Arten von Gitterstörungen. Nur zur Anpassung an bestimmte Messungen ist sie nicht zwingend. Es gibt aber

Versuche, aus denen hervorgeht, daß in den photoleitenden II-VI-Verbindungen mindestens zwei Arten von Elektronen-Haftstellen vorliegen (Anklingmessungen an gut ausgeheizten Phosphoren): eine Art von in allen Kristallen gefundenen ziemlich tiefen Haftstellen in einer Konzentration von etwa 10^{14} bis 10^{15} cm^{-3} und eine zweite Art von flachen Haftstellen, deren Konzentration etwa gleich der der Aktivatoren ist und die bei Phosphoren von der Koaktivierung herrühren. Ein entsprechendes Modell mit zwei Arten von Haftstellen, die sich in der Konzentration und in der energetischen Lage deutlich unterschieden, läßt sich noch befriedigend nach der gleichen Methode behandeln wie das Minimal-Modell. Mit Hilfe einer erweiterten Neutralitätsbedingung: $n+h_1+h_2 = p_V+p_A$ lassen sich mehrere Lösungsbereiche mit etwa der gleichen Genauigkeit wie im Falle des Minimal-Modells ermitteln. Es muß lediglich berücksichtigt werden, daß die Reaktionskonstanten für den leuchtenden Übergang in den Aktivator und für den Elektroneneinfang in die tiefen Haftstellen durch die flachen Haftstellen beeinflußt werden.
Auch der Fall, daß mehrere leuchtende Aktivatoren vorhanden sind, läßt sich noch einfach mit ausreichender Genauigkeit untersuchen (Mehrbanden-Phosphore).
Die Frage der Unterteilung der Gruppe der flachen Haftstellen, für die besonders die Glow-Kurven-Messungen sprechen, ist zur Zeit nur mit kinetischen Untersuchungen zu entscheiden. Hier versagen die Methoden des Minimal-Modells, und man ist gezwungen, nach anderen Berechnungsverfahren zu suchen. Ein besonders einfaches Näherungsverfahren erhält man, wenn man quasithermisches Gleichgewicht zwischen den freien und den eingefangenen Ladungsträgern annehmen darf. Die Bedingungen dafür lassen sich leicht angeben, wenn man z.B. die Gleichungen (2) und (5) für den stationären Fall nach n bzw. p_V auflöst.

Man erhält für n

$$n = \frac{\alpha h + a_1 + \bar{a}_2 \left(1 - \frac{p_A}{A}\right)}{\beta (H - h) + \gamma p_A} \qquad (9)$$

Für p_V erhält man eine analoge Gleichung. Quasithermisches Gleichgewicht liegt dann vor, wenn im Zähler und im Nenner die ersten Glieder überwiegen, wenn also die Häufigkeit der thermischen Übergänge aus den Haftstellen größer ist als die der Anregungsprozesse und wenn die Häufigkeit der Einfangprozesse größer ist als die der Rekombinationen. (Die erste Bedingung ist für die flachen Haftstellen bei Zimmertemperatur, aber im allgemeinen nicht mehr bei der Temperatur der flüssigen Luft erfüllt. Für die Löcher ist sie bei hoch liegenden Aktivatoren, z.B. Cu im ZnS:Cu, auch bei Zimmertemperatur nicht erfüllt. Für die tiefen Elektronen-Haftstellen ist sie bei Zimmertemperatur ebenfalls nicht erfüllt. Die zweite Bedingung ist identisch mit "retrapping".) Implizit steckt in (9) noch eine weitere Bedingung für das Gleichgewicht, die man aus (9) durch Umrechnung, unmittelbar aber durch Auflösen von (3) nach n, erhalten kann

$$n = \frac{\alpha h + \gamma^* h p_V - \bar{a}_3 \left(1 - \frac{h}{H}\right)}{\beta (H - h)} \qquad (10)$$

Auch hier erhält man für p_V eine analoge Gleichung. Sehen wir vom Einfluß der Valenzband-Haftstellen-Anregung ab, so ergibt sich aus (10), daß quasithermisches Gleichgewicht nur vorliegen kann, wenn die Wahrscheinlichkeit für das thermische Freiwerden eines Ladungsträgers größer ist als die seiner Rekombination mit einem freien Ladungsträger des anderen Vorzeichens.

Man sieht, daß man im stationären Zustand mit der Annahme thermischer Gleichgewichtsbesetzung vorsichtig sein muß. Günstiger sind die Bedingungen dafür beim Abklingen. Doch bleiben auch hier die Forderungen des "retrapping" und der kleineren Rekombinationshäufigkeit bestehen. Den Fall größerer Rekombinationshäufigkeit hat ROSE in seiner Näherungsmethode mitberücksichtigt.

Liegt eine größere Zahl von Haftstellen mit verschiedenen Haftenergien vor, so muß man außerdem noch voraussetzen, daß die Einfangs- und Rekombinationskoeffizienten der verschiedenen Haftstellen sich nicht zu stark voneinander unterscheiden.

4) Zur Frage der Erweiterung des Minimal-Modells durch die Einführung ambivalenter und mehrwertiger Gitterstörungen, insbesondere über die Möglichkeiten einer ausreichenden Berechnung, läßt sich zur Zeit noch nichts sagen. Das Gleiche gilt für die Einbeziehung der Oberflächeneinflüsse in das Modell.

Abschließend seien noch kurz einige Bemerkungen zum Problem der Anregung gemacht. Im allgemeinen wird bei Anregung im langwelligen Ausläufer der Absorption gemessen. Nur gelegentlich werden Messungen bei kurzwelliger Einstrahlung gemacht. Bei Anregung mit hochenergetischer Strahlung hat man stets Band-Band-Anregung. Bei der Ausläuferanregung hat man zwei im Minimal-Modell gleichwertige Anregungsmöglichkeiten: die Aktivator-Leitungsband-Anregung und die Valenzband-Haftstellen-Anregung. Zahlreiche experimentelle Hinweise sprechen dafür, daß tatsächlich beide Anregungsarten auftreten, wie man es auf Grund des Modells erwarten muß. Wenn die Berechnung des Modells mit gleichzeitig beiden Anregungen gewisse Schwierigkeiten macht, dann ist die Berechnung mit Band-Band-Anregung - wenigstens im Bereich schwächerer Anregung, bei der Aktivator- oder Haftstellensättigung noch keine Rolle spielt - eine bessere Näherung als die mit nur einer Anregungsart. Bei dieser werden nämlich die Ladungsträger eines Vorzeichens u.U. entscheidend benachteiligt. Zu erwähnen ist noch folgendes: Es konnte experimentell gezeigt werden, daß bei ZnCdS-Kristallen (in Pulverform) im Temperaturbereich unterhalb von etwa -100°C bei Ausläuferanregung die Absorption der anregenden Strahlung abnimmt. Es tritt demnach eine Störstellensättigung ein, die man also bei Messungen bei tiefen Temperaturen zu berücksichtigen hat.

Anmerkung: Bezüglich der Durchrechnung des Minimalmodells sei auf [1], S. 283 ff. verwiesen.

Literatur:

[1] M. SCHÖN, Halbleiterprobleme IV, Braunschweig 1958. Dort finden sich die weiteren Literaturhinweise.

München, Laboratorium der Technischen Physik
der Technischen Hochschule

Diskussion

GOBRECHT: 1) Treten die erwähnten tiefen Haftstellen bei allen Proben auf ?
2) Muß der Übergang über diese sogenannten Haftstellen unbedingt strahlungslos erfolgen ?

SCHÖN: 1) Die tiefen Haftstellen wurden bei allen untersuchten Proben gefunden; man könnte vielleicht annehmen, daß sie durch Versetzungen hervorgerufen werden. Weitere Aufschlüsse sollte man daher durch Untersuchung der Druckzerstörung erhalten; solche Experimente sind bei uns in Vorbereitung.
2) Das braucht nicht unbedingt der Fall zu sein; aus der gemessenen Superlinearität der Ausbeute erhält man jedoch Hinweise, daß dieser Übergang strahlungslos verläuft.

Zur stationären Photoleitung in höheren reaktionskinetischen Modellen

K.W. BÖER, S. OBERLÄNDER, J. VOIGT

Mißt man an einem CdS-Kristall den stationären Photostrom in Abhängigkeit von der Anregungsdichte, so findet man häufig auch Intensitätsbereiche, in denen der Photostrom stärker als linear mit der Anregungsdichte zunimmt. Dies wird als Superlinearität des Photostromes bezeichnet.

Einfache reaktionskinetische Modelle, die allein Reaktionsprozesse von Elektronen und Löchern von Termen in der verbotenen Zone mit Ladungsträgern entweder nur des Leitungsbandes oder nur des Valenzbandes berücksichtigen, sind prinzipiell nicht in der Lage, den Effekt der Superlinearität zu erklären. Notwendig hierfür sind höhere reaktionskinetische Modelle, die Reaktionen von Elektronen und Löchern in Störtermen mit Elektronen im Leitungsband u n d Löchern im Valenzband berücksichtigen.

Im folgenden soll die stationäre Photoleitung in Abhängigkeit von der Anregungsdichte, insbesondere der Effekt der Superlinearität in einem höheren reaktionskinetischen Modell diskutiert werden. Um diese Aufgabe mathematisch übersehen zu können, wollen wir uns hierbei gleich auf einen relativ einfachen Fall beschränken. Wir wollen annehmen, daß in der verbotenen Zone zwischen dem Valenz- und dem Leitungsband nur zwei verschiedene diskrete Termgruppen vorhanden sind: Haftstellen der Konzentration H und Aktivatoren der Konzentration A (s. Abb. 1). Die optische Anregung des Kristalls erfolge im Ausläufer; es soll eine Anregung eines Elektrons lediglich aus einem besetzten Aktivator in das Leitungsband angenommen werden. a sei die Zahl der pro s und cm^3 im Kristall durch diese optische Anregung erzeugten Leitungselektronen. Als inverser Prozeß wird die Rekombination eines Leitungselektrons mit einem unbesetzten Aktivator mit dem Übergangskoeffizienten γ berücksichtigt. Weiterhin erfolgt ein Einfang von Leitungselektronen an unbesetzten Haftstellen proportional dem Übergangskoeffizienten β . Ein Haftelektron kann mit der Wahrscheinlichkeit α thermisch in das Leitungsband emittiert werden.

Dieses einfache Modell mit nur vier Übergängen, das zur Erklärung einiger Experimente ausreicht, besitzt einige Vorzüge:

1) Es läßt sich in einigen Fällen mathematisch noch relativ einfach übersehen.
2) Es ist durch Angabe von nur vier Parametern eindeutig bestimmt.
3) Man kann einfache Methoden angeben, nach denen sich alle Parameter experimentell bestimmen lassen [1].

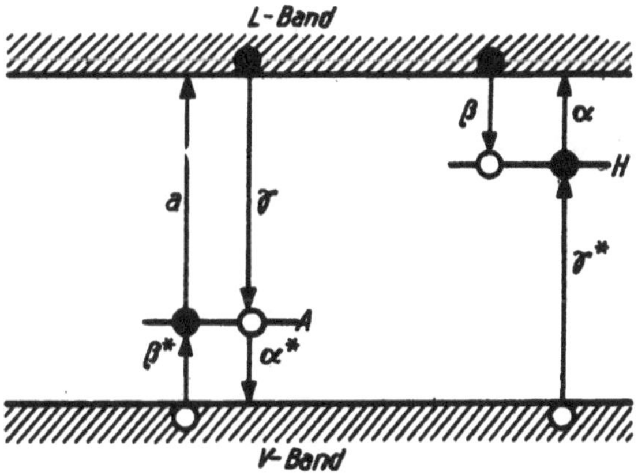

Abb. 1

Dieses Modell kann allerdings, wie schon eingangs bemerkt, den Effekt der Superlinearität prinzipiell nicht erklären. Notwendig sind hierfür noch Rekombinationsprozesse, die über die Haftstellen u n d das Valenzband verlaufen.

Das Problem besteht jetzt darin, eine physikalisch sinnvolle Erweiterung des einfachen Modells zu finden, die derartige Prozesse berücksichtigt, die jedoch noch erlaubt, die gestellte Aufgabe mathematisch möglichst einfach zu behandeln.

Eine solche Erweiterung kann durch die Berücksichtigung der weiteren in Abb. 1 angegebenen Übergänge mit den Übergangskoeffizienten γ^*, α^*und β^* geschehen. Gegenüber dem von M. SCHÖN angegebenen M i n i m a l - M o d e l l wurde dabei nur die optische Anregung von Valenzelektronen in Haftstellen vernachlässigt [2].

Die Reaktionsgleichungen zu dem in Abb. 1 angegebenen Modell haben folgende Form:

$$\text{(1)}\quad \begin{aligned} \dot{n} &= a + \alpha h - \beta n (H - h) - \gamma n p_A \\ \dot{h} &= -\alpha h + \beta n (H - h) - \gamma^* h p_V \\ \dot{p}_A &= a - \gamma n p_A - \alpha^* p_A + \beta^* p_V (A - p_A) \\ \dot{p}_V &= \gamma^* h p_V + \alpha^* p_A - \beta^* p_V (A - p_A) \end{aligned}$$

n, h, p_A und p_V stellen die Konzentrationen von Leitungselektronen, Haftelektronen, Löchern in Aktivatoren bzw. Löchern im Valenzband dar. Durch die Neutralitätsbedingung

$$\text{(2)}\qquad n + h = p_A + p_V$$

sind nur je drei Gleichungen des Differentialgleichungssystems (1) voneinander unabhängig. Für den stationären Fall verschwinden die linken Seiten in dem System (1)

$$\text{(3)}\qquad \dot{n} = \dot{h} = \dot{p}_A = \dot{p}_V = 0,$$

und wir erhalten aus (1), (2) und (3) ein algebraisches Gleichungssystem für die Konzentrationen n, h, p_A und p_V.

Die mathematische Aufgabe besteht nun darin, aus diesem System die Funktion $n = n(a)$ zu berechnen. Da $n = n(a)$ eine monotone Funktion ist, kann man auch die Umkehrfunktion $a = a(n)$ untersuchen, die sich leichter berechnen läßt.

Für $A \gg p_A$, d.h. unter der Annahme, daß keine Aktivatorsättigung auftritt, erhält man die Lösung in folgender Form:

$$a(n) = \frac{1}{1+\frac{\alpha^*}{\beta^* A}} \left\{ \gamma n^2 \left[1 + \frac{\beta H}{\beta^* A}\left(1-\frac{h}{H}\right)\right] + n\left[\beta\left(1+\frac{\alpha^*}{\beta^* A}\right) H \left(1-\frac{h}{H}\right) + \right.\right.$$

$$\left.\left. + \gamma\left(1-\frac{\alpha}{\beta^* A}\right) h\right] - \alpha\left(1+\frac{\alpha^*}{\beta^* A}\right) h \right\} \tag{4}$$

$$a(n) = A(h)\, n^2 + B(h)\, n + C(h)$$

$$h(n) = -\frac{1}{2}\, \frac{\alpha(\beta^* A+\alpha^*) + n\left[(\beta^* A+\alpha^*)\beta - (\beta H-\alpha^*)\gamma^*\right]}{\gamma^*(\alpha+\alpha^*+\beta n)} \left\{1-\sqrt{1+G(n)}\right\} \tag{5}$$

$$G(n) = \frac{4(\alpha+\alpha^*+\beta n)\gamma^*\beta n H(\beta^* A+\alpha^*)}{\left[\alpha(\beta^* A+\alpha^*)+n\left[(\beta^* A+\alpha^*)\beta-(\beta H-\alpha^*)\gamma^*\right]\right]^2}$$

Aus der allgemeinen Form der Lösung lassen sich u.a. folgende qualitative Aussagen gewinnen:

1) Für sehr hohe Anregungsintensitäten, d.h. für die Bedingungen $n \gg H$ und $h \approx H$, dominiert der erste Term in Gl. (4), und es ergibt sich unabhängig von den Parametern des Modells eine Abhängigkeit der Form

$$n(a) = \sqrt{\frac{a\left(1+\frac{\alpha^*}{\beta^* A}\right)}{\gamma}} \quad . \tag{6}$$

Hat man, z.B. durch entsprechende Wahl der Temperatur, die Bedingung $\beta^* A \gg \alpha^*$ erfüllt, so ergibt Gl. (6) zugleich eine Bestimmungsgleichung für γ

2) Für Intensitäten, für die schon $h \approx H$ gilt, aber noch $n \ll H$ ist, dominiert der zweite Term in Gl. (4), und man erhält eine Abhängigkeit der Form

$$n(a) = \frac{a\left(1+\frac{\alpha^*}{\beta^* A}\right)}{\gamma H\left(1-\frac{\alpha}{\beta^* A}\right)} \tag{7}$$

Wählt man beispielsweise wieder die Temperatur so, daß $\beta^* A \gg$ Max. (α^*, α) gilt, so ergibt Gl. (7) auch eine Bestimmungsmöglichkeit für das Produkt $\gamma \cdot H$. Mit dem aus Gl. (6) bestimmten Wert für γ erhält man somit getrennt die Werte für γ und H.

Ganz analoge Bestimmungsgleichungen für γ und H erhält man auch aus dem schon eingangs erwähnten Vier-Übergangsmodell, in welchem die Rekombinationsprozesse über die Haftstellen u n d das Valenzband nicht berücksichtigt sind. Das heißt aber, daß die Werte der Reaktionsparameter γ und H invariant sind gegenüber einer Erweiterung des Vier-Übergangsmodells auf das in Abb. 1 angegebene Sieben-Übergangsmodell.

3) Bei sehr kleinen Anregungsdichten, also für $n \ll H$ und $h \ll H$ ergibt sich ebenfalls eine Abhängigkeit der Form

$$n(a) \sim \sqrt{a}, \tag{8}$$

wie sie auch im Bereich sehr großer Anregungsdichten gilt.

4) Für den superlinearen Bereich bleibt nach den vorangegangenen Überlegungen nur noch ein dazwischenliegender Intensitätsbereich übrig, in dem die Haftstellen gerade vollgefüllt werden. Mathematisch

ergibt sich eine Superlinearität dann, wenn der erste Summand des zweiten Terms in Gl. (4) dominiert.

$$a(n) \approx \left[\beta \left(1 + \frac{\alpha^*}{\beta^* A}\right) Hn \right] \cdot \left[1 - \frac{h}{H} \right] \tag{9}$$

Man kann dies folgendermaßen sehen: Mit wachsendem n steigt der erste Faktor von Gl. (9) proportional n an, während (1 - h/H) monoton fällt; d.h. aber, daß sich das gesamte Produkt schwächer als proportional mit n verändert. Daraus folgt, daß sich die Umkehrfunktion n(a) stärker als proportional mit a verändert, also eine Superlinearität auftritt.

Nach dieser qualitativen Diskussion der Lösung kann man sich ein grobes Bild von den im Kristall bei verschiedenen Anregungsdichten ablaufenden Prozessen machen.

Bei geringen Anregungsdichten verläuft unter gewissen Voraussetzungen über das Verhältnis $\gamma^* H / \beta^* A$, sofern $\gamma < \beta$ gilt, die Rekombination hauptsächlich über die Haftstellen und das Valenzband. Die Lebensdauer $\tau = n/a$ der Leitungselektronen wird hier hauptsächlich durch diese Rekombination bestimmt. Mit wachsender Anregungsdichte kommt es allmählich zu einem Auffüllen der Haftstellen ($h \rightarrow H$), wodurch dieser Rekombinationsweg verstopft wird. In dem Maße, wie dieser Füllprozeß vor sich geht, wird mit wachsender Anregungsdichte die Lebensdauer der Leitungselektronen zunehmen. Es wird also eine Superlinearität auftreten. Diese Zunahme der Lebensdauer hört erst dann auf, wenn praktisch die gesamte Rekombination durch die direkte Rekombination zwischen dem Leitungsband und dem Aktivator bestimmt wird. Es liegt dann ein Fall vor, der sich auch mit dem Vier-Übergangsmodell beschreiben läßt.

Für eine quantitative Diskussion der Steigung

von n(a) kann zweckmäßigerweise die Funktion d ln a/d ln n untersucht werden. Es ist

$$(10)\quad \frac{d\ln a}{d\ln n} = 1 + \frac{\gamma n^2\left[1+\frac{\beta H}{\beta^* A}\left(1-\frac{h}{H}\right)\right] + \bar{\alpha} h - n\frac{dh}{dn}\left[\gamma n \frac{\beta H}{\beta^* A} + n\left(\bar{\beta}-\bar{\gamma}\right)\right] + \bar{\alpha}}{\gamma n^2\left[1+\frac{\beta H}{\beta^* A}\left(1-\frac{h}{H}\right)\right] + n\left[\bar{\beta} H\left(1-\frac{h}{H}\right) + \bar{\gamma} h\right] - \bar{\alpha} h}$$

$$\bar{\alpha} = \alpha\left(1+\frac{\alpha^*}{\beta^* A}\right) \qquad \bar{\beta} = \beta\left(1+\frac{\alpha^*}{\beta^* A}\right) \qquad \bar{\gamma} = \gamma\left(1-\frac{\alpha}{\beta^* A}\right)$$

Für eine Superlinearität muß der Zähler des zweiten Summanden von Gl. (10) negativ werden; dann ist d ln a/d ln n < 1.

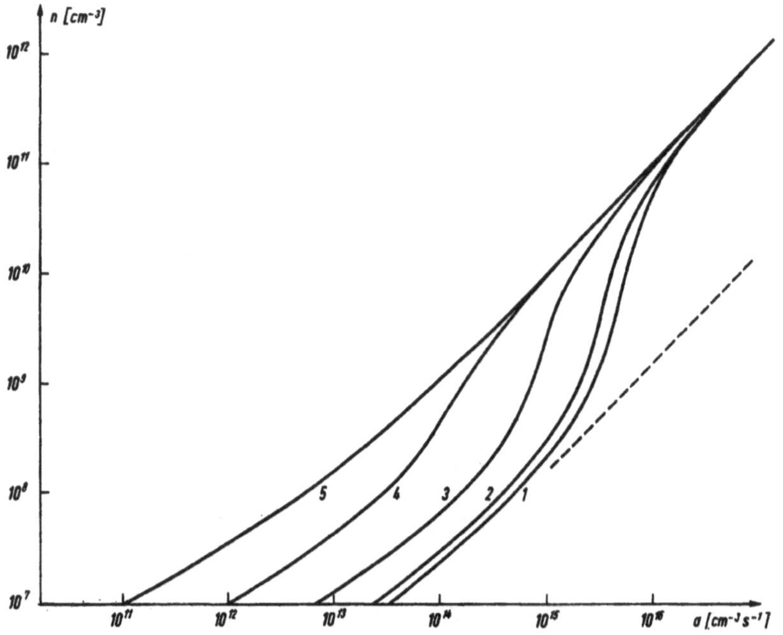

Abb. 2: Stationäre Photoleitung als Funktion der Lichtanregung. Variation des Verhältnisses $\gamma^* H/\beta^* A$.
$H = 10^{16}$ cm^{-3}, $\beta = 10^{-9}$ cm^3 s^{-1}, $\gamma = 10^{-11}$ cm^3 s^{-1},
$\gamma^* = 10^{-12}$ cm^3 s^{-1}, $\alpha^* = 1$ s^{-1}, $\alpha = 10^{-1}$ s^{-1},
Kurve 1: $\beta^* A = 10^4$ s^{-1}, Kurve 2: $\beta^* A = 2 \cdot 10^4$ s^{-1},
Kurve 3: $\beta^* A = 1{,}1 \cdot 10^5$ s^{-1}, Kurve 4: $\beta^* A = 10^6$ s^{-1},
Kurve 5: $\beta^* A = 10^8$ s^{-1}.

Eine weitere Diskussion der Superlinearität und ihre Abhängigkeit von den Parametern des Modells soll für zwei Grenzfälle durchgeführt werden:

1) $\gamma^* H \approx \beta^* A$

2) $\gamma^* H \ll \beta^* A$

Das Verhältnis $\frac{\gamma^* H}{\beta^* A}$ bestimmt wesentlich das Verhältnis der direkten Rekombination zur indirekten Rekombination über die Haftstellen und das Valenzband. Im Fall 1) überwiegt die indirekte Rekombination. Mit kleiner werdendem $\frac{\gamma^* H}{\beta^* A}$ nimmt sie immer mehr ab, so daß im Falle 2) nur noch eine relativ schwache Rekombination über die Haftstellen und das Valenzband möglich ist. Die Abhängigkeit der Superlinearität von dem Verhältnis $\frac{\gamma^* H}{\beta^* A}$ zeigt das oben angegebene numerische Beispiel (s. Abb. 2). (Es wurden nur Ausschnitte in der Umgebung des superlinearen Bereiches gerechnet. Für die Grenzkurve 5 tritt keine Superlinearität mehr auf. In diesem Falle ist ein Kriterium, das später noch angegeben wird, verletzt (vgl. Gl. (17)).

Für den Fall 1) läßt sich zeigen, daß stets

$$\frac{H-h}{n} \geq \frac{dh}{dn} \tag{11}$$

gelten muß. Mit Hilfe dieser Abschätzung läßt sich die notwendige Bedingung für das Auftreten einer Superlinearität auf folgende einfachere Form bringen

$$\bar{\alpha} h < n \frac{dh}{dn} \left\{ n \left(\bar{\beta} - \bar{\gamma} \right) + \bar{\alpha} \right\} \tag{12}$$

Wie man weiter aus Gl. (10) abliest, ist die notwendige Bedingung (12) unter den Annahmen

$$\gamma n^2 \left(1 + \frac{\beta H}{\beta^* A} \right) \ll \bar{\alpha} h \qquad \text{und} \qquad \gamma n \frac{\beta n}{\beta^* A} \ll n \left(\bar{\beta} - \bar{\gamma} \right) \tag{13}$$

auch hinreichend für das Auftreten einer Superlinearität. Aus der allgemeinen Bedingung (12) erhält man durch eine Abschätzung eine einfachere Bedingung

$$\bar{\beta} > \bar{\gamma} \tag{14}$$

Weiter lassen sich für den Fall 1) Schranken für das Superlinearitätsintervall von n angeben:

$$\frac{\alpha}{\beta} \ll n_{superl.} \ll \frac{\alpha^*}{\gamma} \tag{15}$$

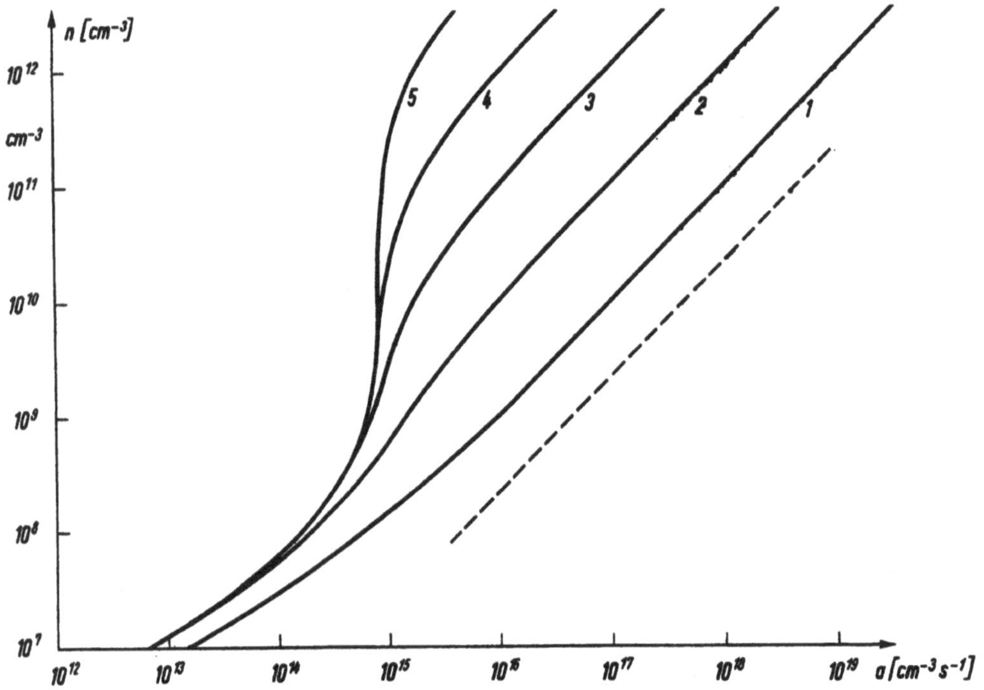

Abb. 3: Stationäre Photoleitung als Funktion der Lichtanregung. Variation des Verhältnisses β/γ.
$H = 10^{16}\ cm^{-3}$, $\beta = 10^{-9}\ cm^3 s^{-1}$, $\gamma^* = 10^{-12}\ cm^3 s^{-1}$,
$\alpha = 10^{-1} s^{-1}$, $\alpha^* = 1\ s^{-1}$, $\beta^* A = 1,1 \cdot 10^5 s^{-1}$,
Kurve 1: $\gamma = 10^{-9} cm^3 s^{-1}$, Kurve 2: $\gamma = 10^{-10} cm^3 s^{-1}$,
Kurve 3: $\gamma = 10^{-11} cm^3 s^{-1}$, Kurve 4: $\gamma = 10^{-12} cm^3 s^{-1}$,
Kurve 5: $\gamma = 10^{-13} cm^3 s^{-1}$.

Eine notwendige und - falls (13) erfüllt ist - auch hinreichende Bedingung dafür, daß im obigen Intervall eine Superlinearität auftritt, ergibt sich zu

$$\beta > \gamma \frac{2\alpha + \alpha^*}{\alpha^*} \tag{16}$$

Die absolute Lage des superlinearen Bereiches bezüglich der Größe der Anregungsdichte wird also nach (15) durch die Werte von β, γ, α und α^* festgelegt.

Die Ausdehnung des superlinearen Bereiches und die Stärke des superlinearen Anstieges wird dagegen nur durch die Quotienten β/γ und α/α^* bestimmt.

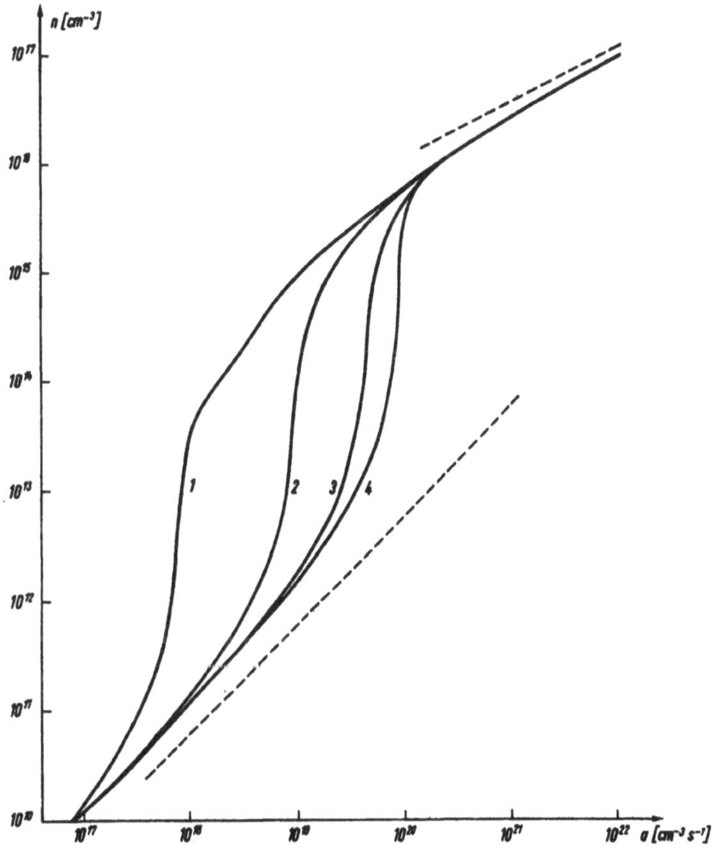

Abb. 4: Stationäre Photoleitung als Funktion der Lichtanregung. Variation der Temperatur
$H = 10^{16}\ cm^{-3}$, $\beta = 10^{-9} cm^3 s^{-1}$, $\gamma^* = 10^{-12} cm^3 s^{-1}$,
$\gamma = 10^{-12}\ cm^3 s^{-1}$, $\beta^* A = 1,1 \cdot 10^5 s^{-1}$, $\alpha = 10^{13} \cdot e^{-\frac{0.6}{kT}}\ s^{-1}$,
$\alpha^* = 10^{13} \cdot e^{-\frac{0.4}{kT}}\ s^{-1}$, Kurve 1: $T = 200^\circ K$,
Kurve 2: $T = 225^\circ K$, Kurve 3: $T = 250^\circ K$
Kurve 4: $T = 275^\circ K$

Abb. 3 gibt ein numerisches Beispiel dafür, wie mit wachsendem Verhältnis β/γ die Ausdehnung des superlinearen Bereiches und die Stärke des superlinearen Anstieges zunehmen.

Abb. 4 zeigt, wie sich durch Vergrößerung der Werte von α und α^* durch eine Temperaturerhöhung die Lage des superlinearen Bereiches nach höheren Anregungsdichten verschiebt.

Für den Fall 2) schrumpft, wie auch auf Abb. 2 zu sehen ist, das Superlinearitätsintervall (15) zusammen. Eine notwendige und bei Gültigkeit von (13) auch hinreichende Bedingung für das Auftreten der Superlinearität in diesem Grenzfall erhält man in der Form

$$\frac{\gamma^* H}{\beta^* A} > \frac{\gamma}{\beta} \tag{17}$$

Zusammenfassend kann zur Abhängigkeit der Superlinearität von den Parametern des Modells folgendes festgestellt werden:

Bestimmend für die Ausdehnung des superlinearen Bereiches und die Stärke des superlinearen Anstieges ist das Verhältnis β/γ, d.h. das Verhältnis des Anhaftkoeffizienten von Leitungselektronen an unbesetzten Haftstellen zum Koeffizienten der direkten Rekombination von Leitungselektronen mit unbesetzten Aktivatoren; weiterhin das Verhältnis α^*/α, d.h. im wesentlichen die Differenz der Aktivierungsenergien von Aktivatoren und Haftstellen von den jeweiligen Bändern aus gerechnet. Wesentlich ist schließlich noch das Verhältnis von $\gamma^* H/\beta^* A$. Für einen möglichst ausgedehnten superlinearen Bereich und einen starken superlinearen Anstieg sollte $\beta/\gamma \gg 1$, $\alpha^*/\alpha \gg 1$ und $\gamma^* H \approx \beta^* A$ sein. Die ersten beiden Bedingungen entsprechen denen, die M. SCHÖN bei der Diskussion der stationären Photoleitung in einem sehr ähnlichen Modell erhält [2].

<u>Literatur:</u>

[1] K.W. BÖER, Wiss. Z. d. Humboldt-Univ. 3 (1958/59) 352

[2] M. SCHÖN, siehe den Vortrag auf Seite dieses Bandes
[3] M. SCHÖN, Halbleiterprobleme Bd. IV (1957), S. 282

Berlin, IV. Physikalisches Institut der Humboldt-Universität und Physikalisch-Technisches Institut der Deutschen Akademie der Wissenschaften, Bereich elektrischer Durchschlag

Diskussion

Zunächst Diskussion über die Größenordnung der Einfangkoeffizienten für ein Leitungselektron in eine Haftstelle:

BROSER gibt einen experimentell gefundenen Wert von 10^{-10} cm^3 s^{-1} an. Gegen den von SCHÖN angegebenen Wert von 10^{-7} cm^3 s^{-1} erhebt SEIWERT Bedenken unter Hinweis auf die Tatsache, daß die zu erwartenden Querschnitte doch beträchtlich unter den Querschnitten für elastische Stöße in Gasen liegen müßten. Hiergegen erwähnt SCHÖN, daß SCHOTTKY in einer persönlichen Diskussion sogar für Werte von 10^{-6} bis 10^{-7} cm^3 s^{-1} plädiert habe.

BÖER: Der Grundgedanke der theoretischen Überlegungen bestand nicht darin, eine exakte Parameterbestimmung aus dem Experiment zu ermöglichen; es ging uns vielmehr darum, qualitative Hinweise dafür zu erhalten, in welcher Weise das auch technisch interessante Auftreten der Superlinearität von Dotierung, Anregungsintensität und Temperatur abhängt.

BROSER: Von uns angestellte Untersuchungen zeigen, daß der Charakter der Superlinearität verschwindet, wenn man zu dem diskutierten Haftterm einen zweiten um den halben energetischen Abstand des ersten Terms vom Leitungsband höherliegenden Haftterm annimmt. Der Wert der vorgetragenen Überlegungen liegt also im wesentlichen in der konsequenten Diskussion eines Modells.

BÖER: Die Überlegungen bleiben auch für die technische Anwendung gültig, wenn man annimmt, daß man durch hinreichende Reinigung und Dotierung den entscheidenden Term entsprechend stark (etwa um den Faktor 10^4) über den Untergrund der übrigen Terme heraushebt.

SCHÖN: In der Rechnung wird lediglich eine optische Anregung von Elektronen aus Aktivatoren angenommen, obwohl eigentlich noch andere Anregungsprozesse berücksichtigt werden müßten. Wir haben den Fall einer Band-Band-Anregung durchgerechnet und kommen im wesentlichen zu den gleichen Ergebnissen in einfacherer Form.

Außer der von Ihnen gezeigten Superlinearität des Stromes bei der Füllung der Haftstellen kann bei uns noch ein zweiter superlinearer Bereich bei der Füllung der Aktivatoren auftreten, wenn die Haftstellen bereits gefüllt sind.

VOIGT: Ein derartiger zweiter superlinearer Bereich kann in dem angegebenen Modell, dem eine optische Anregung von Elektronen aus Aktivatoren zugrundeliegt, nicht auftreten.

Die Anwendung der Quasi-FERMI-Statistik auf Probleme der Lumineszenz und Photoleitfähigkeit

I. BRÖSER

I. Statistisch-kinetische Theorie

Lumineszenz und elektrische Leitfähigkeit sind in einem Halbleiterkristall durch die Konzentrationen von Elektronen und Defektelektronen in den Bändern und Störtermen sowie durch die Größe der Übergangskoeffizienten festgelegt. Will man also die Abhängigkeit der Lumineszenz L und Leitfähigkeit σ von den äußeren Bedingungen, z.B. der Lichtanregung a (t) oder der Temperatur T (t) und den Eigenschaften des betrachteten Kristalls ($N_A(E), N_D(E), \gamma, \gamma^* \ldots$) berechnen, so muß man Reaktionskinetik treiben, die im allgemeinsten Falle nichtlinear und mit einer großen Anzahl von Parametern behaftet ist. Dies führt nicht nur dazu, daß die Gleichungssysteme explizit nicht mehr auflösbar sind, sondern stellt den Wert derartiger Berechnungen einfach dadurch in Frage, daß mit sehr vielen Konstanten im allgemeinen durch geeignete Anpassung fast jeder experimentell gefundene Kurvenverlauf "erklärt" werden kann. Man muß daher stets nach vereinfachenden Annahmen suchen, die die Zahl der anzupassenden Konstanten verkleinern, ohne daß dadurch der Gültigkeitsbereich der Gleichungssysteme eingeschränkt wird. Dies kann man z.B. dadurch erreichen, daß man durch geeignete Wahl der <u>äußeren</u> Bedingungen Grenzfälle erzeugt, bei denen nur noch wenige <u>innere</u> Parameter an der Reaktionskinetik beteiligt sind. Ein solches Vorgehen hat aber den Nachteil, daß eine einheitliche Darstellung nicht mehr möglich ist. Ein anderer Weg wäre folgender: Man prüft, ob nicht die Werte gewisser <u>innerer</u> Parameter, wenigstens für bestimmte Halbleiterkristalle sich so zueinander verhalten, daß von vornherein eine Vereinfachung der Gleichungssysteme vorgenommen werden kann. Das führt dann zu wesentlich vereinfachten Ansätzen und erlaubt eine Variation der äußeren Bedingungen in großem Umfange. Man ist aber natürlich stets gezwungen, bei Verwendung anderer Halbleitersorten nachzuprüfen, ob die hineingesteckten Voraussetzungen auch erfüllt sind. Für Phosphore und Photohalbleiter der Zinksulfidgruppe bietet sich hier eine Möglichkeit an, wenn man bedenkt, daß nach vielen experimentellen Ergebnissen sich der Übergangskoeffizient für den Einfang eines Elektrons in einen Donator und in einen Akzeptor um Größenordnungen voneinander unterscheidet (entsprechende Verhältnisse gelten auch für Löcher). Man kann dann in fast allen Fällen annehmen, daß die Wechselwirkung zwischen den Donatoren und dem Leitungsband sowie zwischen den Akzeptoren und dem Valenzband so stark ist, daß mit einer Quasi-FERMI-Statistik innerhalb der beiden Termsysteme gerechnet werden kann und kinetische Betrachtungen nur noch für Übergänge zwischen den beiden Termsystemen angestellt zu werden brauchen. Die Größe der Übergangskoeffizienten innerhalb eines Systems fällt dann aus der Rechnung überhaupt heraus. Das gibt insbesondere dann eine ganz erhebliche Vereinfachung, wenn mehrere Donator- und Akzeptorniveaus vorhanden sind.

Mathematisch läßt sich durch die Einführung der Quasi-FERMI-Statistik ein wesentlicher Teil der im Falle rein thermischer Anregung gültigen Statistik für die Probleme der Photoleitung und Lumineszenz direkt übertragen. Anstelle einer gemeinsamen FERMI-Grenze für Elektronen und Defektelektronen treten allerdings zwei Quasi-Grenzen auf, deren Verschiebung mit T, a und t die Rekombination bestimmt.

Zwischen der Besetzungswahrscheinlichkeit $\frac{n_D(E)}{N_D(E)}$ für die Donatoren der energetischen Tiefe E und der Leitungselektronenkonzentration n, sowie zwischen der Besetzungswahrscheinlichkeit $\frac{p_A(E')}{N_A(E')}$ für die Akzeptoren der energetischen Tiefe E' und der Löcherkonzentration im

Valenzband p_V besteht dann der Zusammenhang

$$(1) \qquad \frac{n_D(E)}{N_D(E)} = \frac{1}{1+\frac{N_0}{n}e^{-\frac{E_L-E}{kT}}} = \frac{1}{1+e^{\frac{E-\zeta_D}{kT}}}$$

$$(2) \qquad \frac{p_A(E')}{N_A(E')} = \frac{1}{1+\frac{N_0}{p_V}e^{-\frac{E'-E_V}{kT}}} = \frac{1}{1+e^{\frac{\zeta_A-E'}{kT}}}$$

Hierbei ist $N_o = 2(2\pi kTm^*/h^2)^{3/2}$ die effektive Termdichte von Leitungs- und Valenzband [1].

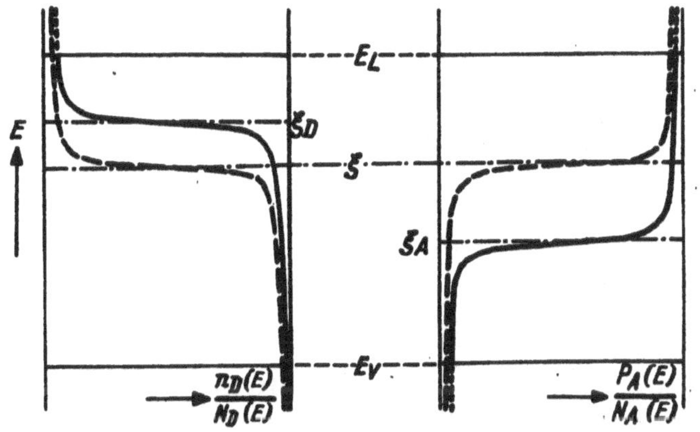

Abb. 1: Quasi-FERMI-Grenzen für Elektronen und Defektelektronen

Im Unterschied zum Fall des thermischen Gleichgewichts, für den $\zeta_D = \zeta_A$ gilt, wird der Zusammenhang zwischen n und p_V nicht durch

$$(3) \qquad n_{th} \cdot p_{th} = N_o^2 e^{-\frac{\varepsilon_0}{kT}} \qquad \varepsilon_0 = E_L - E_V$$

bestimmt, sondern durch eine noch verbleibende kinetische Differentialgleichung:

1) Im Rahmen dieser Betrachtungen sollen die effektiven Massen für das Leitungs- und Valenzband als gleich angenommen werden.

$$\frac{d}{dt}(n+n_D) = \frac{d}{dt}(p_V+p_A) =$$

$$(4) \qquad = a - \left(1 - \frac{N_0^2}{np_V} e^{-\frac{\varepsilon_0}{kT}}\right)\left(\gamma n p_A + \gamma^* p_V n_D\right)$$

γ und γ^* stellen die Rekombinationskoeffizienten für freie Elektronen an unbesetzten Akzeptoren und für freie Löcher an besetzten Donatoren dar.
Für $\frac{d}{dt}$ = 0 und a = 0 folgt aus Gl. (4) Gl. (3). Für die meisten Fälle der Zinksulfidgruppe läßt sich das Glied $\frac{N_0^2}{np_V} e^{-\frac{\varepsilon_0}{kT}}$ gegenüber der 1 vernachlässigen, da das Produkt n p groß gegen den ohne Anregung vorliegenden Wert wird. Gl. (4) stellt eine relativ einfache Gleichung dar, die außer den Stoffkonstanten γ^* und γ (Vereinfachung: γ^* und γ sind für alle A und D die gleichen!) nur die äußeren Größen a und T und die Variable t sowie die Werte von $N_D = N_D(E)$ und $N_A = N_A(E)$ enthält. Eine weitere Gleichung zur Bestimmung von n und p_V liefert die Neutralitätsbedingung

$$(5) \qquad (n + n_D) - (p_V + p_A) = N_D - N_A \; .$$

Die Gleichungen (1), (2), (4) und (5) ergeben ein vollständiges System zur Berechnung von n, p_V, $n_D(E)$ und $p_A(E)$ als Funktionen von a, T und t. Hieraus erhält man dann die gesuchten Abhängigkeiten $\sigma = \sigma(a(t);T(t))$ und $L = L(a(t);T(t))$. Beliebige Störstellenverteilungen sind zugelassen. An Konstanten treten nur γ^* und γ auf, und das System ist zumindest graphisch allgemein lösbar.
Zum Gültigkeitsbereich der Methode der Quasi-FERMI-Statistik muß folgendes festgestellt werden:

1) Beim Anklingen nach sehr langen Dunkelperioden gilt kein quasistationäres Gleichgewicht. Die aus (4) und (5)

folgenden Gleichungen sind dann nicht mit der Erfahrung in Übereinstimmung.

2) Optische Übergänge innerhalb eines Termsystems (z.B. bei der Tilgung, IR-Ausleuchtung) können zu einer starken Störung des Gleichgewichts führen. Bei einer Anwendung der Methode in diesem Falle muß daher geprüft werden, ob diese Störung nicht zu groß ist!

II. Anwendungen

1. Bestimmung der Parameter γ und γ^*

Die Rekombinationskoeffizienten γ und γ^* lassen sich durch Abkling- und Intensitätsabhängigkeitskurven bestimmen. Für große n erhält man das Grenzgesetz

$$\frac{dn}{dt} = a - \gamma n^2 \tag{6}$$

Aus Gl. (6) ergibt sich für den stationären Zustand ($\frac{dn}{dt} = 0$, $a = a_0$, $\sigma = \sigma_0$) und für das Abklingen

$$\sigma_0 = e\mu\sqrt{\frac{a_0}{\gamma}} \qquad \frac{\sigma}{\sigma_0} = \frac{1}{1+\sqrt{a_0\gamma}\,t} \tag{7}$$

(7) liefert Werte für a_0 und γ . Für große p_v erhält man ein Grenzgesetz

$$\frac{dn}{dt} = a - \gamma^* p_v n_D = a - \gamma^* N_0 \frac{N_D}{N_A} e^{-\frac{E_2}{kT}} n \tag{8}$$

mit der Lösung

$$\sigma = e\mu \frac{a}{\gamma^* N_0 \frac{N_D}{N_A} e^{-\frac{E_2}{kT}}} \; ; \quad \frac{\sigma}{\sigma_0} = e^{-(\gamma^* N_0 \frac{N_D}{N_A} e^{-\frac{E_2}{kT}})t} \tag{9}$$

Diese Gesetzmäßigkeiten wurden an einem Kristall, der nur wenig Haftstellen besaß, bestätigt. Bei T = 78°K gilt Gl. (7), bei T = 293°K Gl. (9).

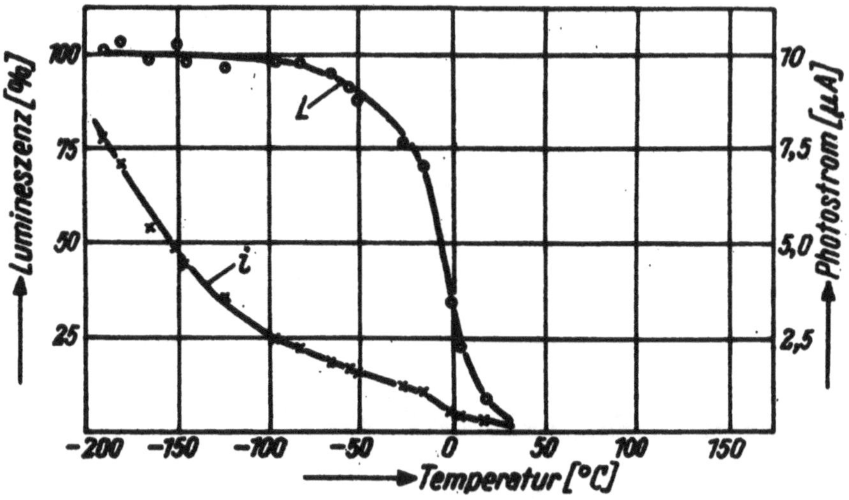

Abb. 2: Temperaturabhängigkeit der Lumineszenz und des Photostroms eines CdS-Kristalls

Bei T = 78°K treten keine strahlungslosen Übergänge auf; bei T = 300°K überwiegt die strahlungslose Rekombination.

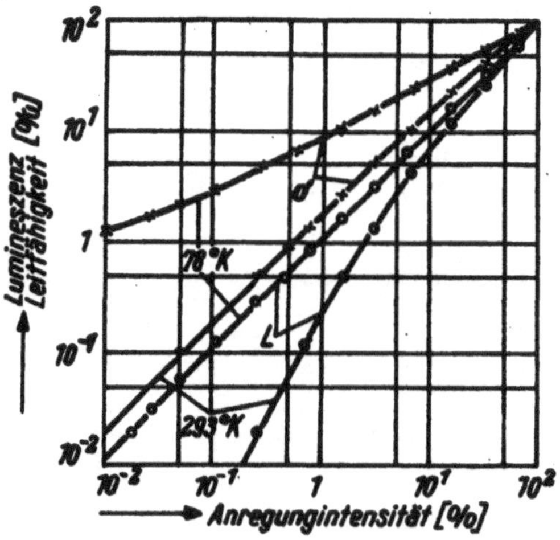

Abb. 3: Intensitätsabhängigkeit der Lumineszenz und des Photostroms bei 78° K und 300° K

Bei T = 78°K ist $\sigma \sim \sqrt{a_0}$, bei T = 300°K gilt $\sigma \sim a_0$. Mit den bekannten μ-Werten folgen hieraus (zusammen mit den Werten aus Abb. 4) zunächst Werte von a_0 und γ :

$\gamma = 1{,}1 \; 10^{-13}$ cm^3 s^{-1}; $a_0 = 2{,}3 \; 10^{14}$ cm^{-3} s^{-1}.

Für γ^* erhält man, wenn $N_D/N_A \approx 10^{-3}$ und $\varepsilon_2 \approx 0{,}3$ eV ist, $\gamma^* = 10^{-10}$ cm^3 s^{-1}.

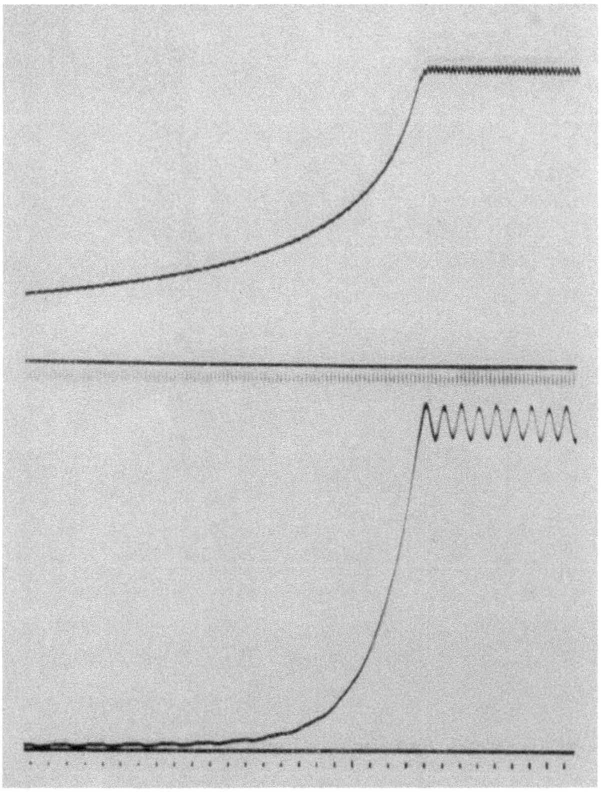

Abb. 4. Abklingen bei 78 und 300° K

2. Glow-Kurven und Abklingen der Phosphoreszenz

Bei schwächeren Anregungen spielt das Glied $\frac{d}{dt} n_D = \frac{d}{dt} \int_{E_V}^{E_L} n_D(E)\,dE$ gegenüber $\frac{d}{dt} n$ die beherrschende Rolle, d.h. man beobachtet hier eine Phosphoreszenz. Je nachdem ob T = const oder T = f(t) gewählt wird, mißt man nach dem Abschalten der Anregung Abkling- oder Ausheizkurven. Für den Fall einer nur langsam mit E veränderlichen Donatorkonzentration gilt, sofern $\sigma \sim a$ bzw. $L \sim a$ ist, für das Abklingen:

$$(10) \qquad \frac{\sigma}{\sigma_0} \text{ bzw. } \frac{L}{L_0} = \frac{1}{1 + \frac{a_0}{N_D(\zeta) kT} \cdot t}$$

und für das Ausheizen:

$$(11) \qquad \frac{\sigma}{\sigma_0} \text{ bzw. } \frac{L}{L_0} = N_D(\zeta)\, k \frac{dT}{dt} \ln \frac{N_0}{n}$$

$N_D(\zeta)$ ist dabei die in der Nähe der Quasi-FERMI-Grenze vorhandene Donatorkonzentration. Donatoren in diesem Gebiet liefern vorzugsweise die Leitungselektronen. ζ ändert sich mit der Zeit t gemäß:

$$(12) \qquad E_L - \zeta = kT \ln \frac{N_0}{n}$$

Kennt man also $T = f_1(t)$ bzw. $n = f_2(t)$, so hat man einen Zusammenhang

$$(13) \qquad N_D(\zeta) = f(E_L - \zeta) \text{ ,}$$

der die Donatorverteilung in absoluten Einheiten liefert.

Aus dem Zusammenhang zwischen der Lumineszenz L und der Leitfähigkeit σ kann man auf die Art des Modells schließen.

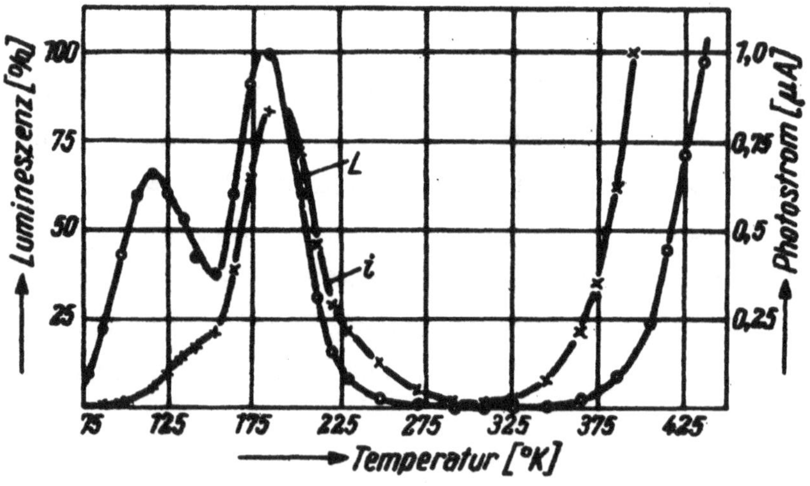

Abb. 5: Glow-Kurven der Lumineszenz und Leitfähigkeit

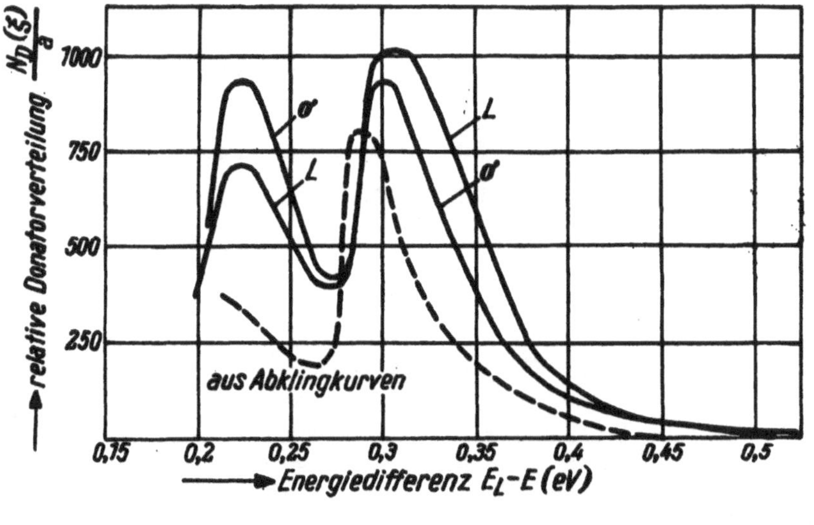

Abb. 6: Donatorverteilung aus Messungen der Lumineszenz, Leitfähigkeit und des Abklingens

Die in Abb. 6 angegebenen aus Messungen der Lumineszenz, Leitfähigkeit und des Abklingens bestimmten relativen Donatorverteilungen stimmen recht gut untereinander überein und liefern damit einen Hinweis für die Gültigkeit des benutzten reaktionskinetischen Modells. Eine so gute Übereinstimmung erscheint nach dem Modell von LAMBE und KLICK nicht möglich.

3. Modell für die "Kantenemission"

Nach den Ergebnissen des behandelten Modells sollte beim Abklingen stets ein Zusammenhang zwischen L und σ bestehen, der dem Zusammenhang zwischen L und σ im stationären Fall entspricht.

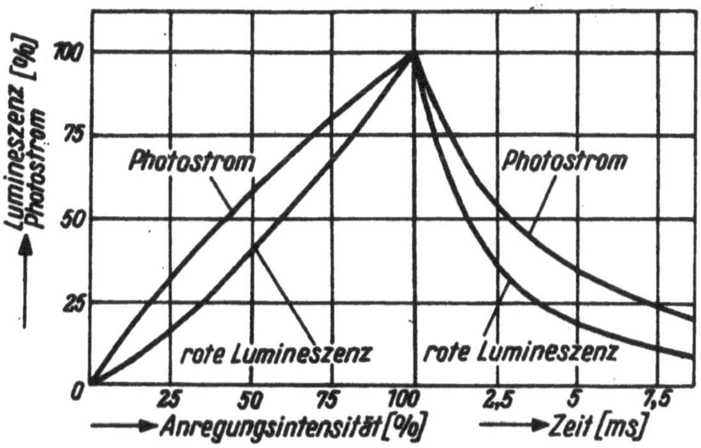

Abb. 7: Zusammenhang zwischen L und σ (Intensitätsabhängigkeit und Abklingen von L und σ)

Auch bei der Kantenemission findet man bei extrem tiefen Temperaturen einen derartigen Zusammenhang. Bei mittleren Temperaturen findet man diesen Zusammenhang aber nicht, da dieser nur mit der Gesamtlumineszenz, nicht aber mit Teilbanden der Lumineszenz gilt.

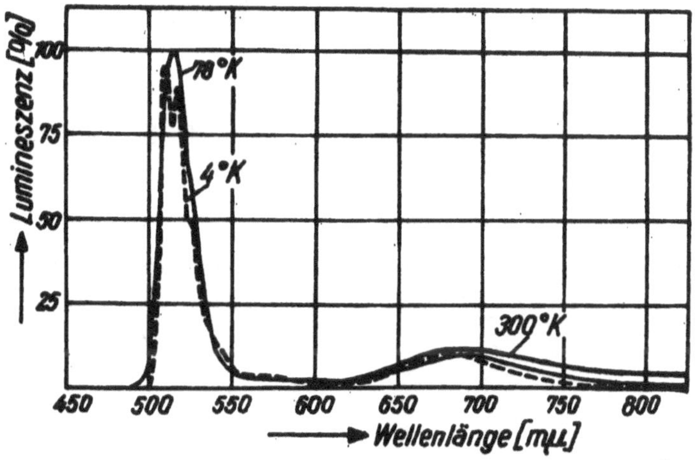

Abb. 8: Emissionsspektren der roten und grünen Lumineszenz

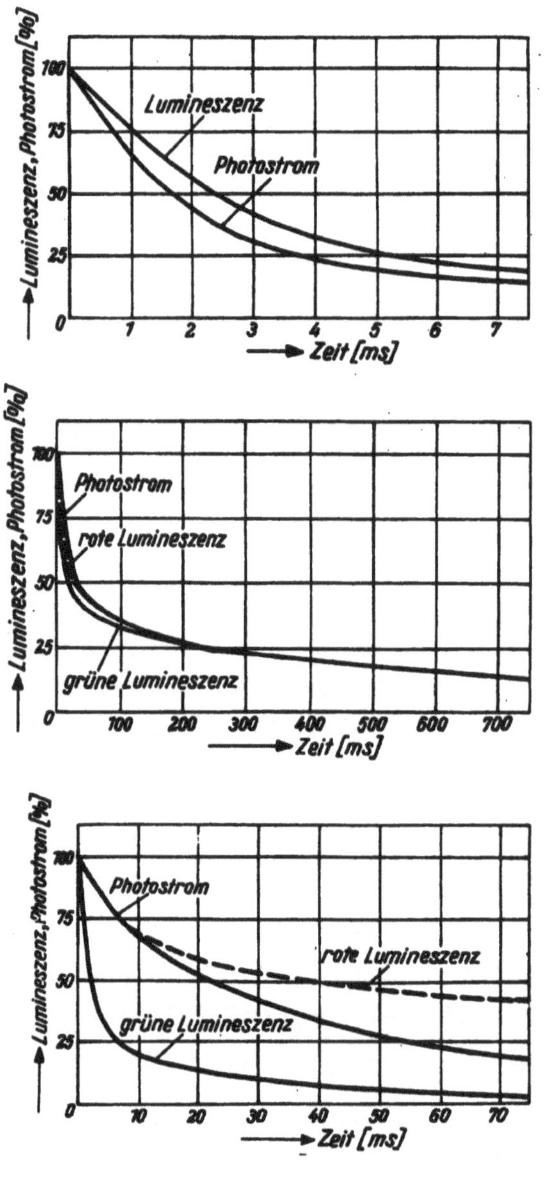

Abb. 9 bis 11: Abklingen der roten und grünen Lumineszenz
bei drei Temperaturen

Berlin, Institut für Elektronenmikroskopie am Fritz-Haber-Institut der Max-Planck-Gesellschaft

Diskussion:

SEIWERT: 1) Nach der Theorie des Abklingens der Lumineszenz von ADIROVIC ist gerade das Verhältnis der Einfangquerschnitte für Elektronen durch Haftstellen und ionisierte Aktivatoren, der sogenannte "Hauptparameter der Phosphoreszenz", eine für den Abklingverlauf maßgebliche Größe. Falls dieser Hauptparameter genügend groß ist, so darf man offensichtlich die Quasi-FERMI-Statistik anwenden.

2) Beim CdS treten bekanntlich strahlungslose Übergänge mit großer Häufigkeit auf. Ist dann die Wechselwirkung zwischen den beiden Systemen L-Band - Haftterme und V-Band - Aktivatorterme noch so klein, daß man mit der Quasi-FERMI-Statistik rechnen darf?

3) Meines Erachtens kann man die Quasi-FERMI-Statistik nicht zur Berechnung der Temperaturabhängigkeit der Lumineszenzintensität der Mehrbandenphosphore verwenden, wenn man die Modellvorstellungen von KLASENS 1 und SCHÖN 2 zugrunde legt. Die Löcher in den Aktivatortermen der einzelnen Banden und im V-Band befinden sich dann nicht mehr im Quasi-Gleichgewicht.

BROSER: Es zeigt sich, daß bei den häufig vorliegenden Bedingungen (Belichtung mit HBO oder XBO usw.), also bei einer Vielzahl von Experimenten, das Modell gerade anwendbar ist.

SCHÖN: Eine wesentliche Bedingung für die Gültigkeit des Modells besteht darin, daß die Wahrscheinlichkeit für den thermischen Übergang eines Elektrons bzw. Lochs in das Leitungs- bzw. Valenzband größer ist als die entsprechende Rekombination mit einem freien Ladungsträger des anderen Vorzeichens. Es mag sein, daß beim CdS die Verhältnisse günstig liegen. Beim ZnS sind sie ganz bestimmt ungünstig. Bei Zimmertemperatur kann man zwar z.B. bei Silberdotierung noch einigermaßen mit einer Quasi-Stationarität rechnen, bei Temperaturen unter $0^{\circ}C$ dagegen nicht mehr. Für den Kupferaktivator im ZnS gilt sie im allgemeinen nicht.

BROSER: Bei kupferaktiviertem ZnS scheint mir das Modell für das Abklingen anwendbar zu sein.

RUPPEL: Die Temperaturabhängigkeit des Photostroms wurde in Abb. 2 durch die Temperaturabhängigkeit der Beweglichkeit erklärt. Das würde bedeuten, daß die aus dem Photostrom folgende Lebensdauer temperaturunabhängig ist. Wäre das kein Widerspruch zu Ihren Folgerungen aus der Temperaturabhängigkeit der Lumineszenz, d.h. zu der Folgerung, daß ein Übergang von monomolekularer zu bimolekularer Rekombination stattfindet?

BROSER: Abb. 2 zeigt eine starke Zunahme der Lumineszenz in einem schmalen Temperaturbereich praktisch bis zur Sättigung. In diesem Bereich ist auch die Temperaturabhängigkeit der Photoleitung von der Temperaturabhängigkeit der Beweglichkeit verschieden; die Zahl der strahlungslosen Übergänge nimmt sehr stark ab.

Reaktionskinetische Fragen bei der Rekombination durch Elektronenstoß

P.T. LANDSBERG

1. Einleitung

Ich möchte an Hand eines konkreten Problems einige allgemeine Fragen der Trägerrekombination erörtern. Ich lege der Diskussion die letzten Experimente über die Lebensdauer von Überschußträgern im Indiumantimonid zugrunde [1].

2. Unvermeidbare Rekombinationsprozesse

Es stellt sich in diesen Experimenten heraus (Abb. 1), daß man bei der Untersuchung der Temperaturabhängigkeit der Lebensdauer oberhalb einer gewissen Temperatur nur e i n e Kurve erhält, während die Lebensdauern unterhalb dieser Temperatur für verschiedene Proben verschieden ausfallen. Was bedeutet das?

Ich möchte die Antwort gleich allgemein fassen. Es gibt zwei Arten von Rekombinationsmechanismen. Bei der ersten Art verläuft die Rekombination nicht über Verunreinigungen oder Versetzungen, sondern sie ist nur durch die Bänder bedingt. Bei der zweiten Art spielen die Kristalldefekte eine Rolle - die Mechanismen der zweiten Art sind also prinzipiell v e r m e i d b a r. Im idealen Kristall bei genügend tiefen Temperaturen können sie keine Rolle spielen. Wir können diese vermeidbaren Mechanismen dadurch erkennen, daß sie in verschiedenen Proben derselben Substanz im allgemeinen v e r s c h i e d e n e Lebensdauern bewirken. Es gilt aber auch die Umkehrung: Gibt es nur e i n e Kurve für verschiedene Proben, so gehören die Mechanismen wahrscheinlich zum ersten Typ. So haben wir es beim InSb oberhalb von ca. 240°K mit einem nur durch die Bänder bedingten Mechanismus und daher nur mit e i n e r Kurve zu tun.

Es sind dies die Mechanismen, die ich an anderer Stelle [2] unvermeidbar genannt habe.

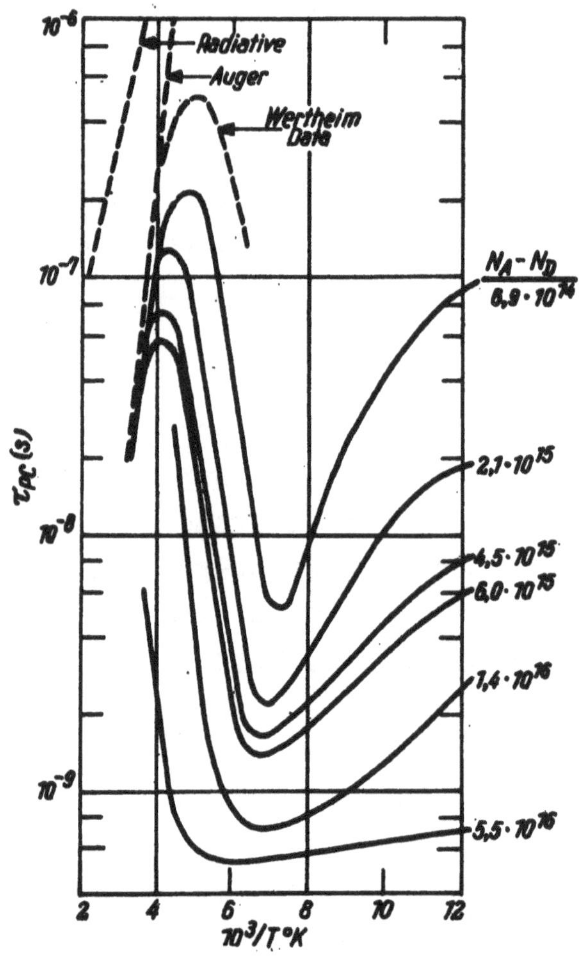

Abb. 1 (nach ZITTER, STRAUSS und ATTARD)

Dieser prinzipielle Unterschied ist auch technisch von Bedeutung. Wenn ein unvermeidbarer Mechanismus vorliegt, hat es nämlich keinen Sinn, durch Reinigung oder durch neue Schmelzverfahren eine bessere (d.h. größere) Lebensdauer anzustreben. Bei den vermeidbaren Mechanismen ist dies aber gerade das richtige Verfahren.

3. Mögliche Bedeutung des Band-Band-AUGER-Prozesses im InSb

Wir können unsere Fragestellung jetzt präzisieren: Mit welchem unvermeidbaren Rekombinationsmechanismus haben wir es im InSb zu tun? Eigentlich ist die Auswahl recht beschränkt, nämlich hauptsächlich auf die Prozesse der Abb. 2 und 3.

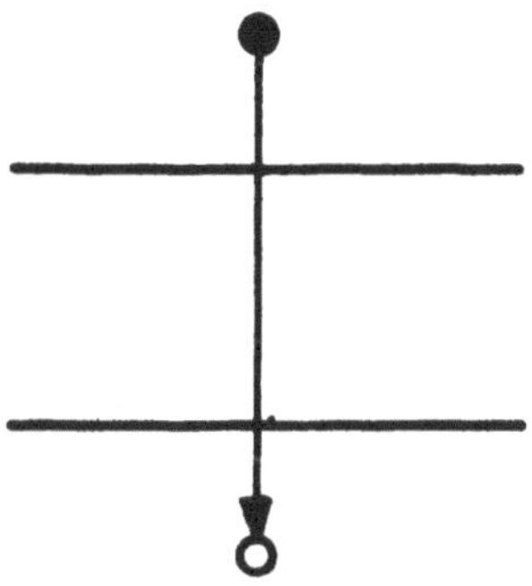

Abb. 2

Der wahrscheinlichste Mechanismus, der der Abb. 2 zugrunde liegt, ist der, in dem die Elektronenenergie in Strahlung verwandelt wird. Abb. 3 kennzeichnet eine Art AUGER-Effekt, bei dem die Gesamtenergie der Elektronen in den Bändern erhalten bleibt. Eine Theorie dieses Effektes hatten wir schon vor den schönen Experimenten von ZITTER et al. veröffentlicht und auf InSb angewandt [3,4].

Der Grund dafür war folgender: Die Zusammenstöße zwischen Elektronen - und das ist ja schließlich der AUGER-Effekt - kann als durch die COULOMB'sche Wechselwirkung induziert gedacht werden. Die große Reichweite der COULOMB-Kraft macht die AUGER-Prozesse, bei denen sich die Energie eines Elektrons nicht wesentlich ändert, höchst wahrscheinlich und die Lebensdauer eines Nichtgleichgewichtszustandes also sehr kurz. In Metallen kann die Energieänderung eines stoßenden Elektrons im AUGER-Prozeß unendlich klein werden, und dort ist es nur die Abschirmung der COULOMB-Kraft zwischen zwei Elektronen durch die Bewegung der anderen Elektronen, die uns vor einer unendlich großen AUGER-Übergangsrate und so vor der Lebensdauer null schützt [1].

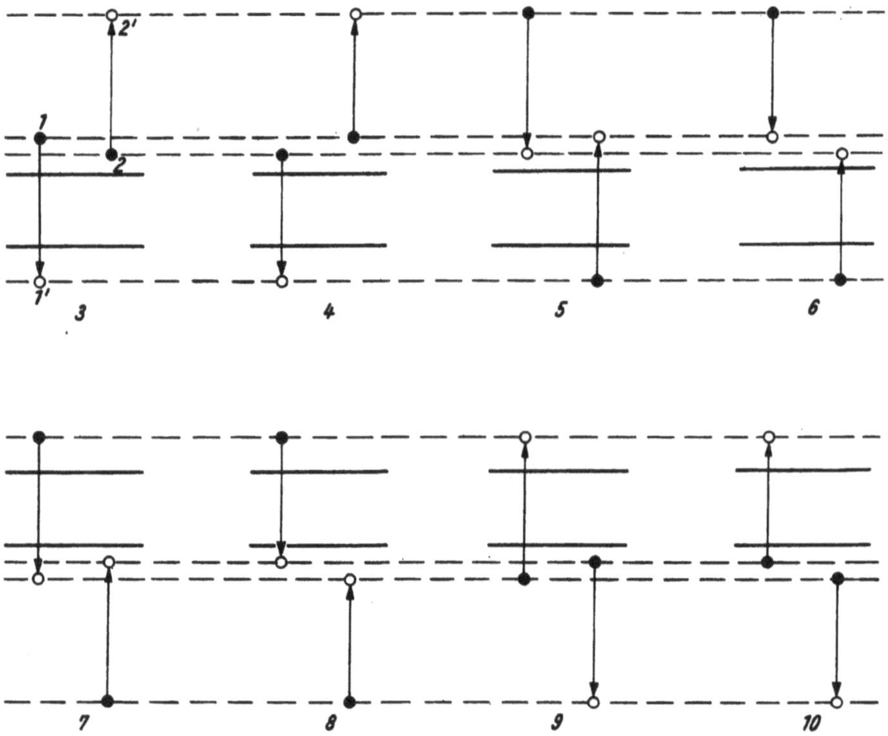

Abb. 3 bis 10

Es ist also klar, daß der Band-Band-AUGER-Effekt als Rekombinationsmechanismus bei denjenigen Halbleitern am wahrscheinlichsten ist, bei denen ein verhältnismäßig kleiner Bandabstand vorliegt. Dann braucht sich die Energie eines Elektrons nicht allzu stark zu ändern. InSb war daher mit seinem kleinen Bandabstand von vornherein eine vielversprechende Substanz für die Bestätigung dieser Theorie.

---

1) Es ist dies die Divergenz, die HEISENBERG in seiner alten Theorie der Supraleitfähigkeit feststellte [5], die in der Theorie der Röntgenspektren der Metalle wieder auftauchte [6] und die dann zur Plasmatheorie führte [7] .

4. AUGER-Prozeß-Reaktionskinetik: Schwierigkeiten und Erklärungen

Wie sollen wir nun Kinetik betreiben? Bei der strahlenden Rekombination der Abb. 2 sagen wir, daß die Wiedervereinigungsrate R = Anp ist, wobei A von den Konzentrationen n und p unabhängig ist. Manchmal spricht man auch von einem Zusammenstoß zwischen Elektron und Loch. Demnach würden wir im AUGER-Prozeß einen vierfachen Zusammenstoß haben, und das stimmt ja sicher nicht, wenn man der Sprache nicht Gewalt antun will. Viererstöße sind ja gewöhnlich recht unwahrscheinlich. Man muß sich also gleich entscheiden: entweder für die Sprache der quantenmechanischen Übergänge oder für die Sprache der Reaktionskinetik. Wir ziehen zunächst die erstere vor und benutzen diese, um die letztere zu begründen.

Wir gehen nun folgendermaßen vor: Wir sprechen nur von Elektronen und nicht von Löchern. Unsere Pfeile beziehen sich also auf Übergänge von Elektronen. Es gibt hier nun zweierlei Wahrscheinlichkeiten: erstens die quantenmechanische Wahrscheinlichkeit Q (1, 1', 2, 2') für einen spezifischen, in Abb. 3 angegebenen AUGER-Übergang. Diese verändert sich nur langsam mit den Wellenvektoren $\mathfrak{k}_1$, $\mathfrak{k}_1'$, $\mathfrak{k}_2$ und $\mathfrak{k}_2'$, die die vier Elektronenzustände der Abb. 3 definieren. Die zweite Art von Wahrscheinlichkeit ist statistischen Ursprungs. Ein typischer Übergang hat nämlich ein Gewicht, das durch das Produkt von vier Wahrscheinlichkeiten gegeben ist: die Wahrscheinlichkeit, ein Elektron bei $\mathfrak{k}_1$ und $\mathfrak{k}_2$ anzutreffen, liefert zwei Faktoren; die Wahrscheinlichkeit, einen Elektronenleerplatz bei $\mathfrak{k}_1'$ und $\mathfrak{k}_2'$ zu finden, liefert zwei weitere Faktoren. Da das Elektron 1 mindestens die Zwischenbandenergie verliert, muß zumindest diese vom Elektron 2 aufgenommen werden. Dadurch wird der Zustand $\mathfrak{k}_2'$ so hoch in das obere Band gehoben, daß die Wahrscheinlichkeit für einen Elektronleerplatz bei $\mathfrak{k}_2'$ beinahe eins wird. Nehmen wir das an. Dann bleiben nur drei statistische Wahrscheinlichkeitsfaktoren übrig: die Wahrscheinlichkeiten P_1, P_2 und P_1' für die Zustände k_1, k_2 und k_1'.

Die Sprache der quantenmechanischen Übergänge kann jetzt mit der der Reaktionskinetik vertauscht werden. Aber dies ist nur durch zwei weitere Annahmen zu erkaufen: 1) Wir vernachlässigen die Abhängigkeit der quantenmechanischen Übergangswahrscheinlichkeit Q von den vier Wellenvektoren. 2) Für die statistischen Faktoren für die Anwesenheit eines Elektrons im oberen Band und seine Abwesenheit im unteren setzen wir an

$$P_1 = P_2 \sim n, \qquad P_1' \sim p$$

wobei n und p die Elektronen- bzw. Löcherkonzentrationen sind. So kommt man schließlich zur Übergangsrate

$$R = An^2p,$$

wobei A konzentrationsunabhängig sein soll. Dies ist das Massenwirkungsgesetz für unseren Fall [2]. Hätten wir es gleich von Anfang an angesetzt und uns gefragt, was es besagt, so hätten wir folgendes sagen müssen: Es drückt den Zusammenstoß von zwei Elektronen und einem Loch aus. Wir haben es also nicht, wie vorher schon vermutet, mit einem Viererstoß, sondern einem Dreierstoß zu tun. In der Sprache der quantenmechanischen Übergänge ist es jedoch ein einfacher Zusammenstoß von zwei Elektronen. Man sieht, daß die Reaktionskinetik in unserem Falle leicht irreführen kann; die Reaktionskinetik muß entweder vermieden oder recht vorsichtig gehandhabt werden.

---

2) Es ist auch letzthin von R.N. HALL diskutiert worden (unveröffentlicht).

5. Spin, Austausch und n-p-Symmetrie

In Abb. 3 ist noch angenommen, daß die Elektronen 1 und 2 unterscheidbar sind, denn wir haben ja gesagt: Elektron 1 macht den Übergang $\mathfrak{k}_1 \to \mathfrak{k}_1'$, und Elektron 2 macht den Übergang $\mathfrak{k}_2 \to \mathfrak{k}_2'$. Das ist in Ordnung, wenn die Elektronen verschiedenen Spin haben, denn der Spin ist dann ein Unterscheidungsmerkmal. Wenn sie aber gleichen Spin haben, darf man den Übergang der Abb. 3 nicht allein untersuchen. Er ist dann nämlich ununterscheidbar von dem in Abb. 4 angegebenen. Mit anderen Worten: Man muß auch den Elektronenaustausch berücksichtigen. Dies ergibt aber wieder einen Prozeß desselben Typus, und wir werden ihn deshalb nicht getrennt behandeln.

Die Prozesse der angegebenen Art sind durchaus noch nicht alle, die in unsere Überlegungen eingehen müssen. Zunächst ist, wie üblich bei Rekombinationsproblemen, mit jedem Prozeß auch der umgekehrte Prozeß mit zu behandeln. Diese sind genauso wichtig, denn im Gleichgewicht halten sich ja diese Prozesse paarweise die Waage. Es ist auch lehrreich, sich die zu den Abb. 3 und 4 gehörenden Umkehrprozesse genauer anzusehen (Abb. 5 u. 6). Es ergibt sich offenbar aus dem AUGER-Prozeß durch Umkehrung eine Art Stoßionisation: Elektronen in verschiedenen Bändern stoßen zusammen, und das Elektron des oberen Bandes gibt so viel Energie ab, daß das andere Elektron vom unteren in das obere Band befördert wird [3]. Somit haben wir jetzt vier eng zusammenhängende Prozesse.

Diese Zahl muß noch verdoppelt werden. Es besteht nämlich in diesen Prozessen eine Art n-p-Symmetrie, die besagt, daß prinzipiell weder Elektronen noch Löcher bevorzugt werden sollen. In unserem Zusammenhang bedeutet das, daß man, anstatt von Elektronenübergängen zu spre-

---

3) Prozesse dieser Art sind beim elektrischen Durchschlag von Bedeutung [8].

chen, auch von Übergängen von Löchern hätte sprechen können. Aber in Abb. 3 bis 6 haben wir bisher keine Stöße, die man in der Löcher-Sprache Löcherstöße nennen könnte. So muß man dem Elektronenzusammenstoß der Abb. 3 den ähnlichen Löcherzusammenstoß der Abb. 7 zuordnen. Dieser Prozeß ist auch ein Rekombinationsprozeß. Durch Austausch und Umkehrung erzeugt er die weiteren Prozesse der Abb. 8 bis 10.

6. Anwendung der Reaktionskinetik

Vom Standpunkt der Reaktionskinetik haben wir nun zwei Typen von Prozessen zu betrachten: die schon diskutierten n^2p-Prozesse und die wegen der n-p-Symmetrie benötigten p^2n-Prozesse. So ist die Übergangsrate im allgemeinen

$$R = An^2p + Bn^2p , \tag{1}$$

wobei A und B nahezu konzentrationsunabhängig und von ungefähr gleicher Größe sein sollten. Für die Lebensdauer τ_n von Überschußelektronen ergibt sich

$$\frac{1}{\tau_n} = 2An_0p_0 + 2Bp_0^2 + \frac{\Delta p}{\Delta n}(An_0^2 + 2Bn_0p_0), \tag{2}$$

wenn die Abweichungen Δn und Δp von den Gleichgewichtskonzentrationen n_0 und p_0 klein sind. Für die Lebensdauer von Überschußlöchern findet man

$$\tau_p = \frac{\Delta p}{\Delta n}\tau_n .$$

Wir bemerken zunächst, daß, wenn Δn und Δp nicht sehr verschieden sind, gilt

$$\text{(3a)}\quad \tau_n \sim p_0^{-2}, \qquad \tau_p \sim \frac{\Delta p}{\Delta n} p_0^{-2} \qquad \text{(bei starker p-Leitung)}$$

$$\text{(3b)}\quad \tau_n \sim \frac{\Delta n}{\Delta p} n_0^{-2} \qquad \tau_p \sim n_0^{-2} \qquad \text{(bei starker n-Leitung)}.$$

In (3a) ist der Zusammenstoß von Löchern am wichtigsten,

denn es gibt ja mehr Löcher als Elektronen in diesem Fall; in (3b) überwiegen die Elektronenstöße.

Man sieht also, daß in diesen Fällen die Lebensdauern mit dem Quadrat der Majoritätsträgerkonzentration abfallen, und daß sie daher in dem Gebiet, in dem $n_0 \approx p_0$ ist, ein Maximum haben. Dieser Sachverhalt erinnert an die durch strahlende Band-Band-Rekombination begrenzte Lebensdauer; nur hat man dort eine n_0^{-1} - bzw. p_0^{-1}-Abhängigkeit statt der hier gefundenen n_0^{-2} - bzw. p_0^{-2}-Abhängigkeit.

Es ist manchmal gesagt worden, daß die hier betrachteten AUGER-Prozesse nur dann wichtig sein können, wenn man beobachtet hat, daß $\tau \sim n^{-2}$ oder $\sim p^{-2}$ ist. Das stimmt aber nicht ganz. In der Nähe des Eigenleitungszustandes ist man z.B. in der Nähe eines Lebensdauermaximums. Die Tatsache, daß hier die n^2p - und die np^2-Prozesse von Wichtigkeit sind, beseitigt die quadratische Konzentrationsabhängigkeit völlig: Es ist ja in der Nähe eines solchen Maximums weder eine starke n-Leitung noch eine starke p-Leitung vorhanden.

7. Weitergehende Überlegungen

Die Reaktionskinetik gibt uns, wie wir gesehen haben, Aussagen über die Konzentrationsabhängigkeit der Lebensdauer. Zur Formulierung der Kinetik benötigten wir aber die Methoden der quantenmechanischen Übergänge. Wir müssen jetzt zu dieser tiefergehenden Methode zurückkehren, um die Temperaturabhängigkeit der Lebensdauer zu erörtern.

Es lohnt sich wohl nicht, sich hier mit mathematischen Einzelheiten aufzuhalten. Bemerken wir lediglich, daß wir die quantenmechanische Übergangswahrscheinlichkeit Q(1, 1', 2, 2') über alle vier Wellenvektoren zu integrieren haben, um die Übergangsrate zu berechnen:

$$\int Q(1,1',2,2')\, N_1 N_1' N_2 N_2' P_1 P_1' P_2 P_2'\, dk_1\, dk_1'\, dk_2\, dk_2' .$$

$N_1 d\mathfrak{k}_1$, $N_2 d\mathfrak{k}_2$, usw. sind die Anzahlen der Quantenzustände in den angegebenen Wellenvektorbereichen; P_1, P_2, ... sind die schon vorhin diskutierten Wahrscheinlichkeiten. Es stellt sich heraus, daß nur die Übergänge möglich sind, bei denen der lineare Impuls und die Energie der Elektronen erhalten bleiben, wie man es ja auch klassisch erwarten würde. Das sind also vier skalare Bedingungen.

Da jeder Vektor drei Komponenten hat, haben wir hier ein zwölffaches Integral mit vier Beziehungen unter den zwölf Variablen. Die Flächen, über die die Integrationen zu erstrecken sind, sind daher recht kompliziert. Mit einigem Rechenaufwand läßt sich das Integral näherungsweise auswerten. Kurz vorweggenommen ist das Resultat eine mit der Temperatur exponentiell stark abfallende Lebensdauer, wie sie auch später von ZITTER u.a. experimentell gefunden wurde.

Einen <u>ungefähren</u> Überblick kann man folgendermaßen gewinnen: In dem Integral sind es die Wahrscheinlichkeiten P, die sich am schnellsten mit den Wellenvektoren ändern. Wenn dieses Produkt seinen größten Wert hat, haben wir es also mit den wichtigsten Übergängen zu tun. Wie schon vorher gesagt, ist $P'_2 \approx 1$ und kann vernachlässigt werden. Nun sind P_1 und P_2 am unteren Rand des oberen Bandes am größten, während P'_1 am oberen Rand des unteren Bandes seinen größten Wert hat. Die Übergänge, in denen das Elektron 1 von Rand zu Rand springt, sind also scheinbar die wahrscheinlichsten - aber sie sind doch unmöglich. Bei diesen Übergängen wäre nämlich $\mathfrak{k}_1 = \mathfrak{k}'_1 = 0$. Wegen der Impulserhaltung gilt $\mathfrak{k}_1 + \mathfrak{k}_2 = \mathfrak{k}_1' + \mathfrak{k}_2'$, so daß im diskutierten Fall $\mathfrak{k}_2 = \mathfrak{k}_2'$ sein muß. Die zugehörigen Energien müssen also auch gleich sein: $E_2 = E_2'$. Da das erste Elektron aber Energie verliert, muß das zweite Energie gewinnen, so daß $E_2 = E_2'$ den Energiesatz verletzt. Der Sprung von Rand zu Rand ist also unmöglich.

Eine genauere Untersuchung ergibt, daß das Produkt

der Wahrscheinlichkeiten dann am größten ist, wenn die Zustände 1, 1' und 2 alle energetisch um ein Sechstel des Bandabstandes (E_G) von dem zugehörigen Bandrand entfernt sind. Die Energie des Elektrons 1 und des Elektrons 2 ändert sich also dann je um $E_G + \frac{1}{6} E_G + \frac{1}{6} E_G = \frac{4}{3} E_G$. Diese Zahl verkleinert sich aber, wenn die effektiven Massen in den Bändern ungleich sind. Eine Überschlagsrechnung ergibt nun, daß die Lebensdauer in einem eigenleitenden nichtentarteten Halbleiter von der Temperatur ungefähr wie exp ($\lambda E_G/kT$) abhängt, wobei λ zwischen 1 und 1,5 liegt. Die genauere Rechnung liefert ein ähnliches Resultat.

8. Einige Komplikationen

Es ist zu betonen, daß wir hier gewisse Schwierigkeiten nicht behandelt haben: 1) Die Tatsache, daß die Flächen konstanter Energie im Raum der Wellenvektoren nicht Kugeln sind, ist nicht in der eben beschriebenen Theorie berücksichtigt worden. 2) Daß die Wellenfunktionen BLOCH'scher Art sein müssen, ist nur ungefähr berücksichtigt worden. 3) Für den AUGER-Prozeß bei <u>entarteten</u> Halbleitern ist die allgemeine Theorie vorhanden, es fehlen aber noch konkrete theoretische Kurven. Prinzipiell können diese Komplikationen jedoch alle in der quantenmechanischen Theorie berücksichtigt werden.

Wenn man Reaktionskinetik treibt, verhält es sich anders. Hier ist es nicht möglich, diese Komplikationen ohne weiteres zu berücksichtigen. Schon allein die Entartung bewirkt ja den Zusammenbruch des Massenwirkungsgesetzes, auf dem die Reaktionskinetik basiert. Bei dem einfachen Übergang der Abb. 2 haben wir z.B.

$$n_0 p_0 = K\, I(\eta - \eta_c) \cdot I(\eta_v - \eta),$$

wobei η, η_c und η_v die FERMI-Energie und die Energien der Bandränder - alle durch kT dividiert - sind. I(x) ist das gewöhnliche FERMI-Integral, und K ist eine konzentrationsunabhängige Konstante. Da also rechts die FERMI-Energie vorkommt, ist das Produkt $n_0 p_0$ nicht eine konzentrationsunabhängige Konstante. Das ist erst dann der Fall, wenn der Halbleiter als nicht entartet vorausgesetzt wird; denn dann ist $I(x) \sim e^x$ und daher $n_0 p_0 = K e^{-E_G/kT}$. Die FERMI-Energie verschwindet in diesem Fall, sonst aber nicht.

9. Beziehungen zwischen zwei verschiedenen Typen von Lebensdauern

Zum Schluß sei noch eine Frage aufgegriffen, die schon SCHOTTKY und HOFFMANN vor einigen Jahren behandelt haben [9]. Die hier benutzte Lebensdauer ist eine Zeit, die für das Verschwinden von Überschußkonzentrationen maßgebend ist. Mit den schon benutzten Bezeichnungen sind das die Größen

$$\tau_n \equiv \frac{\Delta n}{R - R_0}, \qquad \tau_p \equiv \frac{\Delta p}{R - R_0}.$$

R_0 ist hier die Rekombinationsrate R im thermischen Gleichgewicht und also auch die Elektron-Loch-Erzeugungsrate. $R - R_0$ ist der Überschuß der Rekombinationsrate im Nichtgleichgewichtszustand.
Aber auch im Gleichgewicht gibt es eine charakteristische Zeit, nämlich die, während der im Durchschnitt ein Elektron in seinem Band verbleibt. Bei der Übergangsrate R_0 sind das die Zeiten

$$\tau_{n0} \equiv \frac{n_0}{R_0}, \qquad \tau_{p0} \equiv \frac{p_0}{R_0}.$$

Besteht hier ein Zusammenhang?

Für die Prozesse der Abb. 2 hat HOFFMANN schon bemerkt, daß bei starker n-Leitung $\tau_p = \tau_{p0}$, im Eigenleitungsgebiet dagegen $\tau_p = \frac{1}{2}\tau_{p0}$ ist [4]. Es sieht also so

---

4) Bei diesen Überlegungen wurde wohl $\Delta n = \Delta p$ angenommen.

aus, als hätten diese Lebensdauern dieselbe Größenordnung. Wie steht es bei den hier betrachteten Elektronenstößen? Das Resultat ist ganz ähnlich. Man überzeugt sich leicht, daß bei starker n-Leitung $\tau_n = \tau_p = \tau_{po}$ und bei starker p-Leitung $\tau_n = \tau_p = \tau_{no}$ ist, vorausgesetzt, daß $\Delta n = \Delta p$ gilt. Im Eigenleitungsgebiet, wenn $\Delta n = \Delta p$, oder etwas allgemeiner, wenn lediglich

$$(4) \qquad \frac{\Delta n}{n_0} = \frac{\Delta p}{p_0}$$

gilt, erhält man

$$\tau_n = \frac{1}{3}\tau_{no} , \qquad \tau_p = \frac{1}{3}\tau_{po} .$$

Ein recht einfacher Zusammenhang besteht also auch in den hier untersuchten Fällen. Bei Überschlagsrechnungen scheint es sich also oft nicht zu lohnen, die Lebensdauer τ_n und τ_{no} oder τ_p und τ_{po} scharf zu unterscheiden.

Obgleich es physikalisch kaum wichtig ist, ist es doch vielleicht einfacher, die eben angedeuteten Zusammenhänge folgendermaßen zu betrachten: Bei einer Übergangsrate

$$R = An^r p^s + Bn^s p^r \quad \text{und} \quad R_0 = An_0^r p_0^s + Bn_0^s p_0^r$$

kann man A = B, r = s = 1 für den Übergang der Abb. 2 setzen. Für die hier betrachteten Stöße setzt man einfach r = 2, s = 1.

Es ist dann nicht schwer, folgendes einzusehen:

I Wenn Bedingung (4) erfüllt ist, dann gilt

$$(r+s)\tau_n = \tau_{no} , \qquad (r+s)\tau_p = \tau_{po} .$$

II Wenn $n_0 \gg p_0$ und $\Delta n = \Delta p$ ist, dann gilt

$$s\tau_n = s\tau_p = \tau_{po} .$$

III Wenn $p_0 \gg n_0$ und $\Delta n = \Delta p$ ist, dann gilt

$$s\tau_n = s\tau_p = \tau_{no} \quad .$$

So haben wir also einen etwas allgemeineren Überblick gewonnen, der die vorher angegebenen Zusammenhänge als spezielle Fälle enthält.

10. Verallgemeinernde Bemerkungen zur Rekombination bei Störstellen

Wenden wir uns jetzt den etwas tieferen Temperaturen zu. Zwischen ca. 140°K und 250°K steigen die Lebensdauern im InSb mit der Temperatur an und streben einem Maximum zu. Erst nach diesem Maximum kommt der schnelle Abfall durch AUGER-Prozesse. Bei diesen mittleren Temperaturen liefern außerdem verschiedene Proben verschiedene Lebensdauern. Man hat es hier offenbar mit vermeidbaren Rekombinationsprozessen zu tun. Die Hauptrekombinationsprozesse verlaufen in diesem Gebiet wahrscheinlich über Störstellen. ZITTER und seine Mitarbeiter vermuten sogar, daß diese Haftstellen vielleicht mehrere Elektronen einfangen können. Das bringt uns zu einer prinzipiell interessanten Frage: Wie können diese verschiedenen Umladungsprozesse einer Haftstelle in eine allgemeine Rekombinationstheorie eingeordnet werden?

Zwei Punkte müssen hier betont werden. Erstens muß ich gleich zugeben, daß ich bei der Diskussion solcher Prozesse von meinem ursprünglichen Thema abweiche. Diese von HALL [10,11] und SHOCKLEY und READ [12] zuerst diskutierten Prozesse haben nämlich nichts mit dem Zusammenstoß von zwei beinahe freien Elektronen zu tun, mit denen ich mich hauptsächlich bisher beschäftigt habe. Der zweite Punkt ist folgender: Bei der Theorie der Rekombination durch Elektronenstoß haben wir Quantenmechanik <u>und</u> statistische Mechanik getrieben. Dies war möglich, denn diese Prozesse waren physikalisch voll definiert. Bei der SHOCKLEY-READ'schen Theorie und ihren Abarten geht man aber anders vor: Die Theorie ist statistischen Ursprungs, und die Quantenmechanik wird nicht explizit benutzt. Mittlere Übergangswahrscheinlichkeiten pro Zeiteinheit kommen zwar vor (sie sind dem gemittelten vorhin eingeführten Q-Faktor analog), sie sind aber jetzt verfügbare Parameter, die durch Vergleich mit dem Experiment numerisch ausgewertet werden. Der physikalische Mechanismus, der diesen Prozessen zugrunde liegt, ist erst dann voll angegeben, wenn eine gute quantenmechanische Theorie für die gefundenen mittleren Übergangswahrscheinlichkeiten pro Zeiteinheit vorliegt. Man kann wohl sagen, daß diese letzteren Theorien, die man von verschiedenen Seiten versucht hat aufzustellen, noch nicht zufriedenstellend sind, daß aber die halbempirische statistische Theorie andererseits gute Erfolge zu verzeichnen hat.

Obgleich ich also jetzt vom Elektronenstoß abkomme und außerdem zu einer halbempirischen Betrachtungsweise übergehe, lohnt es sich vielleicht doch, zur Rekombination über Störstellen mit verschiedenen Ladungsmöglichkeiten kurz Stellung zu nehmen. Der Grund dafür ist, daß auch hier reaktionskinetische Überlegungen bei einem ersten Überblick behilflich sein können. Andererseits ist die Reaktionskinetik wieder nicht imstande, die Übergangswahrscheinlichkeiten selber abzuschätzen; das ist hier genauso, wie es bei den AUGER-Prozessen war.

Die Theorie von SHOCKLEY und READ ist ja recht bekannt, und so braucht man sich wieder nicht mit Mathematik zu befassen. Die Idee ist einfach folgende: Im stationären Zustand ist die Übergangsrate, mit der Elektronen in leere Störstellen fallen, gleich der Übergangsrate, mit der Elektronen aus vollen Störstellen in das untere Band fallen. Dieses Prinzip und das Massenwirkungsgesetz benötigt man, und das ist eigentlich alles. Das Schöne ist nun, daß die Situation auch in den erst letzthin betrachteten komplizierteren Fällen genau so einfach ist.

Nur die Form des Ausdrucks für die Übergangsrate $U \equiv R - R_0$ ändert sich etwas. Das möchte ich nun kurz besprechen.

Wir betrachten zunächst den einfachsten Fall, in dem Störstellen entweder kein oder ein Elektron einfangen können. Die Konzentrationen solcher Störstellen seien N_0 und N_1. Außerdem nehmen wir an, daß das Elektronen- und das Löchergas nicht entartet sind. Dann kann man die Rekombinationsrate folgendermaßen schreiben:

$$(5) \quad U = (N_0+N_1) A_{n1} A_{p1} \frac{np[1-\exp(\Delta F_p - \Delta F_n)]}{A_{n1}[n + K_{n1}\frac{n}{n_0}\exp(-\Delta F_n)] + A_{p1}[p + K_{p1}\frac{p}{p_0}\exp(\Delta F_p)]} \; .$$

Hier sind n und p die Elektronen- bzw. Löcherkonzentration im stationären Nichtgleichgewichtszustand. ΔF_n bezeichnet den durch kT dividierten Unterschied zwischen der Quasi-FERMI-Grenze der Elektronen im stationären Nichtgleichgewichtszustand und der FERMI-Grenze beim thermischen Gleichgewicht. K_{n1} und K_{p1} sind die für das thermische Gleichgewicht ausgerechneten Massenwirkungskonstanten nN_0/N_1 und pN_1/N_0. Bei nichtentarteten Gasen sind die Ausdrücke $(n/n_0)\exp(-\Delta F_n)$ und $(p/p_0)\exp(\Delta F_p)$ natürlich gleich eins. A_{n1} und A_{p1} sind Wiedervereinigungskoeffizienten von Elektronen oder Löchern mit den Störstellen. Ich ziehe es aber gewöhnlich vor, sie als gemittelte quantenmechanische Übergangswahrscheinlichkeiten pro Zeiteinheit anzusehen. So ist A_{n1} über die Elektronen des oberen Bandes gemittelt, während A_{p1} über die Löcher des unteren Bandes gemittelt ist. Die Eins bedeutet in A_{n1}, daß ein Elektron von einem Einelektronenzustand einer Störstelle eingefangen wird, während die Eins in A_{p1} bedeutet, daß ein Elektron aus einem Einelektronenzustand einer Störstelle abgegeben wird. Da die A-Koeffizienten mit zwei Konzentrationen multipliziert eine Rate pro Volumeneinheit sind, folgt, daß sie selbst in cm^3/s auszudrücken sind. Der Ausdruck $np \cdot [1 - \exp(\Delta F_p - \Delta F_n)]$

ist bei nichtentarteten Halbleitern einfach gleich der Größe $np-n_0p_0$, die ja oft bei Rekombinationsproblemen eine Rolle spielt. $N_0 + N_1$ ist die Gesamtkonzentration der Störstellen. Der Vorzug der hier benutzten Schreibweise wird gleich klar werden.

Die Gleichung (5) ist also die allgemeine Gleichung für das SHOCKLEY-READ'sche Modell, wie sie etwa in dem schon genannten Artikel von HOFFMANN angegeben ist (seine Gleichung (2.21)). Nehmen wir jetzt an, daß der Halbleiter entartet sein kann. Für diesen Fall, der von LANDSBERG und MOSS [13] behandelt wurde, kann die Theorie ähnlich durchgeführt werden, und Gleichung (5) bleibt bestehen. Der Ausdruck $(n/n_0)\ K_{n1}\ \exp(-\Delta F_n)$ kann jetzt so interpretiert werden: Er ist die für das thermische Gleichgewicht berechnete Massenwirkungskonstante (jetzt konzentrationsabhängig!), in der die FERMI-Grenze des thermischen Gleichgewichts durch die Quasi-FERMI-Grenze der Elektronenverteilung ersetzt worden ist. Ähnliches gilt für den analogen Ausdruck für die Löcher.

Unsere nächste Verallgemeinerung soll sein, daß eine Störstelle mehrere Elektronen einfangen kann. Die in Gleichung (5) angegebene Rate soll jetzt der Klarheit halber mit U(1) bezeichnet werden. Sie drückt aus, daß die Konzentrationen N_0 und N_1, obgleich Störstellen von der Besetzung null in die Besetzung eins übergehen (und umgekehrt), stationär sind; deswegen sind n und p auch stationär. Wir bezeichnen jetzt mit N_j die Konzentration von Störstellen, die j Elektronen eingefangen haben (j = 1,2,...). Die Übergänge einzelner Störstellen von einem (j-1)-Elektronenzustand in einen j-Elektronenzustand (und umgekehrt) müssen natürlich wieder die Konzentrationen N_{j-1}, N_j stationär lassen. Es zeigt sich, daß die Wiedervereinigungsrate durch diese Prozesse, nennen wir sie U(j), wieder durch Gleichung (5) gegeben ist. Nur müssen wir überall 0 durch j-1 und

1 durch j ersetzen. So ist K_{nj} z.B. die für das thermische Gleichgewicht berechnete Massenwirkungskonstante n N_{j-1}/N_j, und K_{pj} ist ähnlich definiert. Diese "Konstanten" sind wieder nur bei nichtentarteten Halbleitern konzentrationsunabhängig. A_{nj} sind mittlere Übergangswahrscheinlichkeiten für Elektronen, die in j-Elektronenzuständen von Störstellen eingefangen werden, d.h. die Störstellen gehen von einem (j-1)-Elektronenzustand in einen j-Elektronenzustand über. Bei A_{pj} sind die umgekehrten Übergänge ausschlaggebend. Die ganze Rekombinationsrate ist also offenbar U(1) + U(2) + ... und kann also prinzipiell berechnet werden.

Die Richtigkeit der eben gemachten Feststellungen ist leicht aus einer früheren Arbeit [14] ersichtlich, wenn man dort die Gleichungen (17), (18), (D6) und (D7) in Gleichung (35) einsetzt.

Herrn Professor R. LANDSBERG sei hier für sprachliche Hilfe herzlichst gedankt.

Literatur:

[1] R.N. ZITTER, A.J. STRAUSS und A.E. ATTARD, Phys. Rev. 115 (1959) 266

[2] P.T. LANDSBERG, Proc. I.E.E., Part B 106 (1959)

[3] A.R. BEATTIE und P.T. LANDSBERG, Proc. Royal Soc. A 249 (1958) 16

[4] A.R. BEATTIE und P.T. LANDSBERG, J. Phys. Chem. Solids 8 (1959) 73

[5] W. HEISENBERG, Z. Naturforsch. 2a (1947) 185

[6] P.T. LANDSBERG, Proc. Phys. Soc. A 62 (1949) 806

[7] D. BOHM und D. PINES, Phys. Rev. 92 (1953) 609

[8] W. FRANZ, Hdb. Phys. 17 (1956) S. 155

[9] A. HOFFMANN, Halbleiterprobleme II, Braunschweig 1955, S. 95

[10] R.N. HALL, Phys. Rev. 83 (1951) 288

[11] R.N. HALL, Phys. Rev. 87 (1952) 387

[12] W. SHOCKLEY und W.T. READ, Phys. Rev. 87 (1953)

[13] P.T. LANDSBERG und T.S. MOSS, Proc. Phys. Soc. B 69 (1956) 661. Siehe dort Gl. (7).

[14] Symposium on Solid State Physics in Electronics and Telecommunications in Brussels 1958, London 1960, S. 454

Cardiff, University College of South Wales and Monmouthshire

Diskussion

SCHÖN: Es wäre von Bedeutung zu wissen, ob der AUGER-Effekt eine wesentliche Rolle beim Einfang von Elektronen in Störtermen spielt; das könnte uns nämlich durchaus bei den Schwierigkeiten helfen, die wir mit der Energieübertragung in den Kristallen haben.

LANDSBERG: Leider habe ich mich selbst mit diesem Problem noch nicht beschäftigt, es finden sich aber in der Literatur - allerdings noch nicht allzu befriedigende - Versuche, dieses Problem durchzurechnen. Der AUGER-Effekt ist bei Röntgenspektren von Atomen äußerst wichtig; es ist daher zu vermuten, daß er auch bei lokalisierten Zuständen eine Rolle spielt.

SCHÖN: Durch experimentelle Untersuchungen am ZnO haben wir auch gefunden, daß die "Rand-Rand"-Übergänge unwahrscheinlich sind (Untersuchungen der durch Stoß langsamer Elektronen angeregten Fluoreszenz). Allerdings erhielten wir für die kritische Energie etwas weniger als vier Drittel des Bandabstandes.

Structure des Bandes de CdS

M. BALKANSKI und J. des CLOIZEAUX

Le Sulfure de Cadmium cristallise ordinairement dans le système hexagonal du type wurtzite. Le rapport c/a des axes vaut 1,624, c'est-à-dire qu'il est plus faible que le rapport correspondant à un empilement des sphères dures (1,633). Le cristal n'admet pas de centre de symétrie. Chaque atome d'un élément Soufre ou Cadmium est entouré de quatre atomes de l'autre élément. La maille cristalline contient deux atomes de Soufre et deux atomes de Cadmium, figure 1.

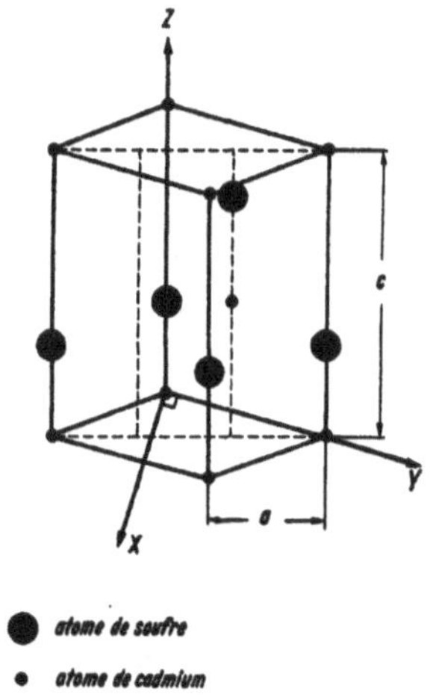

Fig. 1: La maille cristalline de CdS contenant deux atomes de Soufre et deux atomes de Cadmium. a = 4.137 Å et c = 6.719 Å

Le groupe ponctuel est C_{6v}^4 ce qui correspond au groupe de l'hexagone plan. La zone de Brillouin est un prisme à base hexagonale, figure 2. Les représentations associées aux différents points de la zone de Brillouin ont été étudiées par QUELLE [1] et sont d'ailleurs données par l'article de KOSTER [2].

Les cristaux de CdS peuvent être considérés comme

partiellement ionique (Cd^{++} S^{--}), le caloul du pourcentage effectif ionique à partir de la formule de SZIGETI [3] donne (e^*/e) ≈ 0,73.

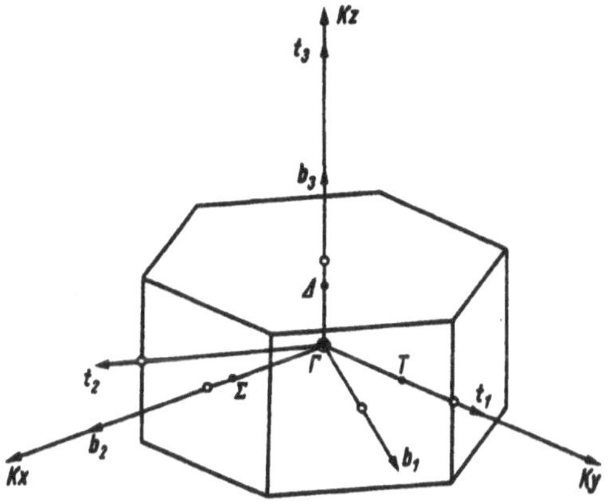

Fig. 2: La zone de Brillouin dans le CdS, structure wurtzite

La bande de valence qui reflète le caractère ionique est constituée des niveaux 3p du Soufre. Au centre de la zone de Brillouin la dégénérescence entre les 3 niveaux p est levée par l'action conjuguée du champ cristallin et du couplage spin-orbite. Seule subsiste une dégénérescence de spin. La bande de conduction la plus basse du Cadmium est formée des niveaux 5s du Cadmium.

Si l'on ne tenait pas compte du couplage spin-orbite, la bande de conduction serait formée des états s qui ont la représentation irréductible Γ_1 au centre de la zone de Brillouin, la bande de valence serait constituée de trois bandes, deux de celles-ci venant se coller au centre de la zone de Brillouin. En ce point, les fonctions d'onde ont le caractère p_x, p_y et la représentation irréductible correspondante est Γ_5 . L'autre fonction d'onde a le caractère p_z et correspond à la représentation unité Γ_1 .

Le couplage spin-orbite scinde les niveaux Γ_5 en deux niveaux.

$$\Gamma_5 \longrightarrow \Gamma_7 + \Gamma_9$$

Par ailleurs les niveaux donneront des niveaux Γ_7

$$\Gamma_1 \longrightarrow \Gamma_7$$

Une représentat on schématique de ces conclusions est donnée sur la figure 3 (le nombre M est l'analogue du nombre quantique magnétique).

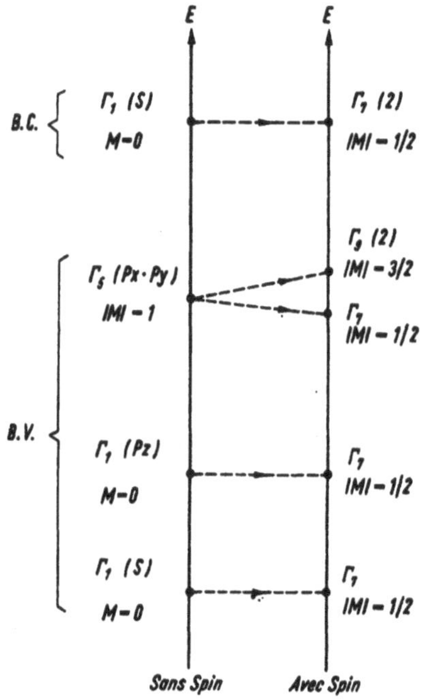

Fig. 3: Position respective des niveaux Γ_1 (s) ; $\Gamma_5(p_x, p_y)$, Γ_1 (p_z) et Γ_1(s) sans interaction spin-orbite et des niveaux Γ_7, Γ_9, Γ_7 et Γ_7 résultant de l'interaction spin-orbite.

Chacun de ces niveaux est maintenant doublement dégénéré (dégénérescence du spin).

Examinons maintenant la structure des bandes au voisinage du centre de la zone de Brillouin. Si l'on se déplace suivant l'axe Okz, rien n'est changé, car il n'y a de diminution de symétrie pour la fonction, les représentations Γ_7 et Γ_9 se transforment en représentations Δ_7 et Δ_9. Tous les niveaux restent doublement dégénérés.

Au contraire, si l'on se déplace suivant les axes Okx et Oky, toutes les dégénérescences sont levées sur:

$$\text{Okx} \quad \left.\begin{matrix}\Gamma_7 \\ \Gamma_9\end{matrix}\right| \rightarrow \Sigma_3 + \Sigma_4$$

$$\text{Oky} \quad \left.\begin{matrix}\Gamma_7 \\ \Gamma_9\end{matrix}\right| \rightarrow T_3(0) + T_4(0)$$

Les courbes représentant l'énergie en fonction du vecteur d'onde $\vec{k}$ restent toutefois symétriques par rapport au centre de la zone de Brillouin par suite de l'invariance par renversement du temps. Les courbes d'énergies se croisent au centre de la zone de Brillouin. En ce point, si les représentations irréductibles afférentes aux fonctions d'onde sont du type Γ_7 , il existe un point conique, si elles sont du type Γ_9 les courbes d'énergie se croisent tangentiellement. Le même phénomène se retrouve dans ZnO, il est dû à l'absence de centre de symétrie dans le cristal.

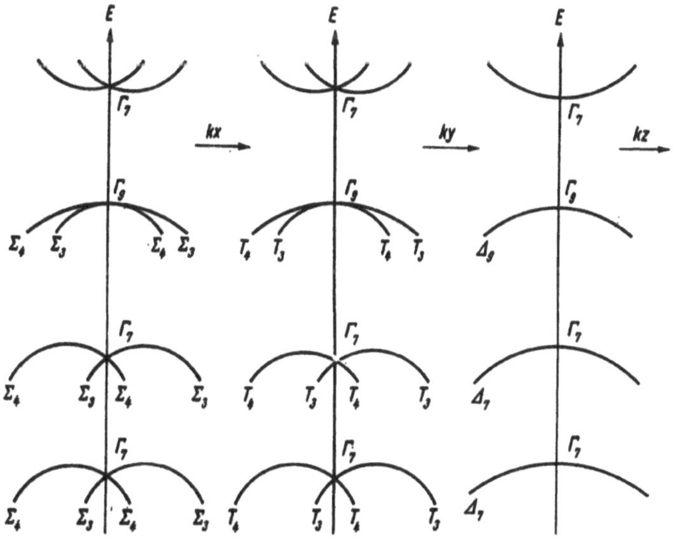

Fig. 4: Structure de bandes dans le CdS près du centre de la zone de Brillouin dans les directions k_x , k_y et k_z respectivement

Les considérations permettent de prévoir que les extrema des bandes de valence et de conduction se trouveront en dehors du centre de la zone de Brillouin et dans le plan Okx, Oky, sauf en ce qui concerne les nappes qui partent du point Γ_9, ce point représente réellement un maximum au centre de la zone (figure 4).

Etant donné qu'expérimentalement, il est difficile de connaitre les masses effectives relatives aux différentes bandes, on doit chercher dans l'étude des transitions optiques une justification de ces théories. Le fait que les symétries des deux bandes de valence supérieures soient différentes se manifeste par un dichroisme dans la limite d'absorption. Expérimentalement en lumière polarisée ⊥ à l'axe du cristal les transitions à partir de la bande de valence supérieure sont permises, mais ne le sont pas pour la lumière polarisée // à l'axe du cristal. Par contre, les transitions à partir de la deuxième bande de valence sont permises en lumière polarisée // à l'axe du cristal, (voir figure 5). La différence entre les limites d'absorption pour les deux polarisations donne la séparation entre les deux bandes de valence supérieures qui vaut 0,016 eV à température ordinaire.

Le schéma des bandes que nous donnons, laisse supposer que les limites d'absorption ne correspondent pas à des transitions directes. Comme les extrema de valence et de conduction ne coincident pas dans l'espace réciproque, les transitions d'énergie minimum se font avec absorption ou émission de phonons de petit vecteur d'onde $\vec{k}$. Naturellement pour des énergies supérieures, il faut tenir compte aussi des transitions directes. Les transitions possibles sont représentées schématiquement dans la figure 6. Ce fait est confirmé par des observations expérimentales [4].

Considérons maintenant la formation des excitons à partir de la bande de valence ou de conduction. Les excitons de plus basse énergie seront des excitons formés par des transitions indirectes, mais nous pourrons remarquer que ces transitions se traduiront en absorption non par des raies, mais par des bandes. Au contraire, les transitions directes donneront lieu à la formation d'excitons d'énergie bien définie qui donneront en absorption des raies intenses lorsque les transitions sont permises.

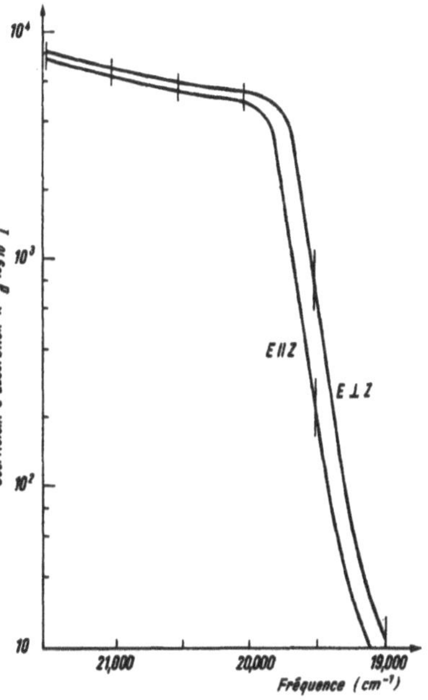

Fig. 5: Limite d'absorption à température ordinaire dans le CdS pour de la lumière polarisée ayant $\vec{E} /\!/ Z$ et $\vec{E} \perp Z$ (résultats non publiés de M. BALKANSKI et R. WALDRON)

En se basant sur des considérations de théories des groupes on peut classer les niveaux d'excitons et déterminer les transitions permises[5]. Les résultats diffèrent selon que l'on tient compte ou non de l'existence des vallées sur les surfaces d'énergie en dehors du centre de la zone de Brillouin. Dans ce dernier cas le nombre des excitons observables est plus grand et leur structure est plus complexe.

Si l'on tient compte que de la structure des bandes au centre de la zone de Brillouin à chaque transition permise correspond le niveau fondamental permis de l'exciton, qui forme le premier terme d'une série. Il peut d'ailleurs y avoir interférence entre les termes appartenant à différentes séries ce qui rend difficile l'interprétation des résultats expérimentaux.

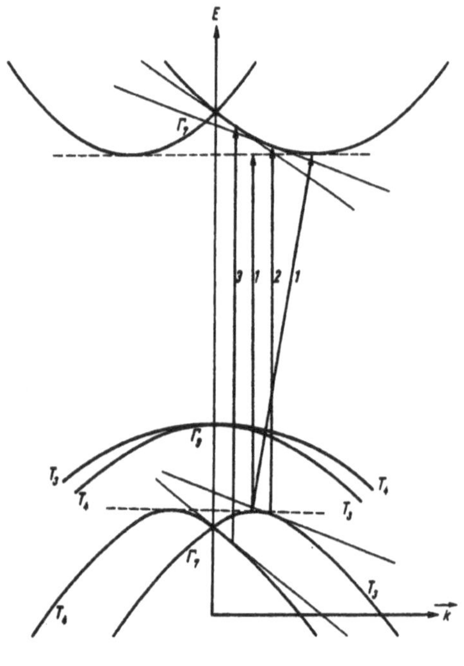

Fig. 6: Représentation schématique des transitions optiques permises en lumière polarisée $\vec{E}//Z$ indirecte (1) et directes (2 et 3).

Si au contraire on prend en considération la structure complexe des bandes, on pourra pour chaque transition faire correspondre à l'état fondamental deux niveaux observables en lumière polarisée perpendiculairement à l'axe du cristal et un seul niveau observable en lumière polarisée parallèlement à l'axe du cristal.

Littérature:

[1] F.W. QUELLE, M. I. T. Quarterly Progr. Rep., July 1958

[2] G.F. KOSTER, Solid State Physics, Vol. 5, Academic Press Inc., New York 1957, S. 173

[3] B. SZIGETI, Trans. Faraday Soc. 45 (1949) 155

[4] K.W. BÖER und H. GUTJAHR, Z. Phys. 155 (1959) 328

[5] M. BALKANSKI und J. des CLOIZEAUX,
J. Phys. Chem. Solids, in Vorbereitung

Paris, Université de Paris, École Normale Superieure,
Laboratoire de Physique

Gif-sur-Yvette, Commissariat à l'Énergie Atomique
Centre d'Études Nucléaires de Saclay

Diskussion:

KLIER: Wie wir im vergangenen Jahr in Leipzig berichtet haben, tritt auch bei den hexagonalen Selen-Kristallen bei verschieden polarisiertem Licht eine Verschiebung der Absorptionskante auf. Dieses Ergebnis stimmt mit einer Theorie von GÁSPÁR [1] überein.

BROSER: Nach einer Arbeit von BIRMAN über die Bänderstruktur des ZnS sollte man wegen der Entartung des Valenzbandes eine Aufspaltung der Störterme erwarten, die man z.B. bei der Kantenemission und bei der Ultrarotemission nachweisen kann.

BALKANSKI: Für Störstellen nahe dem Valenzband und für Störstellen nahe dem Leitungsband kann man eine solche Aufspaltung berechnen, die Rechnung wird jedoch sehr schwierig für Störstellen in der Mitte der verbotenen Zone.

Literatur:

[1] R. GÁSPÁR, Acta Phys. 7 (1957) 313

Zum Lumineszenzmechanismus der Kristallphosphore vom ZnS-Typ

R. SEIWERT

In vorangegangenen Vorträgen ist bereits Grundsätzliches zum Lumineszenzmechanismus der Kristallphosphore vom ZnS-Typ und seiner reaktionskinetischen Behandlung gesagt worden. Ich möchte noch einige Bemerkungen hinzufügen und auf gewisse Einzelheiten eingehen. Das möchte ich im Rahmen einer Erörterung und Auswertung experimenteller Ergebnisse zur Temperaturabhängigkeit der Luminıeszenz von CdS-Kristallen tun.

Zusammen mit den Herren BOLDT und LINK habe ich mich mit der Temperaturabhängigkeit der Lumineszenzbanden von CdS-Kristallen befaßt. Von diesen waren die einen nicht besonders aktiviert (Untersuchungen I). In die anderen war bei der Herstellung Mn, Fe, Co und Ni eingebaut worden; außerdem besaßen sie eine gewisse Cu-Aktivierung (Untersuchungen II). Bei der Veröffentlichung der Meßergebnisse [1,2] hatten wir uns damals auf eine qualitative Deutung der Temperaturabhängigkeit der einzelnen Banden beschränkt.

Die Abb. 1 zeigt die Temperaturabhängigkeit der Lumineszenz eines nicht besonders aktivierten CdS- Kristalles (K 42), die Abb. 2 die eines CdS-Kristalls (Ni_2), in den Ni und Cu eingebaut war. In beiden Fällen wurden mehrere Banden beobachtet: eine grüne, eine orangefarbene, eine rote und bei dem zuletzt erwähnten Kristall noch eine infrarote. Auf diese soll hier aber nicht eingegangen werden. Wir wollen uns jetzt mit zwei Fragen befassen: 1) Können wir auf Grund des abfallenden Teils der Kurven für die Temperaturabhängigkeit der Lumineszenzbanden etwas über die Lage der für sie charakteristischen Terme in der verbotenen Zone und über die Größe von reaktionskinetischen Parametern bzw. Quotienten solcher Parameter aussagen?

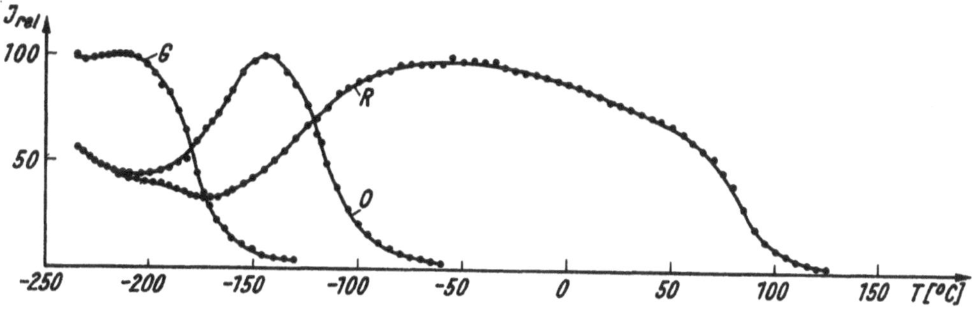

Abb. 1: Relative Intensitäten der einzelnen Lumineszenzbanden des Kristalls K 42 (2. Meßreihe; bei der 1. Meßreihe war der Kristall bereits bis ca. 100°C erwärmt worden)
G: grüne Bande, O: Orange-Bande (λ_{max} = 580 mμ),
R: rote Bande

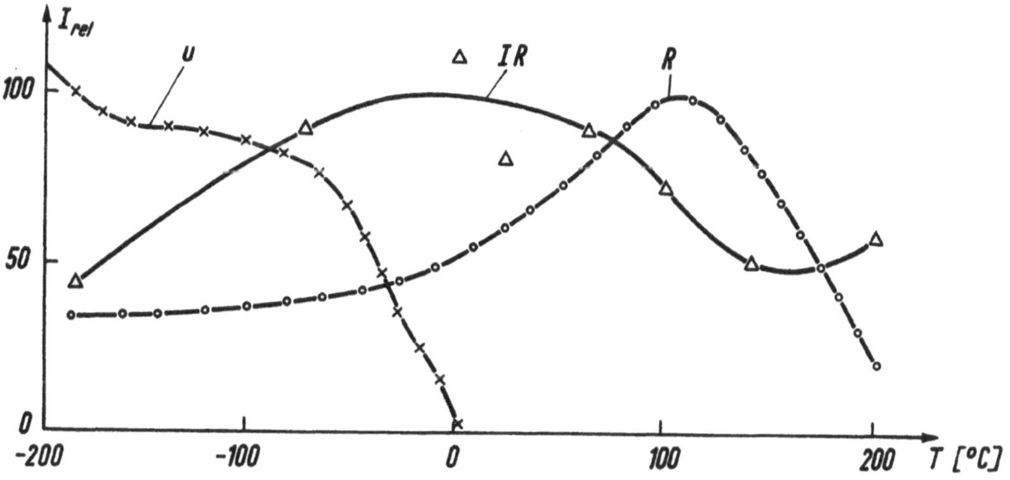

Abb. 2: Relative Intensitäten der einzelnen Lumineszenzbanden des Kristalls Ni_2.
O: Orange-Bande (λ_{max} ≈ 630 mμ), R: rote Bande
IR: infrarote Bande

2) Wie läßt sich der bei zahlreichen CdS-Kristallen gefundene Anstieg der roten Lumineszenz mit wachsender Temperatur erklären (s. als Beispiel Abb. 2), der auch ein Anwachsen der relativen Quantenausbeute im Gefolge hatte?

Ein solcher Anstieg trat nicht nur bei Kristallen auf, in die Mn, Fe, Co und Ni eingebaut war, sondern auch bei manchen nicht besonders aktivierten Kristallen.

Als Grundlage für die folgenden Berechnungen soll das RIEHL-SCHÖN'sche Modell dienen (s. Abb. 3).

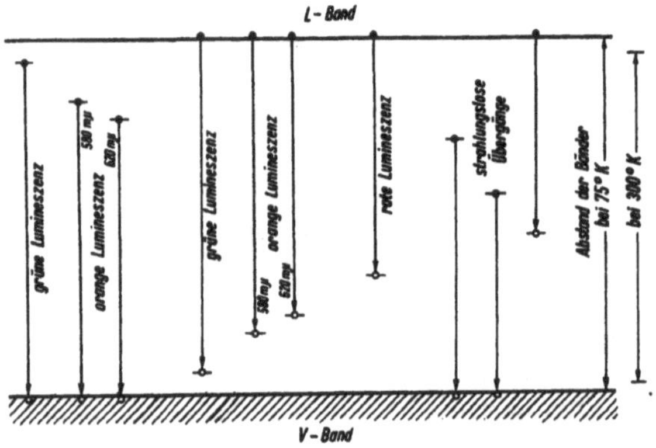

Abb. 3: Bänder-Term-Schema für die Erklärung der Temperaturabhängigkeit der Intensität der einzelnen Lumineszenzbanden. (In dieses Schema sind verschiedene mögliche Übergänge mit und ohne Ausstrahlung eingezeichnet.)

Die rote Bande wird bei Rekombinationen von Elektronen im L-Band mit Löchern in den A-Termen ausgestrahlt. Den Meßkurven zufolge schien ein engerer Zusammenhang zwischen dem Temperaturverhalten der grünen und Orange-Bande vorhanden zu sein, während die rote Lumineszenz demgegenüber ein eigenwilligeres Temperaturverhalten zeigte. Im Hinblick hierauf und unter Berücksichtigung der Arbeiten von LAMBE, KLICK und DEXTER [3] und von MELAMED [4] hatten wir damals angenommen, daß die grüne Bande und die Orange-Bande bei Rekombinationen von Elektronen in H-Termen mit Löchern im V-Band ausgestrahlt wird. (Einen solchen Lumineszenzmechanismus hatte KLASENS [5] bereits früher für die Banden von Sc, Ga und In vorgeschlagen. Im LAMBE-KLICK'schen Modell hängt die Lumineszenz aller Banden mit Rekombinationen von H-Term-Elektronen und V-Band-Löchern zusammen. Gegen dieses Modell hatte ich ja bereits früher Bedenken geäußert [6].)

Wir hatten darauf hingewiesen, daß aus unseren Experimenten keine Entscheidung möglich war, ob die für die grüne und Orange-Bande charakteristischen Terme H-Terme oder A-Terme sind, und daß beide Möglichkeiten in Betracht zu ziehen sind.

Nach SCHÖN [7] sollen Rekombinationen von Elektronen in H-Termen mit Löchern im V-Band strahlungslos verlaufen. Wir sollten jedoch annehmen, daß solche strahlungslosen Übergänge nicht von allen Haftstellen ausgehen können; im reaktionskinetischen Modell müssen dann für bestimmte H-Termgruppen die Rekombinationskoeffizienten zu klein sein. (Außerdem haben wir ja oben auch von H-Termen ausgehende Übergänge mit Ausstrahlung in Erwägung gezogen.)

Um das Anwachsen der Intensität der roten Bande und der relativen Quantenausbeute mit steigender Temperatur zu erklären, müssen wir annehmen, daß es nicht allzu tief in der verbotenen Zone liegende H-Terme gibt, von denen strahlungslose Übergänge ausgehen. Die Konzentration der Elektronen in diesen Termen nimmt dann mit wachsender Temperatur ab. Hierauf wird noch später eingegangen.

Damit wir die Abnahme der roten Lumineszenz und der relativen Quantenausbeute bei hohen Temperaturen erklären können (Untersuchungen I), müssen wir entweder annehmen, daß noch sehr tief liegende H-Terme vorhanden sind, von denen strahlungslose Übergänge ausgehen, oder daß auch Rekombinationen von Elektronen im L-Band mit Löchern in bestimmten, relativ weit über dem V-Band liegenden A-Termen strahlungslos verlaufen können. Auf die Möglichkeit solcher strahlungslosen Übergänge haben KRÖGER [8] und ADIROVIČ [9] hingewiesen. Durch beide Arten von Rekombinationen wird vermieden, daß die Konzentration der Löcher im V-Band groß wird, wenn die Löcher bei Temperaturerhöhung aus den A-Termen der roten Bande befreit werden. Das eine Mal rekombinieren die Elektronen in den tiefen H-Termen direkt mit Löchern im V-Band, und die H-Terme werden aus dem L-Band nachgefüllt, das andere Mal werden die Löcher von relativ hoch liegenden A-Termen eingefangen und Elektronen aus dem L-Band rekombinieren mit diesen Löchern.

Abnahme der Intensität einer Lumineszenzbande mit steigender Temperatur

KLASENS [10] und SCHÖN [11,7] haben das Temperaturverhalten der Mehrbandenphosphore folgendermaßen erklärt (s. Abb. 4a).

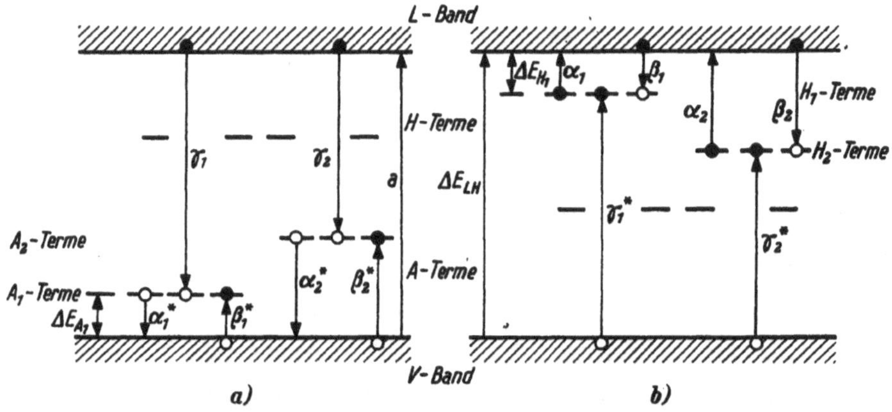

Abb. 4: Modelle zur Berechnung der Intensitätsabnahme einer Lumineszenzbande mit wachsender Temperatur

n, h, : Konzentration der Elektronen im L-Band bzw. in den H-Termen;

p_V, p_A : Konzentration der Löcher im V-Band bzw. in den A-Termen;

H, A : Konzentration der H-Terme bzw. der A-Terme;

a : Zahl der pro cm^3 und s durch Absorption von Lichtquanten ins L-Band gehobenen Elektronen

Bei Temperaturerhöhung gehen in stärkerem Maße Löcher aus den näher am V-Band liegenden Aktivatortermen ins V-Band über. Wenn sie nun von weiter vom V-Band entfernt liegenden A-Termen eingefangen werden, so können sie diese wesentlich schwerer wieder verlassen. Dadurch verringert sich die Häufigkeit der Rekombinationen der Elektronen im L-Band mit Löchern in den näher am V-Band liegenden A-Termen, und die Intensität der kurzwelligeren Bande nimmt zugunsten der Intensität der langwelligeren Bande ab.

Wir wollen nun versuchen, zu einer möglichst einfachen Formel zur Beschreibung des Absinkens der Intensität einer Lumineszenzbande mit wachsender Temperatur zu gelangen. Hier können wir im Prinzip einer Rechnung von SCHÖN [7] folgen. Wir nehmen mit SCHÖN an, in den Haftstellen befände sich eine konstante Zahl von Elektronen (Konzentration h). Wir erhalten dann das Gleichungssystem

$$(1,1) \qquad \dot{n} = 0 = a - \gamma_1 n p_{A_1} - \gamma_2 n p_{A_2}$$

$$(1,2) \qquad \dot{p}_{A_1} = 0 = -\alpha_1^* p_{A_1} + \beta_1^* p_v (A_1 - p_{A_1}) - \gamma_1 n p_{A_1}$$

$$(1,3) \qquad \dot{p}_{A_2} = 0 = -\alpha_2^* p_{A_2} + \beta_2^* p_v (A_2 - p_{A_2}) - \gamma_2 n p_{A_2}$$

$$(1,4) \qquad \dot{p}_v = 0 = a + \alpha_1^* p_{A_1} + \alpha_2^* p_{A_2} - \beta_1^* p_v (A_1 - p_{A_1}) - \beta_2^* p_v (A_2 - p_{A_2})$$

$$(1,5) \qquad n + h = p_{A_1} + p_{A_2} (+ p_v) \qquad\qquad (p_{A_1} + p_{A_2} \gg p_v)$$

Aus Gl. (1,2) folgt[1]

$$(2) \qquad p_{A_1} = \frac{\beta_1^* A_1}{\alpha_1^* + \beta_1^* p_v + \gamma_1 n}$$

---

1) Bestünde keine Wechselwirkung zwischen dem System L-Band - H-Terme und dem System V-Band - A-Terme, so würden wir statt der Gln. (1,2) und (1,3) folgende Gleichungen erhalten:

$$(1,2a) \qquad \alpha_1^* p_{A_1} = \beta_1^* p_v (A_1 - p_{A_1})$$

$$(1,3a) \qquad \alpha_2^* p_{A_2} = \beta_2^* p_v (A_2 - p_{A_2})$$

Nur wenn $\gamma_1 n p_{A_1}$ sehr klein gegenüber den Gliedern der Gl. (1,2a) und $\gamma_2 n p_{A_2}$ gegenüber den Gliedern der Gl. (1,3a) ist, kann die Quasi-FERMI-Statistik angewandt werden. Da α_1^* und α_2^* stark temperaturabhängig sind, ist es möglich, daß die Bedingung bei höheren Temperaturen erfüllt ist, bei tieferen dagegen nicht.

Wir setzen voraus, daß während des starken Anwachsens von α_1^* der Wert von α_2^* noch äußerst klein gegenüber α_1^* bleibt.
Die Intensität der kurzwelligeren Bande ist

$$(3) \qquad J = \gamma_1 n\, p_{A_1} = \frac{\gamma_1 n\, \beta_1^* p_V A_1}{\alpha_1^* + \beta_1^* p_V + \gamma_1 n} \quad .$$

Die maximale Intensität I' ergibt sich, wenn $\alpha_1^* = \alpha_{10}^* \exp(-\Delta E_A/kT)$ gegen Null geht, was bei $T \to 0$ der Fall ist. Einer "Sättigung" der Aktivatoren ($p_{A_1} \to A_1$) wirken die Übergänge mit Ausstrahlung ($\gamma_1 n\, p_{A_1}$) entgegen. Wir erhalten

$$(4) \qquad \frac{J'}{J} = \frac{\alpha_1^*}{\frac{n p_V}{n' p_V'}(\beta_1^* p_V' + \gamma_1 n')} + \frac{\beta_1^* p_V + \gamma_1 n}{\frac{n p_V}{n' p_V'}(\beta_1^* p_V' + \gamma_1 n')}$$

Unter der oben erwähnten Annahme h = const und der weiteren Annahme $\gamma_1 = \gamma_2 = \gamma$ bleibt n konstant, und es ist nach Gl. (1,1) und (1,2)

$$(5) \qquad n = -\frac{1}{2}h + \sqrt{\left(\frac{1}{2}h\right)^2 + \frac{a}{\gamma}}$$

Auf eine Abschätzung von p_V wollen wir verzichten, da sie mit zahlreichen Annahmen verbunden ist, nämlich über die Größe der Rekombinationskoeffizienten und die Größe von A_1, A_2 und h. Die Voraussetzungen, unter denen sich das Konstantbleiben von n ergeben hat, dürften in Wirklichkeit auch keine strenge Gültigkeit besitzen. Doch ändern sich n und p_V sicher sehr schwach gegenüber α_1^*. Wir wollen nun Gl. (4) näherungsweise folgendermaßen vereinfachen:

$$(6) \qquad \frac{J'}{J} - 1 = C_{A_1} \exp(-\Delta E_{A_1}/kT)$$

Dann erhalten wir

$$\text{(7)} \quad lg\left(\frac{J'}{J} - 1\right) = lg\, C_{A_1} - 5{,}041 \cdot \Delta E_{A_1} \cdot \left(\frac{1}{T} \cdot 10^3\right)$$

$(\Delta E_{A_1}$ in eV).

Wir haben das zweite Glied auf der rechten Seite der Gl. (4) gleich 1 gesetzt. Wenn I'/I beträchtlich größer als 1 ist, was bei höheren Temperaturen der Fall ist, so wirkt sich eine Abweichung der Näherung weniger aus. Eine Änderung von

$$\text{(7a)} \quad C_{A_1} = \frac{\alpha_{10}^*}{\frac{n p_v}{n' p_v'} \left(\beta_1^* p_v' + \gamma_1 n'\right)}$$

mit der Temperatur kann sich wegen des Logarithmus nur schwach auswirken.
Wenn wir auch die Möglichkeit des Auftretens der Lumineszenz bei Rekombinationen von Elektronen in H-Termen mit Löchern im V-Band berücksichtigen wollen, so können wir die Intensitätsabnahme der kurzwelligeren Bande mit wachsender Temperatur mit der Entleerung der betreffenden H-Termgruppe erklären (s. Abb. 4b). Wir wollen hier nur die uns besonders interessierende Gleichung anschreiben:

$$\text{(8)} \quad \dot{h}_1 = 0 = -\alpha_1 h_1 + \beta_1 n (H_1 - h_1) - \gamma_1^* h_1 p_v \; .$$

Daraus erhalten wir eine zu Gl. (4) analoge Gleichung, die sich wieder näherungsweise auf die Form der Gl. (7) bringen läßt:

$$\text{(9)} \quad lg\left(\frac{J'}{J} - 1\right) = lg\, C_{H_1} - 5{,}041 \cdot \Delta E_{H_1} \cdot \left(\frac{1}{T} \cdot 10^3\right)$$

mit

$$\text{(9a)} \quad C_{H_1} = \frac{\alpha_{10}}{\frac{n p_v}{n' p_v'} \left(\beta_1 n' + \gamma_1^* p_v'\right)}$$

Der abfallende Teil der Intensitätskurven der einzelnen Banden kann entsprechend den Gln. (7) und (9) ausgewertet werden, indem $lg\left(\frac{J'}{J}-1\right)$ über $\frac{1}{T}$ aufgetragen wird. Es ergeben sich dann Werte für ΔE und C. Die Indizes werden weggelassen, da auf Grund der Untersuchung der Temperaturabhängigkeit keine Entscheidung möglich ist, um welchen der beiden möglichen Lumineszenzmechanismen es sich handelt.

Bei einem Teil der Untersuchungen I wurde die Temperaturabhängigkeit der grünen Bande herab bis etwa 53°K verfolgt. Bei diesen tiefen Temperaturen stieg die Lumineszenzintensität nicht weiter an, so daß der betreffende Wert für I' eingesetzt werden konnte. Die Meßkurven für 6 Kristalle wurden in der angegebenen Weise ausgewertet. Abb. 5 zeigt die Meßpunkte und die hindurchgelegten Geraden für drei Kristalle.

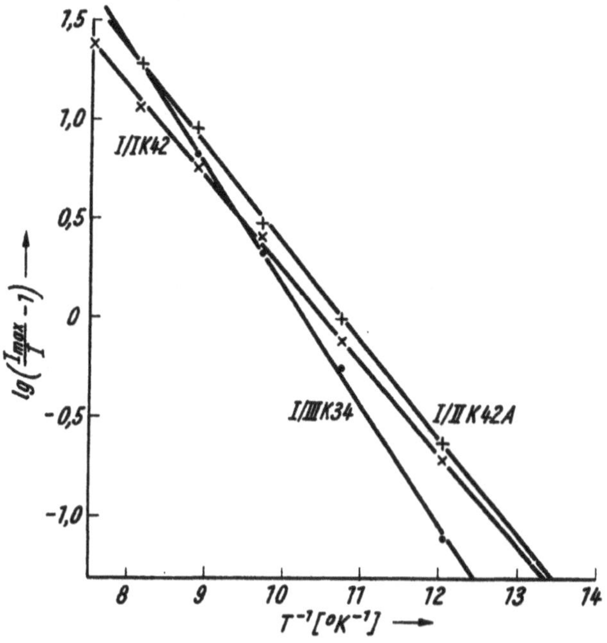

Abb. 5: Drei Beispiele für die Auswertung der Meßkurven für die grüne Lumineszenz nach Gl. (7) bzw. (9)

Auch bei den übrigen Kristallen konnte durch alle Punkte eine Gerade gelegt werden. Anscheinend sind hier die Voraussetzungen für die Gültigkeit der Gl. (7) bzw. (9) gut erfüllt. Die Ergebnisse sind in Tabelle 1 zusammengestellt.

Tabelle 1

Gruppe	Kristall	ΔE [eV]	C
I	K 42 (1. Meßr.)	0,098	$1,6 \cdot 10^5$
I	K 42 (2. ")	0,091	$0,7 \cdot 10^5$
I	K 43	0,102	$2,3 \cdot 10^5$
II	K 42 A	0,097	$1,8 \cdot 10^5$
III	K 34	0,119	$14,1 \cdot 10^5$
III	K 33 a	0,120	$9,5 \cdot 10^5$

Grüne Lumineszenz von CdS-Kristallen aus den Untersuchungen I

$$5 \cdot 10^4 < C < 2 \cdot 10^6$$
$$\overline{\Delta E} = (0,105 \pm 0,011)\ \mathrm{eV}$$

Tabelle 2

Gruppe	Kristall	ΔE [eV]	C
I	K 31	0,196	$19,2 \cdot 10^5$
I	K 44 (1. Meßr.)	0,174	$5,3 \cdot 10^5$
I	K 44 (2. ")	0,151	$2,3 \cdot 10^5$
I	K 24 (1. ")	0,213	$46,1 \cdot 10^5$
I	K 24 (2. ")	0,194	$6,6 \cdot 10^5$
I	K 52	0,153	$1,7 \cdot 10^5$
I	K 43	0,152	$4,5 \cdot 10^5$
I	K 42 (1. ")	0,183	$18,5 \cdot 10^5$
I	K 42 (2. ")	0,191	$13,0 \cdot 10^5$

Orange-Lumineszenz (λ_{max} = 580 mμ) von CdS-Kristallen aus den Untersuchungen I

$$1 \cdot 10^5 < C < 5 \cdot 10^6$$
$$\overline{\Delta E} = (0,18 \pm 0,02)\ \mathrm{eV}$$

Das Maximum der Orange-Bande lag bei den Kristallen der Gruppe I (Untersuchungen I) bei 580 mμ. In den meisten Fällen konnte wiederum durch alle Meßpunkte im Temperaturintervall des Absinkens der Orange-Lumineszenz eine Gerade gezogen werden. Die Ergebnisse enthält Tabelle 2.

Bei den Kristallen der Gruppe II und III lag das Maximum der Orange-Lumineszenz bei 620 mμ. Hier konnte meistens nur der Teil der Meßpunkte bei den höheren Temperaturen benutzt werden, um die Lage der Geraden nach Gln. (7) und (9) zu bestimmen. Wie aus Tabelle 3 zu ersehen ist, lieferte die Auswertung für die Kristalle der Gruppe II ein ziemlich einheitliches Ergebnis, während die Werte für die Gruppe III eine größere Streuung zeigen.(Schon die Form der ursprünglichen Meßkurven läßt es als möglich erscheinen, daß eine Überlagerung von zwei Kurven vorliegt.)

Tabelle 3

Gruppe	Kristall	ΔE [eV]	C
II	K 42 A	0,218	$1,4 \cdot 10^5$
II	K 46	0,274	$7,3 \cdot 10^5$
II	K 45 (1. Meßr.)	0,234	$8,4 \cdot 10^5$
II	K 45 (2. ")	0,314	$74,5 \cdot 10^5$
III	K 33 a	0,121	$2,0 \cdot 10^3$
III	K 34	0,166	$2,0 \cdot 10^4$
III	K 33	0,250	$3,2 \cdot 10^5$
III	K 22 al	0,328	$1,1 \cdot 10^7$

Orange-Lumineszenz ($\lambda_{max} \approx 620$ mμ) von CdS-Kristallen aus den Untersuchungen I

$$1 \cdot 10^5 < C_{II} < 1 \cdot 10^7$$

$$\overline{\Delta E}_{II} = (0,26 \pm 0,04) \text{ eV}$$

In Tabelle 4 sind die Resultate der Auswertung der Meßkurven für die Untersuchungen II nach wachsenden C-Werten geordnet. Das Maximum der Orange-Bande lag bei diesen Kristallen bei 630 mμ. In den meisten Fällen konnte hier wieder eine Gerade durch alle Punkte gelegt werden. Nur bei zwei Kristallen weichen die ΔE- und C-Werte von den übrigen stark ab; sie sind bei der Mittelwertbildung nicht berücksichtigt worden.

Schließlich wurde noch eine von VAN GOOL [12] publizierte Meßkurve für CdS:Ag mit einem Orange-Maximum bei 620 mμ ausgewertet. Es ergab sich: $C = 9 \cdot 10^4$, $\Delta E = 0,17$ eV.

Tabelle 4

Kristall	ΔE [eV]	C
Fe_2	0,191	$3,3 \cdot 10^4$
Co 2a	0,227	$3,7 \cdot 10^4$
Co_1	0,239	$1,4 \cdot 10^5$
Ni_2	0,268	$6,3 \cdot 10^5$
Co 1a	0,280	$7,4 \cdot 10^5$
Mn_1	0,268	$1,5 \cdot 10^6$
Co_2	0,380	$1,7 \cdot 10^8$
Mn_2	0,433	$1,5 \cdot 10^9$

Orange-Lumineszenz ($\lambda_{max} \approx 630$ mμ) von CdS-Kristallen aus den Untersuchungen II

$$3 \cdot 10^4 < C < 2 \cdot 10^6$$

$$\overline{\Delta E} = (0,25 \pm 0,03) \text{ eV}$$

Für die Bestimmung der ΔE- und C-Werte bei der roten Lumineszenz wurden die Meßkurven von insgesamt 28 Kristallen herangezogen. Hier konnte wiederum in den meisten Fällen nur durch die Punkte bei höheren Temperaturen eine Gerade gelegt werden. In Tabelle 5 sind die Ergebnisse so angeordnet, daß die Kristalle mit stark abweichenden Werten ($C < 1 \cdot 10^7$ und $C > 7 \cdot 10^{10}$) sofort zu erkennen sind. Es zeigt sich, daß für 19 der 28 Kristalle recht einheitliche ΔE- und C-Werte gefunden worden sind. Daß gewisse, z.T. recht beträchtliche Abweichungen vorhanden sind, ist nicht erstaunlich. Denn in dem Temperaturbereich, in dem die rote Lumineszenz absinkt, treten offenbar bereits Veränderungen der Lumineszenzzentren auf. So besaßen die Banden der Kristalle, an denen eine Versuchsreihe bis über 100°C durchgeführt worden war, bei der zweiten Meßreihe andere, teilweise wesentlich geringere Intensitäten als bei den ersten Messungen. Herr ALBERS [13] hat in Fortsetzung unserer Untersuchungen gefunden, daß nach stärkerer Erwärmung ohne Bestrahlung die rote Bande wieder mit der ursprünglichen Intensität auftreten kann.

In Tabelle 6 sind nun die Mittelwerte für ΔE und C für die einzelnen Lumineszenzbanden zusammengestellt.

Herr RADELT und ich [14,23] haben früher Messungen der Temperaturverschiebung der langwelligen Grenze der Grundgitterabsorption von CdS-Kristallen durchgeführt. Wir können nun den Abstand der A-Terme vom V-Band bzw. der H-Terme vom L-Band für eine bestimmte Bande berechnen, indem wir die Differenz ΔE^* der Breite ΔE_{LV} der verbotenen Zone und der Energie der Lichtquanten im Bandenmaximum bilden. Die betreffenden Werte sind in die Tabelle 6 eingetragen worden. Für die grüne und rote Bande besteht eine gute Übereinstimmung zwischen $\overline{\Delta E}$ und ΔE^*. Dagegen betragen die $\overline{\Delta E}$-Werte für die beiden Orange-Banden nur etwa die Hälfte der entsprechenden ΔE^*-Werte. Wir könnten deshalb daran denken, der Orange-Bande zwei Terme etwa im gleichen Abstand vom L-Band und vom V-Band innerhalb der verbotenen Zone zuzuordnen. Die Ausstrahlung der Bande würde dann beim Übergang eines Elektrons vom oberen zum unteren Term erfolgen; die Übergangswahrscheinlichkeit sollte sehr groß sein.

Tabelle 5

Unter-suchungen	Gruppe	Kristall	ΔE [eV]	C
I	I	K 31	1,84	$2,4 \cdot 10^{26}$
I	I	K 44 (1.Meßr.)	1,25	$6,9 \cdot 10^{17}$
I	I	K 44 (2. ")	0,731	$5,2 \cdot 10^{10}$
I	I	K 24 (1. ")	0,588	$1,0 \cdot 10^{8}$
I	I	K 24 (2. ")	0,756	$4,2 \cdot 10^{10}$
I	I	K 52	0,778	$6,7 \cdot 10^{10}$
I	I	K 43	0,966	$1,8 \cdot 10^{14}$
I	I	K 42 (1. ")	1,58	$3,9 \cdot 10^{21}$
I	I	K 42 (2. ")	0,860	$3,4 \cdot 10^{12}$
I	II	K 42 A	0,416	$4,4 \cdot 10^{5}$
I	II	K 46	0,614	$9,4 \cdot 10^{7}$
I	III	K 22 al	0,648	$8,4 \cdot 10^{8}$
I	III	K 33	0,674	$5,3 \cdot 10^{8}$
I	III	K 34	0,540	$2,7 \cdot 10^{7}$
I	III	K 33 a	0,650	$1,3 \cdot 10^{9}$
II		Mn_1	0,710	$3,3 \cdot 10^{8}$
II		Mn_2	0,355	$1,6 \cdot 10^{5}$
II		Fe_1	0,947	$1,8 \cdot 10^{11}$
II		Fe_2	0,635	$1,7 \cdot 10^{7}$
II		Fe 1a	0,627	$3,6 \cdot 10^{8}$
II		Fe 2a	0,634	$1,0 \cdot 10^{9}$
II		Ni_1	0,680	$4,1 \cdot 10^{7}$
II		Ni_2	0,790	$7,7 \cdot 10^{8}$
II		Ni 1a	0,605	$6,9 \cdot 10^{8}$
II		Co_1	0,460	$1,5 \cdot 10^{7}$
II		Co_2	0,750	$5,3 \cdot 10^{9}$
II		Co 1a	1,181	$8,4 \cdot 10^{16}$
II		Co 2a	0,664	$2,0 \cdot 10^{9}$

Rote Lumineszenz von CdS-Kristallen aus den Untersuchungen I und II

$$1 \cdot 10^{7} < C < 7 \cdot 10^{10}$$

$$\overline{\Delta E} = (0,66 \pm 0,08) \text{ eV}$$

Tabelle 6

Bande	Maximum [mμ]	[eV]	C	$\overline{\Delta E}$ [eV]	T [°K]	ΔE_{LV} [eV]	ΔE^* [eV]
Grün	515	2,41	$5\cdot10^4 \ldots 2\cdot10^6$	0,105	123	2,52	0,11
Orange	580	2,14	$1\cdot10^5 \ldots 5\cdot10^6$	0,18	173	2,47	0,33
"	ca. 625	1,98	$3\cdot10^4 \ldots 1\cdot10^7$	0,25	223	2,45	0,47
Rot	ca. 725 ca. 800	1,71 1,55	$1\cdot10^7 \ldots 7\cdot10^{10}$	0,7	393	2,36	0,65 0,81

ADIROVIČ [9] hat bereits auf eine solche Möglichkeit bei der Erklärung des Temperaturverhaltens von Lumineszenzbanden hingewiesen.

Für die grüne und Orange-Bande liegt die Konstante C in der Größenordnung 10^5 bis 10^6, für die rote Bande meistens in der Größenordnung 10^7 bis 10^8. Wir wollen nun abschätzen, welcher Wert nach Gl. (7a) und (9a) für C zu erwarten ist. Der "FERMI-Faktor" $N_L = \alpha_0 / \beta$ bzw. $N_V = \alpha_0^* / \beta^*$ ist proportional $T^{\frac{3}{2}}$. Um ihn berechnen zu können, müßten wir die effektive Masse der Elektronen im L-Band bzw. die effektive Masse der Löcher im V-Band kennen. Setzen wir dafür die Ruhmasse des Elektrons ein, so erhalten wir im hier interessierenden Temperaturbereich einen Wert um $1 \cdot 10^{19}$ cm^{-3}. Für die Abschätzung ist es jedenfalls erlaubt, n = n' und $p_V' = p_V$ zu setzen. Für γ sind aus Lumineszenz- und Leitfähigkeitsexperimenten Werte von der Größenordnung 10^{-13} bis 10^{-11} cm^3 s^{-1} abgeschätzt worden [15,16]. Dann sollte die Konzentration der Elektronen im L-Band bei Anregungsdichten $a \approx 10^{20}$ bis 10^{21} Lichtquanten pro cm^3 und s, die bei den Messungen des Temperaturverhaltens der Lumineszenz vorgelegen haben, von der Größenordnung 10^{15} bis 10^{16} cm^{-3} gewesen sein, wenn wir in grober Näherung $n \approx \sqrt{a/\gamma}$ setzen.

Nach Gl. (9a) ergibt sich schließlich, daß C_{H_1} von der Größenordnung 10^3 bis 10^4 ist. Die Auswertungen haben aber einen um zwei Zehnerpotenzen größeren Wert für C geliefert. Machen wir die sicher gerechtfertigte Annahme $p_V \lesseqgtr 10^{-2}$ n, so erhalten wir für C_{A_1} mit $N_V = \alpha^*_{10}/\beta^*_{10} \approx 1 \cdot 10^{19}$ cm^{-3} eine untere Grenze von 10^5 bis 10^6. Hier besteht Übereinstimmung mit den oben gefundenen C-Werten.

Wir wollen jetzt den zweiten Summanden im Nenner der Gl. (7a) zur Abschätzung verwenden. Dazu müßten wir die Größe von α^*_{10} und γ_1 kennen. Nach VASILEFF [17] und HAAKE [18] soll α_0 von der Größenordnung $10^{(8\pm1)}$ s^{-1} sein. Nehmen wir an, α_{10} sei von derselben Größenordnung! Dann ergibt sich mit den oben erwähnten Werten von γ und n für C_{A_1} eine Größenordnung von 10^5, in der die C-Werte der grünen und Orange-Bande liegen.

Würden wir die grüne und die Orange-Bande der Rekombination von Elektronen in H-Termen mit Löchern im V-Band und die rote Bande der Rekombination von Elektronen im L-Band mit Löchern in den A-Termen zuordnen, so würden die C_{H_1} - und die C_{A_1}-Werte jeweils um etwa zwei Zehnerpotenzen unter den aus der Auswertung erhaltenen C-Werten liegen. Neuere Experimente (z.B. die von Herrn BROSER in seinem Vortrag erwähnten) sprechen aber dafür, daß die grüne Bande Übergängen der Elektronen vom L-Band in A-Terme zuzuordnen ist; für die Orange-Bande dürfte das gleiche gelten. Den C-Werten aus Tabelle 6 entsprechend sollte dann der Quotient α^*_{10}/γ_1 für die grüne und Orange-Bande etwa von der Größenordnung 10^{21} cm^{-3} und für die rote Bande um zwei bis drei Zehnerpotenzen größer sein.

Der Anstieg der Quantenausbeute mit wachsender Temperatur

Bei zahlreichen untersuchten Kristallen trat in einem gewissen Temperaturbereich ein Anstieg der roten Lumineszenz und gleichzeitig ein entsprechendes Anwachsen der relativen Quantenausbeute auf. Sehr deutlich war dieses Temperaturverhalten bei CdS-Kristallen zu bemerken, die Fe und Ni enthielten. Eine solche Temperaturabhängigkeit haben HOOGENSTRAATEN und KLASENS [19] auch bei ZnS-Kristallen beobachtet, die mit Cu und Co aktiviert waren. Die Anregung erfolgte jedoch im Ausläufer [1], während bei den CdS-Kristallen eine Grundgitteranregung vorlag. Nach KRÖGER [20] sowie HOOGENSTRAATEN und KLASENS [19] sollen Mn, Fe, Ni und Co als zweiwertige Ionen auf Gitterplätzen eingebaut werden und so zur Bildung von H-Termen Veranlassung geben. Es ist durchaus möglich, daß auch bei nicht besonders aktivierten CdS-Kristallen, bei denen die rote Lumineszenz und die Quantenausbeute mit wachsender Temperatur angestiegen sind (Gruppe III), H-Terme in nicht zu weitem Abstand vom L-Band vorhanden waren, von denen strahlungslose Übergänge ins V-Band stattfinden konnten.

Wir wollen unseren weiteren Rechnungen das in Abb. 6 dargestellte Modell zugrunde legen und nur zeigen,

---

1) HOOGENSTRAATEN und KLASENS [19] haben ihren Berechnungen ein ähnliches Modell zugrunde gelegt wie das in Abb. 6 dargestellte; statt des Übergangs infolge der Grundgitteranregung wurden die für die Ausläuferanregung in Frage kommenden Übergänge berücksichtigt. Die errechneten Kurven zeigen einen Anstieg der Lumineszenzintensität mit wachsender Temperatur und dann nach Überschreiten eines Maximums einen Abfall auf null. Das letztere ist im Rahmen des einfachen Modells nicht unmittelbar einzusehen. Mit wachsender Temperatur werden die A-Terme immer stärker von Löchern entleert. Dadurch nimmt die Häufigkeit der Rekombination von Elektronen im L-Band und Löchern in den A-Termen ab. Wenn nun diese Häufigkeit auf null absinken und dementsprechend die Lumineszenzbande verschwinden soll, so muß sowohl n als auch p_V sehr stark ansteigen, denn die Wahrscheinlichkeit für Rekombinationen von Elektronen in H-Termen mit Löchern im V-Band ist nur sehr gering. Bei tieferen Temperaturen soll ja bereits die Konzentration der Elektronen in den H-Termen abnehmen und sich die Zahl der strahlungslosen Übergänge verringern, wodurch gerade ein Anstieg der Lumineszenzintensität bedingt ist. Ein weiterer Weg, auf dem Rekombinationen der Elektronen im L-Band mit Löchern im V-Band stattfinden können, ist aber in dem Modell nicht enthalten. Vorausgesetzt haben aber HOOGENSTRAATEN und KLASENS, daß stets $n \ll h$ und $p_V \ll p_A$ bleiben soll. Es sei noch erwähnt, daß sie außerdem die Annahme gemacht haben, daß immer $\beta n \gg \beta^* A$ sein soll, was nicht begründet ist.

daß auch im Fall der Grundgitteranregung ein Anstieg der Lumineszenzintensität und Quantenausbeute mit steigender Temperatur auftreten kann.

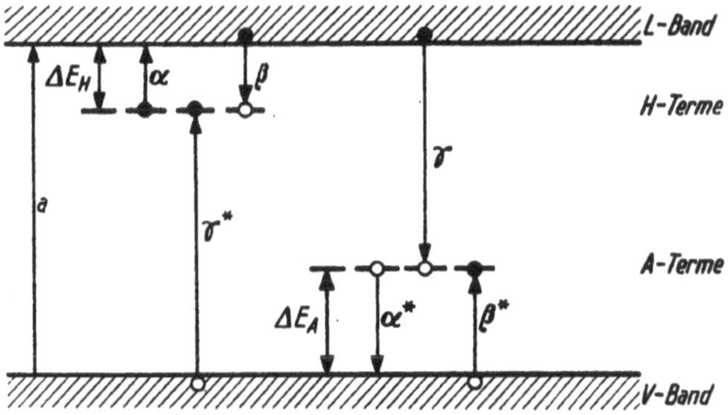

Abb. 6: Modell zur Berechnung der Zunahme der Intensität einer Lumineszenzbande und der Quantenausbeute mit steigender Temperatur

Für den Abfall der Intensität der roten Bande bei weiterer Temperaturerhöhung, wie ihn die Kurve R in Abb. 2 zeigt, kann dann das bereits oben behandelte Modell (Abb. 4a) verwendet werden.
Das Gleichungssystem lautet jetzt

$$\dot{h} = 0 = -\alpha h + \beta n (H - h) - \gamma^* h p_V \tag{10,1}$$

$$\dot{p}_A = 0 = -\alpha^* p_A + \beta^* p_V (A - p_A) - \gamma n p_A \tag{10,2}$$

$$\dot{p}_V = 0 = a + \alpha^* p_A - \beta^* p_V (A - p_A) - \gamma^* h p_V \tag{10,3}$$

$$n + h = p_A (+ p_V) \qquad (p_A \gg p_V). \tag{10,4}$$

Wir machen nun folgende Annahmen: 1) α^* sei in dem hier interessierenden Temperaturbereich so klein, daß das Glied $-\alpha^* p_A$ in den Gln. (10,2) und (10,3) gegenüber den anderen Gliedern vernachlässigt werden kann. 2) A sei genügend groß, damit auch bei höheren Anregungsdichten $p_V \ll p_A$ bleibt. 3) p_A sei so klein gegenüber A, daß

$\beta^* p_V (A - p_A)$ in guter Näherung gleich $\beta^* p_V A$ gesetzt werden kann. Dadurch vereinfacht sich die Rechnung beträchtlich. Wegen Gl. (10,4) ist es zweckmäßig, A dann auch groß gegen H zu wählen.
Aus Gl. (10,3) folgt

$$p_V = \frac{a}{\beta^* A + \gamma^* h} \quad . \tag{11}$$

Durch Kombination der Gln. (10,1) und (11) ergibt sich

$$n = \frac{h}{\beta(H-h)} \left\{ \alpha + \frac{\gamma^* a}{\beta^* A + \gamma^* h} \right\} . \tag{12}$$

Setzen wir Gl. (10,4) und Gl. (11) in Gl. (10,2) ein, so erhalten wir

$$n = -\frac{1}{2} h + \sqrt{\left(\frac{1}{2} h\right)^2 + \frac{a}{\gamma} \cdot \frac{1}{1 + \frac{\gamma^* h}{\beta^* H}}} \quad . \tag{13}$$

Wenn wir nun die Gln. (12) und (13) kombinieren würden, so würde sich für h eine Gleichung höheren Grades ergeben. Es ist daher zweckmäßiger, ein graphisches Verfahren anzuwenden und Kurven für n als Funktion von h und α zu berechnen. Der Schnittpunkt der beiden sich nach den Gln. (12) und (13) ergebenden Kurven liefert dann für ein bestimmtes α die zusammengehörenden Werte von n und h. Aus Gl. (10,2) folgt noch, daß die Intensität der Bande (Quanten pro cm^3 und s)

$$J = \gamma n p_A = \beta^* A p_V \quad , \tag{14}$$

also p_V proportional ist.

Für h → 0 stellt sich die maximale Konzentration der Elektronen im L-Band und die maximale Intensität ein

$$n_{max} = \sqrt{\frac{a}{\gamma}} \qquad \text{und} \qquad J = a \; .$$

Der maximale Wert von p_V ist

$$p_{V\,max} = \frac{a}{\beta^* A} \; .$$

Die Abb. 7a zeigt die Abhängigkeit der Konzentrationen n, h und p_V von α für die Anregungsdichten $a = 10^{18}$, 10^{19}, 10^{20} und 10^{21} Lichtquanten pro cm^3 und s. Bei der Wahl der Rekombinationskoeffizienten wurde für γ der Wert eingesetzt, der sich aus den bereits erwähnten Lumineszenzuntersuchungen von DE GROOT [16] ergibt, und für γ^* ein Wert, den SCHÖN [21] auf Grund der Messungen von NAIL, URBACH und PEARLMAN [22] abgeschätzt hat. β und β^* wurden willkürlich gleich γ gesetzt. Der doppeltlogarithmische Maßstab ist gewählt worden, damit der Verlauf der Kurven über mehrere Zehnerpotenzen erfaßt werden konnte. n und p_V nehmen mit wachsendem α zu, h ab. Am stärksten ändert sich $p_{V\,max}$ mit der Anregungsdichte, nämlich proportional a (s. Gl. (16)), schwächer n_{max}, und zwar proportional $\sqrt{a}$ (s. Gl. (15)). In Abb. 7b ist die Quantenausbeute $\eta = I/a$ über $\lg \alpha$ aufgetragen. Außerdem sind die Werte für $\alpha = 0$ angegeben. Während bei kleineren α-Werten, die niedrigeren Temperaturen entsprechen, die Quantenausbeute mit wachsender Anregungsdichte ansteigt, fällt sie bei größeren α-Werten (höheren Temperaturen) mit wachsender Anregungsdichte ab. Im Zwischenbereich sinkt die Quantenausbeute zunächst mit wachsender Anregungsdichte ab und steigt dann nach Durchlaufen eines Minimums wieder an.

Schließlich wurden noch Minimalwerte ($\alpha = 0$) der

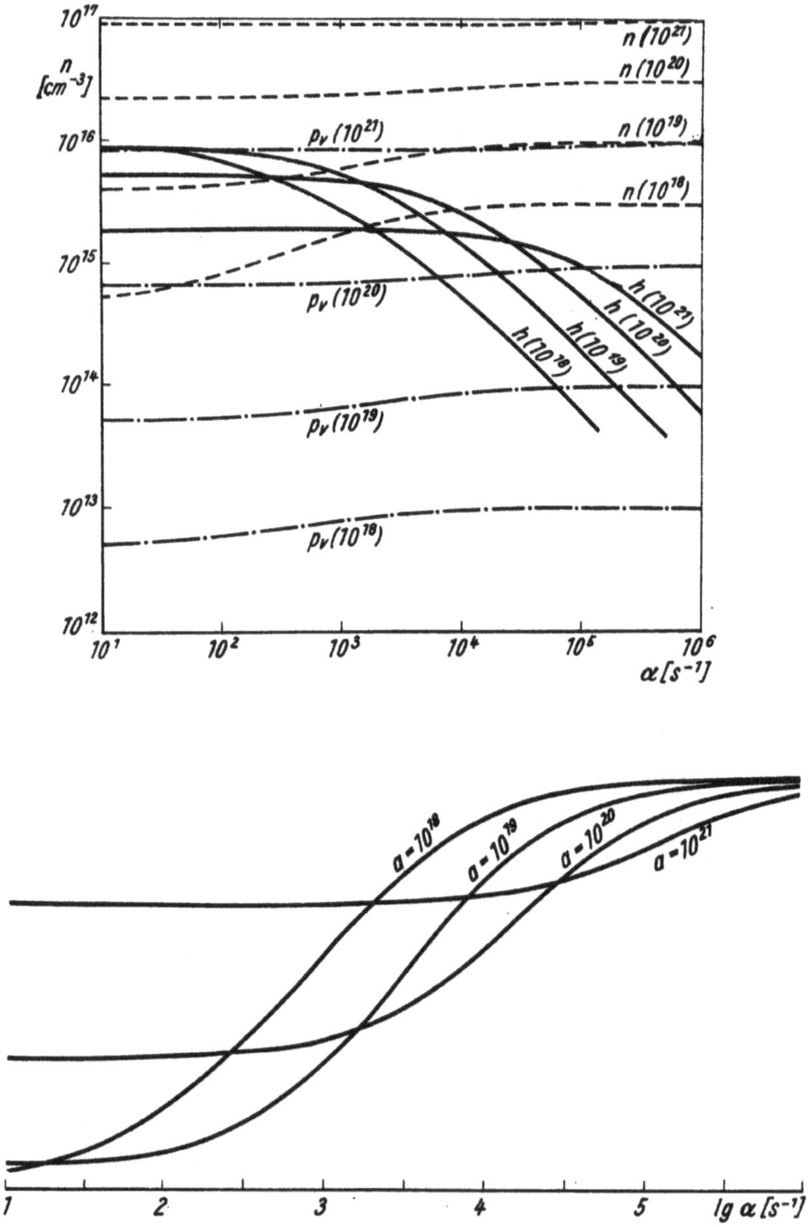

Abb. 7: a) n, h und p_v als Funktion von α
b) η als Funktion von α
Die Kurven sind für $A = 1 \cdot 10^{18}$ cm^{-3}, $H = 2 \cdot 10^{16}$ cm^{-3}, $\gamma = \beta = \beta^* = 1 \cdot 10^{-13}$ cm^3 s^{-1} und $\gamma^* = 10^{-11}$ cm^3 s^{-1} berechnet worden.

Quantenausbeute für folgende Rekombinationskoeffizienten und Konzentrationen von H- und A-Termen berechnet:

1) $\gamma = 1 \cdot 10^{-13}$ cm^3 s^{-1}, $\beta = \beta^* = 1 \cdot 10^{-12}$ cm^3 s^{-1}, $\gamma^* = 1 \cdot 10^{-10}$ cm^3 s^{-1}, $H = 4 \cdot 10^{16}$ cm^{-3} und $A = 1 \cdot 10^{18}$ cm^{-3};

2) $\gamma = 1\cdot10^{-11}$ $cm^3\ s^{-1}$ [15], $\beta = \beta^* = 1\cdot10^{-9}$ $cm^3\ s^{-1}$, $\gamma^* = 1\cdot10^{-8}$ $cm^3\ s^{-1}$ [21], $H = 8\cdot10^{15}$ cm^{-3} und $A = 1\cdot10^{17}$ cm^{-3}.

Im ersten Fall hat sich für $a = 10^{20}$ Lichtquanten pro cm^3 und s $\eta = 0{,}25$ und für $a = 10^{21}$ Lichtquanten pro cm^3 und s $\eta = 0{,}21$ ergeben, im zweiten für $a = 10^{20}$ und $a = 10^{21}$ Lichtquanten pro cm^3 und s $\eta = 0{,}56$. Hier lag eine fast vollständige Besetzung der H-Terme mit Elektronen vor. Unter dieser Bedingung folgt aus den Gln. (11) und (14)

$$\eta = \left(1 + \frac{\gamma^* H}{\beta^* A}\right)^{-1} \qquad (17)$$

Gewöhnlich wird sich der Anstieg der Quantenausbeute nicht vom Minimalwert bis zum Maximalwert ($\eta = 1$) erstrecken. So wird vor Erreichung des Maximalwertes schon ein wachsender Übergang von Löchern ins V-Band stattfinden; die Annahme 1) ist nicht mehr erfüllt. Die Lumineszenzintensität sinkt nach Erreichen eines Maximums wieder ab. Dieser Abfall kann auf Grund des vorher erörterten Modells berechnet werden. Oben haben wir in Erwägung gezogen, daß auch strahlungslose Übergänge in bestimmte A-Terme möglich sind. In diesen A-Termen können dann die aus den A-Termen der langwelligsten Lumineszenzbande kommenden Löcher angelagert werden. Um das komplizierte Temperaturverhalten im einzelnen erklären zu können, dürfte es unumgänglich sein, für die einzelnen Banden unterschiedliche Rekombinationskoeffizienten γ und β^* anzunehmen.

Nach Gl. (12) tritt eine merkliche Zunahme von n und dementsprechend auch der Lumineszenzintensität ein, wenn α in der Größenordnung von $\gamma^* a / \beta^* A$ liegt. Erfolgt dieser Anstieg nun bei etwa 300°K (s. Abb. 2), so läßt sich mit Hilfe des "FERMI-Faktors" $N_L = \alpha_0 / \beta \approx 1\cdot10^{19} cm^{-3}$ eine H-Term-Tiefe ΔE_H in den verschiedenen Fällen beispielsweise für a = 10^{20} Lichtquanten pro cm^3 und s abschätzen. Es ergeben sich folgende Werte: ΔE_H = 0,12 eV in dem Fall, in dem $\beta = 1 \cdot 10^{-13}\ cm^3\ s^{-1}$ gesetzt worden ist, ΔE_H = 0,18 eV in dem Fall, in dem $\beta = 1 \cdot 10^{-12}\ cm^3\ s^{-1}$ gesetzt worden ist, und ΔE_H = 0,36 eV in dem Fall, in dem $\beta = 1 \cdot 10^{-9}\ cm^3\ s^{-1}$ gesetzt worden ist. Bei Kristallen der Untersuchungen I und II stieg die Intensität der roten Bande und gleichzeitig die Quantenausbeute im wesentlichen nach dem Verschwinden der Orange-Bande an (s. z.B. Abb. 2). Für diese Bande haben wir ein $\overline{\Delta E}$ von 0,25 eV gefunden. Die H-Terme, von denen die strahlungslosen Übergänge ins V-Band stattfinden, sollten einen größeren energetischen Abstand vom L-Band haben, etwa zwischen 0,35 und 0,5 eV.

Literatur:

[1] R. LINK und R. SEIWERT, Z. Phys. Chem. 212 (1959) 295
R. LINK, Diplomarbeit Berlin 1959

[2] W. BOLDT und R. SEIWERT, Z. Phys. Chem. 212 (1959) 319
W. BOLDT, Diplomarbeit Berlin 1959

[3] J. LAMBE, C.C. KLICK und D.L. DEXTER, Phys. Rev. 103 (1956) 1715

[4] N.T. MELAMED, Phys. Rev. 107 (1957) 1727

[5] H.A. KLASENS, J. Electrochem. Soc. 100 (1953) 72

[6] R. SEIWERT, Z. Phys. Chem. 205 (1956) 362

[7] M. SCHÖN, Ann. Phys. (6) 3 (1948) 333

[8] F.A. KRÖGER, Some Aspects of the Luminescence of Solids, Amsterdam 1948

[9] E. I. ADIROVIČ, Einige Fragen zur Theorie der Lumineszenz der Kristalle, Berlin 1953

[10] H.A. KLASENS, Nature 158 (1946) 483

[11] M. SCHÖN, Z. Phys. 119 (1942) 463; Forsch. und Fortschr. 19, Nr. 23/24 (1943)

[12] W. VAN GOOL, Philips Res. Rep. 13 (1958) 157

[13] K. ALBERS, Z. Naturforsch. 14a (1959) 1002

[14] R. SEIWERT, Ann. Phys. (6) 6 (1949) 241; Z. Phys. Chem. 207 (1957) 141

[15] E.A. NIEKISCH, Ann. Phys. (6) 15 (1955) 288

[16] W. DE GROOT, Physica 6 (1939) 275

[17] H.D. VASILEFF, Phys. Rev. 96 (1954) 603

[18] C.H. HAAKE, J. Opt. Soc. America 47 (1957) 649

[19] W. HOOGENSTRAATEN und H.A. KLASENS, J. Electrochem. Soc. 100 (1953) 366

[20] F.A. KRÖGER, J. Appl. Phys., Suppl. 4 (1958) 58

[21] M. SCHÖN, Physica 20 (1954) 930

[22] R.R. NAIL, F. URBACH und D. PEARLMAN, J. Opt. Soc. America 39 (1949) 690

[23] H. RADELT und R. SEIWERT, Arbeitstagung Festkörperphysik 1954 in Dresden, Leipzig 1955, S. 23 ff.

Berlin, Institut für Optik und Spektroskopie der Deutschen Akademie der Wissenschaften

Diskussion

SCHÖN: 1) Wir haben bei einem kupferaktivierten ZnS-Phosphor bei normaler Anregung bis 100°C keine Temperaturabhängigkeit der Ausbeute gefunden. Bei langwelliger Anregung desselben Phosphors nahm die Ausbeute von Zimmertemperatur bis 120°C sogar um den Faktor 3 zu. Das ist modellmäßig leicht zu verstehen. Wir sind hier in einem Bereich geringer Anregung bei tiefen Haftstellen und flacheren Aktivatoren. Bei der Temperaturabhängigkeit der Ausbeute kommt es im Bereich schwacher Anregung immer auf die Differenz der beiden Aktivierungsenergien an.
2) Müssen bei Ihren Anregungsdichten von 10^{20} cm^{-3} s^{-1} und Ihren Elektronenkonzentrationen von 10^{15} bis 10^{16} cm^{-3} die Haftstellen und Aktivatoren nicht voll gefüllt sein ? Im Sättigungsfall begrenzt jedoch die ambipolare Diffusion die Konzentration der in oberflächennahen Schichten erzeugten Stromträger.
SEIWERT: Um eine Aussage über die Sättigung machen zu können, müßte man die Konzentration der Aktivatorterme und die der Haftterme kennen. Bei den Rechnungen wurde

angenommen, daß die Konzentration der Aktivatorterme wesentlich größer ist als die der tieferen Haftterme, die hier eine Rolle spielen. Dann ergab sich stets nur eine geringe Besetzung der Aktivatorterme. Außerdem ist die Sättigung der Aktivator- und Haftterme ja noch wesentlich von der Temperatur abhängig. Ich glaube nicht, daß eine ins Gewicht fallende ambipolare Diffusion aufgetreten ist.

SCHÖN: Die von Ihnen gefundene Übereinstimmung der Energiewerte für optische und thermische Übergänge erscheint erstaunlich, da das FRANCK-CONDON-Prinzip hier eine wesentliche Rolle spielt. Thermische und optische Wechselwirkungen können also wesentlich verschiedene Energiewerte liefern, deren Unterschiede beim ZnS z.B. bis zu 0,5 eV betragen können.

SEIWERT: Über die Bedeutung des FRANCK-CONDON-Prinzips in dieser Hinsicht kann man sehr unterschiedlicher Meinung sein; ich glaube nicht, daß es hier eine so wesentliche Rolle spielt. Hierfür spricht meines Erachtens, daß bei der Auswertung einer verhältnismäßig großen Zahl von Meßkurven für die grüne Bande eine sehr gute und für die rote Bande eine gute Übereinstimmung zwischen den Energiewerten für optische und thermische Übergänge gefunden worden ist. Nur für die dazwischen liegende Orange-Bande ergab sich ein relativ großer Unterschied. Daß er mit Hilfe des FRANCK-CONDON-Prinzips erklärt werden kann, erscheint mir sehr zweifelhaft.

SCHÖN: Im Zusammenhang damit, daß Sie auch die Möglichkeit leuchtender Übergänge Haftterm-Valenzband in Erwägung gezogen haben, ist vielleicht folgende Bemerkung von Interesse: Wir haben vor längerer Zeit den Farbumschlag von ZnCdS-Phosphoren von gelb auf grün untersucht. Aus dem verschiedenartigen Verhalten der Fluoreszenz und der sehr schwachen Phosphoreszenz bei Variation der Temperatur schlossen wir damals auf einen leuchtenden Übergang Haftstelle-Valenzband. Eine Untersuchung der Intensitätsabhängigkeit dieses

Effekts würde vermutlich interessante Aufschlüsse liefern.

NIEKISCH: Nach Messungen von COLLINS [1] ist die Abklingdauer der grünen Lumineszenz wesentlich größer als die Lebensdauer eines Loches im Valenzband, die bekanntlich nicht größer als 10^{-7} s ist. Diese Versuche sprechen also dafür, daß die grüne Lumineszenz einem Übergang aus dem Leitungsband in einem Störterm etwa 0,1 bis 0,15 eV oberhalb des Valenzbandes entspricht. Auch bei uns von Herrn AUTH durchgeführte Messungen der Abhängigkeit der Lebensdauer von Löchern von der Temperatur (PEM-Effekt) lassen auf das Vorhandensein einer Störstelle etwa 0,1 eV oberhalb des Valenzbandes schließen.

Literatur:

[1] R.J. COLLINS, J. Appl. Phys. 10 (1959) 1135

Zum Energiespektrum lokalisierter Elektronenniveaus

R. GÁSPÁR

Das am meisten verbreitete Modell für Elektronenstörstellen in festen Körpern ist das Modell der in ein dielektrisches Medium eingebetteten Punktladung [1]. Eine besonders erfolgreiche Anwendung fand dieses Modell bei der Bestimmung der Elektronenniveaus der Substitutionsstörstellen in den Halbleitern Silizium und Germanium. Berechnungen von dieser Art erweisen sich als sehr nützlich, wenn die stetige Dielektrikumnäherung gut ist, was dann der Fall ist, wenn der Radius der Elektronenbahnen groß ist verglichen mit der Gitterkonstanten des Wirtskristallgitters. Besonders gut erfüllt ist diese Bedingung für Elektronen, die sich im Feld einer Punktladung (Überschußladung eines Donatorions) bewegen, und zwar im Falle angeregter Zustände, während die Energie und die Wellenfunktion des Grundzustandes durch den Atomrumpf des Donatoratoms und durch die in der unmittelbaren Nähe desselben befindlichen Ionen bestimmt werden. Falls zwei Donatoratome in die Nähe voneinander geraten, kann ein Donator-Molekülion bzw. -Molekül zustande kommen. Die Elektronenbahnen desselben sind viel ausgedehnter als diejenigen des Elektrons des Donatoratoms, so daß man erwarten kann, daß das Modell des in ein stetiges Dielektrikum eingebetteten Molekülions bzw. Moleküls auch schon im Grundzustand eine viel bessere Näherung darstellt als im Falle des Donatoratoms.

Wir beabsichtigen, für alle möglichen Störstellenmodelle dieser Art mit der Methode der Molekülbahnen Rechnungen durchzuführen. Die dabei berücksichtigten Modelle sind aus Abb. 1 ersichtlich: 1) Donatoratom; 2) zweiatomiges Molekülion; 3) zweiatomiges Molekül; 4) symmetrischer Dipol; 5) asymmetrischer Dipol; 6) asymmetrischer Quadrupol; 7) Bewegung eines Elektrons im Feld vieler Donatorionen bei hoher Donatorenkonzentration.

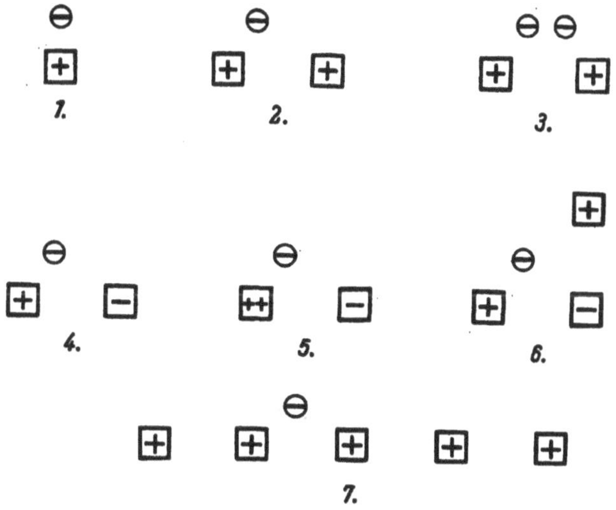

Abb. 1: Anordnung von Störatomen im Wirtsgitter
1) Donatoratom; 2) zweiatomiges Molekülion; 3) zweiatomiges Molekül; 4) symmetrischer Dipol; 5) asymmetrischer Dipol; 6) asymmetrischer Quadrupol; 7) Bewegung eines Elektrons im Felde vieler Donatorionen bei hoher Donatorenkonzentration

⊖ Elektron
⊞ Zentrum mit positiver Überschußladung
⊟ Zentrum mit negativer Überschußladung

Mit Ausnahme des ersten der aufgezählten Modelle ist die Analogie zwischen dem Störstellen-Modell und dem entsprechenden Molekül im Vakuum nicht vollständig. Der Hauptgrund dafür liegt darin, daß in dem Störstellen-Modell die Lage der Atomrümpfe nicht aus dem Prinzip des Energieminimums zu bestimmen ist. Die Lage der Atomrümpfe wird nicht durch die Anziehungskraft der Molekülbestandteile, sondern durch die Kräfte des Wirtsgitters bestimmt. Deswegen sind für die Elektronenprozesse nur die sogenannten Elektronenenergien maßgebend.

Während für die ersten drei Modelle die Quantenchemie ausführliche Berechnungen liefert, sind für die Modelle 4) bis 7), insbesondere für das Modell 6) und für die Erweiterungen desselben durch weitere Donatorionen nur wenige Berechnungen bekannt. Das einfachste Dipolmodell ist nach den Ergebnissen von BABER und HASSE [2] der analytischen Behandlung zugänglich. Daran anknüpfend haben WALLIS, HERMAN und MILNES [3] die Energie des Grundzustandes und die des angeregten Zustandes mit Hilfe von elektronischen Rechenmaschinen bestimmt. Das Modell läßt sich auch mit den herkömmlichen quantenchemischen Methoden durchrechnen. Benutzen wir dabei die Methode der LCAO-Molekülbahnen, so erhalten wir die folgenden Ergebnisse. Rechnen wir in nullter Näherung mit einer nur auf die positive Ladung zentrierten wasserstoffartigen 1s-Atombahn, so erhalten wir für die Gesamtenergie des Systems den Wert $-0{,}5338\ e^2/a_0$ und für die Elektronenenergie den Wert $-0{,}0338\ e^2/a_0$. Falls wir sowohl auf das positive wie auch auf das negative Ion je eine wasserstoffartige 1s-Bahn zentrieren und die Molekülbahn in der Form einer Linearkombination derselben annehmen, erhalten wir für die Gesamtenergie $-0{,}5630\ e^2/a_0$ und für die Elektronenenergie $-0{,}0630\ e^2/a_0$. Diese Werte haben wir für den Fall des Kernabstandswertes $R = 2\ a_0$ mit Hilfe von Handrechenmaschinen ermittelt. Die entsprechenden Werte bei WALLIS, HERMAN und MILNES sind $0{,}588133\ e^2/a_0$ und $0{,}088133\ e^2/a_0$. Wie man sieht, sind die herkömmlichen Methoden der Quantenchemie in diesem nicht allzu komplizierten Falle gut verwendbar, und wir hoffen, auch in komplizierteren Fällen zuverlässige Ergebnisse zu erhalten.

In Abb. 2 zeigen wir die Einelektronenenergien E unter Berücksichtigung der bisherigen quantenchemischen Rechnungen. Dabei haben wir für die Dielektrizitätskonstante den Wert 1 angenommen. Für $\varepsilon \neq 1$ erhält man die entsprechenden Energiewerte durch Division von E durch ε^2, wie man durch eine einfache Ähnlichkeitstransformation der Eigenfunktionen und Eigenwerte zeigen kann (s. Anhang). Die Ersetzung der Gitterumgebung der geladenen Störstellen durch ein polarisierbares Kontinuum hat nur dann beträchtliche Fehler für die Energiewerte zur Folge, wenn die Abmessungen der Bahnen der Störstellenelektronen die Gitterkonstante des Wirtsgitters nicht wesentlich überschreiten.

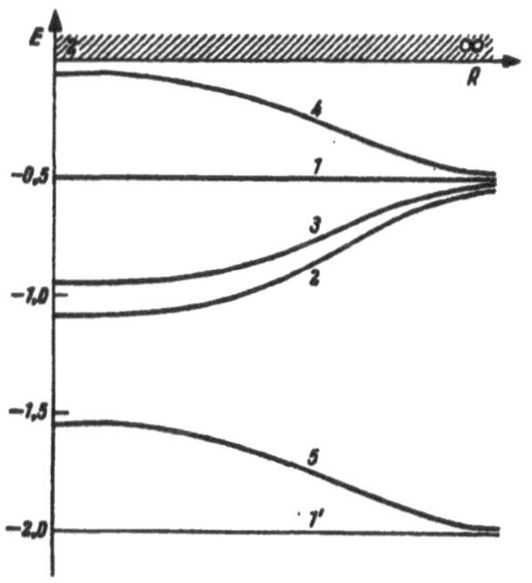

Abb. 2: Einelektronenenergiewerte der in Abb. 1 dargestellten Modelle in Abhängigkeit von einem Gitterparameter (qualitativ)
1': Elektronenenergie für den Fall eines einzigen doppelt geladenen Zentrums
(Energie und Abstände in atomaren Einheiten)

Unser wesentlichstes Resultat sehen wir in der Einführung der Störterme, die sich aus dem Modell des Donator-Molekülions (Abb. 1, Modell 2)) ergeben, da durch dieses Modell der Einfluß von Versetzungen auf die Elektronenbewegung beschrieben werden kann.

<u>Anhang</u>

Die Wellengleichung eines Elektrons im Vakuum ist

$$(1) \qquad \left(-\frac{\hbar^2}{2m}\Delta + \sum_i \frac{\pm Z_i e^2}{r_i}\right)\psi = E\psi$$

und die eines Elektrons, das sich in einem dielektrischen Medium mit der Dielektrizitätskonstante ε bewegt

$$(2) \qquad \left(-\frac{\hbar^2}{2m}\Delta + \sum_i \frac{\pm Z_i e^2}{\varepsilon r_i}\right)\psi_\varepsilon = E_\varepsilon \psi_\varepsilon \ .$$

Wenn

$$(3) \qquad \psi_\varepsilon(r) = \psi\left(\frac{r}{\varepsilon}\right)$$

und

$$(4) \qquad E_\varepsilon = \frac{E}{\varepsilon^2}$$

ist, dann geht (2) in (1) über.

Literatur:

[1] Siehe z.B. W. KOHN, Solid State Physics, Vol. 5 (1957) 258

[2] W.T. BABER und H.R. HASSE, Proc. Cambridge Phil. Soc. 31 (1935) 564

[3] R.F. WALLIS, R. HERMAN und H.W. MILNES, J. Molecular Spectroscopy 4 (1960) 51

Debrecen, Institut für Theoretische Physik
der Kossuth-Lajos-Universität

Kinetik der Störstellenphotoleitung und eine neue Methode zur Bestimmung der Wirkungsquerschnitte von Störzentren

E.I. ADIROVIČ
(vorgetragen von R. BOYN)

1. Einleitung

Die physikalischen Prinzipien der Wirkungsweise von Halbleiterbauelementen (Transistoren, Photoelementen u.a.) beruhen auf einer bipolaren Störung der Kristalle, d.h. auf der Erzeugung von nicht im thermodynamischen Gleichgewicht befindlichen Konzentrationen sowohl der Majoritäts- als auch der Minoritätsladungsträger. Als wesentlichstes Charakteristikum der Relaxation der Elektronenvorgänge dient dabei die Rekombinationslebensdauer der Nichtgleichgewichtsträger. SCHOTTKY und HOFFMANN [1,2] sowie ADIROVIČ und GURO [3] haben nachgewiesen, daß selbst bei geringen Störungen die Lebensdauer kein Parameter des Halbleiters ist und nicht nur von dessen Beschaffenheit, sondern auch von den Bedingungen der Störung des thermodynamischen Gleichgewichts abhängt. In Analogie zur Wärmekapazität in der Thermodynamik ist in der Kinetik die Lebensdauer kein Charakteristikum für das System selbst (angeregter Halbleiter; chemische Zusammensetzung u.ä.), sondern für einen bestimmten darin ablaufenden Prozeß, der den gegebenen äußeren Bedingungen entspricht.

Zum Unterschied von der Lebensdauer sind die Wirkungsquerschnitte für den Elektronen- (S_n) und Defektelektroneneinfang (S_p) in den Störzentren (Verunreinigungen; Strukturdefekten) mikrophysikalische Parameter eines Kristalls. Das Energiespektrum der Störterme, deren Wirkungsquerschnitte und die reale Struktur der Energiebänder im Raum der Quasiimpulse [4] bestimmen letzten Endes die Kinetik des Einfangs und der Rekombination von Elektronen und Defektelektronen.

Schon im einfachsten Fall einer geringen homogenen und stationären Anregung der Halbleiter erweisen sich die Formeln der Rekombinationskinetik (der sog. Rekombinationsstatistik) als reichlich kompliziert im Fall einfachgeladener Zentren und als sehr kompliziert im Fall vielfachgeladener Zentren [5 bis 9]. Die komplizierte Abhängigkeit der Lebensdauer von den Parametern der Störzentren ist dadurch bedingt, daß die Rekombination eines Elektron-Defektelektron-Paares kein Elementarakt ist, sondern sich aus zumindest zwei Elektronenübergängen zusammensetzt, die korrelativ miteinander verbunden sind [10,11]. Daher hängt die Lebensdauer im allgemeinen Fall auch dann, wenn der Kristall Rekombinationsniveaus einer einzigen Sorte enthält, in komplizierter Weise von den zwei Wirkungsquerschnitten S_n und S_p ab. Für einfachgeladene Zentren können S_n und S_p durch Messung der Lebensdauer in stark dotierten Kristallen vom n- und p-Typ getrennt bestimmt werden, falls aus unabhängigen Messungen die Konzentration der Rekombinationszentren bekannt ist. Im Falle vielfachgeladener Zentren gestattet dieses Verfahren, nur den Wirkungsquerschnitt für den Defektelektroneneinfang in das höchste Niveau und den Wirkungsquerschnitt für den Elektroneneinfang in das tiefste Niveau zu bestimmen.

Die vorliegenden Methoden zur Bestimmung von Wirkungsquerschnitten für den Elektronen- und Defektelektroneneinfang in Störzentren laufen auf die Messung der Rekombinationslebensdauer bei einer <u>bipolaren</u> Störung des Kristalls durch Injektion [12 bis 15], Belichtung im Gebiet der Grundgitterabsorption [16 bis 20] oder Korpuskularbestrahlung [21,22] hinaus. Abgesehen von der oben erwähnten komplizierten Abhängigkeit der Lebensdauer τ von S_n und S_p wird die Auswertung der Versuchsergebnisse noch durch eine Reihe von Nebeneffekten erschwert. Durch die ambipolare Diffusion und die Driftbewegung der Ladungsträger findet eine beträchtliche räumliche Ausbreitung der Störung statt, so daß in der Kontaktumgebung und an der Oberfläche Prozesse ablaufen, die das Ergebnis verfälschen können. Die starke Lichtabsorption im Bereich der Grundgitteranregung erschwert die Erzeugung einer homogenen Störung im ganzen Kristallvolumen. Es ist noch zu bemerken, daß alle diese Methoden für die Bestimmung der Wirkungsquerschnitte von Nichtrekombinationszentren (Haftzentren) untauglich sind.

Offenbar besteht durchaus keine Notwendigkeit, bei der experimentellen Bestimmung von S_n und S_p in Halbleitern dieselben Bedingungen zu schaffen, die bei der praktischen Anwendung der Halbleiterbauelemente vorliegen. Weshalb gibt es denn in der Halbleiterphysik lediglich bipolare Verfahren zur Bestimmung der Wirkungsquerschnitte von Störzentren und warum werden nur solche Verfahren ausgearbeitet? Offensichtlich nur deshalb, weil aus historisch im Laufe der Entwicklung der Halbleiterelektronik entstandenen Gründen die Rekombinationslebensdauer sich als makroskopisches, aus der Kinetik bestimmbares Charakteristikum der Elektronenvorgänge in Halbleitern erwiesen hat.

Im folgenden wird eine Untersuchung der Kinetik der Störstellenphotoleitung angestellt, die einer unipolaren Störung, d.h. der Erzeugung von Nichtgleichgewichtsladungsträgern nur im Band der Majoritätsträger eines Halbleiterkristalls, entspricht. Es stellt sich heraus, daß die entsprechenden charakteristischen Relaxationszeiten in einer einfacheren und direkteren Weise mit den Wirkungsquerschnitten der Störzentren zusammenhängen als die Rekombinationslebensdauer. Da bei dem zu behandelnden Prozeß keine Erzeugung und kein Transport von Minoritätsladungsträgern stattfindet, wird die Kinetik der Volumrelaxation bedeutend weniger durch Oberflächen- und Kontakteffekte beeinflußt als im Falle einer bipolaren Störung des thermodynamischen Gleichgewichts. Dies alles gibt uns die Möglichkeit, ein neues

Verfahren zur Bestimmung der Wirkungsquerschnitte für den Elektronen- und Defektelektroneneinfang in Störzentren vorzuschlagen.

2. Aufgabenstellung

Wir wollen die Kinetik der Elektronenprozesse untersuchen, die in einem Halbleiter unter den folgenden Bedingungen ablaufen: Ein Halbleiterkristall vom n-Typ ($n \gg p$) mit der Länge $L = L_1 + L_2$ befindet sich zwischen zwei Metallkontakten (Abb. 1).

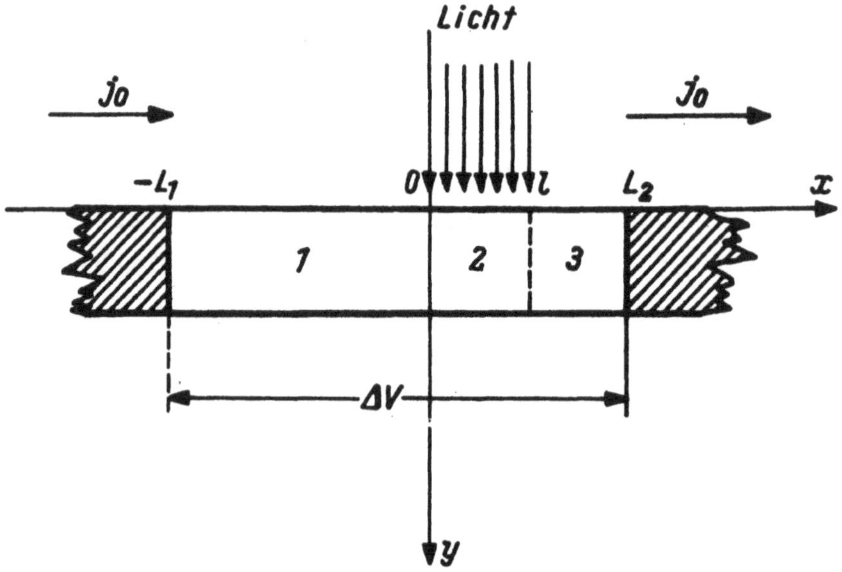

Abb. 1: Zur Aufgabenstellung (Randwertaufgabe)

Der Bereich $0<x<l$ wird mit einem in der Intensität modulierten Lichtstrom $J e^{i\omega t}$ in dem der Störstellenphotoleitung entsprechenden Spektralgebiet belichtet. Infolge der Kleinheit des Koeffizienten der Störstellenabsorption kann man die Anregung des Kristalls als räumlich homogen ansehen. In dem Stromkreis entsteht ein Stromerzeugerbetrieb ($j = j_0 \equiv \text{const}$), und die Modulation der Photoleitfähigkeit wird durch Messung der Änderung des Spannungsabfalls am Kristall untersucht.

In einer dimensionslosen Schreibweise [1] hat das entsprechende System der kinetischen Gleichungen folgende Form [2] (Abb. 2)

$$j = nE + \frac{\partial n}{\partial x}\ ; \qquad \frac{\partial E}{\partial x} = \varrho\ ; \qquad \frac{\partial \varrho}{\partial t} + \frac{\partial j}{\partial x} = 0\ ;$$

(1)

$$\frac{\partial p_K}{\partial t} = g_K - \gamma_K n p_K\ ; \qquad \varrho = \sum_K p_K - n - \sum_K N_{A_K}\ .$$

Hier sind p_K und $n_K = N_K - p_K$ die Konzentrationen der unbesetzten bzw. der besetzten Störterme der Sorte κ ("Konzentrationen der Defektelektronen und Elektronen in den Störtermen des Typs κ"). Die erste Summe in der Formel für ϱ erstreckt sich über alle Typen von Störtermen, die zweite nur über die Akzeptorterme. Das Gleichungssystem (1) ist für einfachgeladene Zentren angeschrieben. Der Fall vielfachgeladener Zentren wird in Abschnitt 5 behandelt.

---

1) Als Maßeinheiten der Konzentration, Entfernung, Zeit, Frequenz, Potential, Feldstärke, Stromdichte, Ladungsdichte, Intensität des Lichtstromes dienen

$$n_1\ ; \quad x_D = \sqrt{\frac{\varepsilon k T}{4\pi e^2 n_1}}\ ; \quad \frac{x_D^2}{D}\ ; \quad \frac{D}{x_D^2}\ ; \quad \frac{kT}{e}\ ; \quad \frac{kT}{e x_0}\ ; \quad \frac{e D n_1}{x_D}\ ; \quad e n_1\ ; \quad \frac{D}{x_D^4}\ .$$

Hier ist ε die Dielektrizitätskonstante, T die absolute Temperatur, k die BOLTZMANN-Konstante, e die Ladung des Elektrons, D der Koeffizient der Elektronendiffusion und $\mu = \frac{eD}{kT}$ die Elektronenbeweglichkeit. Die Einheit der Konzentration, n_1, kann beliebig gewählt werden.

2) Anm. d. Red.: Im Interesse einer möglichst einheitlichen Bezeichnungsweise innerhalb dieses Bandes wurden einige Größen gegenüber dem Manuskript von ADIROVIČ umbenannt:
j', n' (Gesamtstromdichte, Gesamt-Leitungselektronenkonzentration) usw. in j, n usw.
j, n ("Amplitude" des Wechselanteils der Stromdichte, der Leitungselektronenkonzentration) usw. in
Δj, Δn usw.

Der Beitrag der Niveaus des Typs κ zur Erzeugungsgeschwindigkeit der Leitungselektronen ist gleich [3])

(2) $$g_\kappa = \alpha_{\kappa o} n_{\kappa o} + \left[q_\kappa J_\kappa n_\kappa - \alpha_{\kappa o} \Delta p_\kappa \right] e^{i\omega t}$$

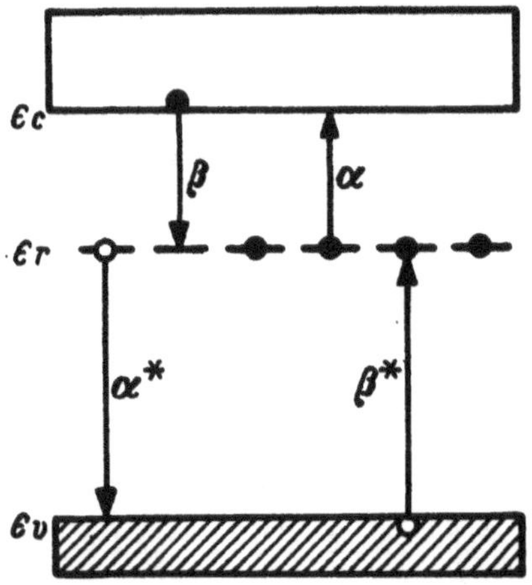

Abb. 2: Schema der Elektronenübergänge zwischen den Störtermen des Typs r und den Bändern im Kristall. Niveaus, die höher ($\kappa > r$) und tiefer ($\kappa < r$) als die Niveaus des Typs r liegen, sind auf der Abbildung nicht verzeichnet.

Durch Abtrennung des nichtstationären Teils der Lösung ($n = n_0 + \Delta n e^{i\omega t}$; $E = E_0 + \Delta E e^{i\omega t}$ usw.) und Linearisierung der Aufgabe kommen wir zu folgendem Gleichungssystem für Δn , ΔE und Δj :

(3)
$$\frac{d\Delta n}{dx} + E_0 \Delta n + n_0 \Delta E - \Delta j = 0 ;$$

$$\frac{d\Delta E}{dx} + \lambda \Delta n = \varkappa ; \qquad \frac{d\Delta j}{dx} - i\omega\lambda \Delta n = -i\omega\varkappa .$$

3) J_κ ist die Spektralkomponente des Lichtstromes, die dem Elektronenübergang zwischen dem Niveau κ und dem Leitungsband entspricht; $\alpha_{\kappa o}$ ist die stationäre Wahrscheinlichkeit des Elektronenübergangs in das Leitfähigkeitsband; q_κ ist der Wirkungsquerschnitt der Lichtabsorption der Frequenz $\nu_\kappa = \frac{\varepsilon_c - \varepsilon_\kappa}{h}$ in einem Zentrum der Sorte κ .

Die Größen Δp_K und $\Delta \varrho$ können durch Δn ausgedrückt werden:

$$\Delta p_K = \frac{\Delta g_K \tau_{pK}}{1 + i\omega\tau_{pK}} - \frac{\frac{\tau_{pK}}{\tau_{nK}}}{1 + i\omega\tau_{pK}} \Delta n \; ; \tag{4}$$

$$\Delta \varrho = \varkappa - \lambda \Delta n .$$

Hier sind

$$\varkappa = \sum_K \frac{\Delta g_K \tau_{pK}}{1 + i\omega\tau_{pK}} \; ; \qquad \lambda = 1 + \sum_K \frac{\frac{\tau_{pK}}{\tau_{nK}}}{1 + i\omega\tau_{pK}} \; ;$$

$$\frac{1}{\tau_{pK}} = \gamma_K n_o + \alpha_{Ko} \; ; \qquad \frac{1}{\tau_{nK}} = \gamma_K p_{Ko} \; ; \tag{5}$$

$$\Delta g_K = \begin{cases} 0 & \text{für } x < 0 ; \; x > l \; ; \\ q_K J_K n_{Ko} & \text{für } 0 < x < l \, . \end{cases}$$

Die Lösung muß den Stetigkeitsbedingungen bei x = 0 und x = l sowie den Randbedingungen an den Kontakten genügen. Damit der Modulationseffekt der Photoleitung nicht durch Erscheinungen in der Kontaktumgebung verzerrt wird, ist es notwendig und hinreichend, daß die Grenzen des belichteten Gebietes weit von den Kontakten entfernt sind und die in der Kontaktumgebung liegenden Gebiete ungestört bleiben. Die Randbedingungen an den Kontakten laufen demnach auf die Forderung hinaus, daß Δn, ΔE und Δj [4] bei $x = \pm\infty$ null werden. Eine quantitative Formel für die Forderung eines genügenden Abstandes der Kontakte von dem moduliert belichteten Gebiet werden wir weiter unten erhalten.

4) An den Kontakten ist $\Delta j = 0$, da $\Delta j \, e^{i\omega t} = j - j_o$ ist und im äußeren Kreis ein Stromerzeugungsbetrieb ($j = j_o$) vorliegt.

3. Räumliche Verteilung von Δn , Δj , ΔE , Δp_K und $\Delta \varrho$ im Halbleiter

Die Lösung des Systems (1) hat folgende Form

$$
\text{(6)}\qquad
\begin{aligned}
{}^s\Delta n &= \frac{{}^s\varkappa}{\lambda} + {}^sB_2\, e^{c_2 x} + {}^sB_3\, e^{c_3 x} \quad ; \\
{}^s\Delta E &= {}^sB_1 - \frac{\lambda}{c_2}\, {}^sB_2\, e^{c_2 x} - \frac{\lambda}{c_3}\, {}^sB_3\, e^{c_3 x} \quad ; \\
{}^s\Delta j &= n_0\, {}^sB_1 + E_0 \frac{{}^s\varkappa}{\lambda} + \frac{i\omega\lambda}{c_2}\, {}^sB_2\, e^{c_2 x} + \frac{i\omega\lambda}{c_3}\, {}^sB_3\, e^{c_3 x} \quad .
\end{aligned}
$$

Der linke obere Index s = 1, 2, 3 bezeichnet die Bereiche $(-L_1, 0)$, $(0, 1)$ bzw. $(1, L_2)$ im Halbleiter (Abb. 1). Die Größen

$$
\text{(7)}\qquad c_2 = a - \frac{E_0}{2} + i b \quad ; \qquad c_3 = -a - \frac{E_0}{2} - i b \quad ,
$$

wobei

$$
\text{(8)}\qquad
\begin{aligned}
a &= \sqrt{\frac{\sqrt{(E_0^2 + 4\lambda n_0)^2 + 16\omega^2\lambda^2} + E_0^2 + 4\lambda n_0}{8}} \quad , \\
b &= \sqrt{\frac{\sqrt{(E_0^2 + 4\lambda n_0)^2 + 16\omega^2\lambda^2} - E_0^2 - 4\lambda n_0}{8}}
\end{aligned}
$$

ist, stellen die Wurzeln der charakteristischen Gleichung dar

$$
\text{(9)}\qquad c^2 + E_0 c - \lambda(n_0 + i\omega) = 0 \quad .
$$

Wir stellen fest, daß Re $c_2 > 0$ und Re $c_3 < 0$ ist.

Aus den Randbedingungen an den Kontakten folgt, daß ${}^1B_1 = {}^1B_3 = {}^3B_1 = {}^3B_2 = 0$ ist. Die übrigen fünf Konstanten gewährleisten die Stetigkeit von Δn , ΔE und Δj an den Grenzen des belichteten Gebietes, da von den sechs Stetigkeitsbedingungen

$$
\begin{aligned}
&{}^1\Delta n(0) = {}^2\Delta n(0) \; ; \qquad {}^1\Delta E(0) = {}^2\Delta E(0) \; ; \qquad {}^1\Delta j(0) = {}^2\Delta j(0) \; ; \\
&{}^2\Delta n(L) = {}^3\Delta n(L) \; ; \qquad {}^2\Delta E(L) = {}^3\Delta E(L) \; ; \qquad {}^2\Delta j(L) = {}^3\Delta j(L) \; ,
\end{aligned}
$$

nur fünf unabhängig sind. Wenn wir bemerken, daß $\frac{dj}{dx} + i\omega \frac{dE}{dx} = 0$ ist und diese Formel zwischen den Grenzen $(-\infty, l)$ und zwischen den Grenzen (l, ∞) integrieren, so erhalten wir tatsächlich gemäß den ersten fünf Gleichungen (10)

$$ {}^{2}j(l) = {}^{3}j(l) \, . $$

Die Verteilung von Δn, ΔE, Δj, Δp_K und $\Delta \varrho$ im Halbleiter unter den betrachteten Bedingungen wird durch die Gleichungen (6) und (4) bei folgenden Werten der Integrationskonstanten beschrieben:

$$ {}^{1}B_2 = -\frac{c_3\left(e^{c_2 l} - e^{-c_2 l}\right)}{c_2 - c_3}\frac{{}^{2}\varkappa}{\lambda} \, ; \qquad {}^{3}B_3 = \frac{c_2\left(e^{-c_3 l} - e^{c_3 l}\right)}{c_2 - c_3}\frac{{}^{2}\varkappa}{\lambda} \, ; $$

$$ (11) \qquad {}^{2}B_2 = \frac{c_3 e^{-c_2 l}}{c_2 - c_3}\frac{{}^{2}\varkappa}{\lambda} \, ; \qquad {}^{2}B_3 = -\frac{c_2 e^{c_3 l}}{c_2 - c_3}\frac{{}^{2}\varkappa}{\lambda} \, ; $$

$$ {}^{2}B_1 = -{}^{2}\varkappa \frac{c_2 + c_3}{c_2 c_3} = -\frac{E_0}{n_0 + i\omega}\frac{{}^{2}\varkappa}{\lambda} = -E_0 \frac{\sum\limits_K \frac{{}^{2}\Delta g_K \tau_{pK}}{1 + i\omega\tau_{pK}}}{\left[1 + \sum\limits_K \frac{\tau_{pK}/\tau_{nK}}{1 + i\omega\tau_{pK}}\right](n_0 + i\omega)} \, ; $$

$$ {}^{1}B_1 = {}^{1}B_3 = {}^{3}B_1 = {}^{3}B_2 = 0 \, . $$

4. Kinetik der Störstellenphotoleitung

Durch Integration der Funktion $\Delta E(x)$ aus (6) zwischen den Grenzen $-\infty < x < \infty$ ermitteln wir die Änderung des Spannungsabfalls am Halbleiter, die durch die Modulation der Störstellenphotoleitfähigkeit bedingt ist:

$$\Delta V = e^{i\omega t}\int_{-\infty}^{\infty}\Delta E(x)\,dx =$$

$$(12) \qquad = -\frac{V_{0l}}{n_0}\,\frac{\sum\limits_{K}\dfrac{q_K J_K n_{K0}\tau_{pK}}{1+i\omega\tau_{pK}}}{\left[1+\sum\limits_{K}\dfrac{\tau_{pK}/\tau_{nK}}{1+i\omega\tau_{pK}}\right](1+i\omega\tau_M)}\,e^{i\omega t}\,.$$

Hierbei ist $V_{0l} = E_0 l$ der stationäre Spannungsabfall an dem einer modulierten Belichtung unterworfenen Kristallabschnitt $(0, l)$. Die Formel (12) sowie die Ausdrücke für τ_{pK} und τ_{nK} in (5) verändern sich beim Übergang von dimensionslosen zu dimensionsbehafteten Werten nicht. τ_M in (12) ist die Zeit der MAXWELL-Relaxation einer Raumladung, die in dimensionsloser Schreibweise $\frac{1}{n_0}$ und in Dimensionsschreibweise $\frac{\varepsilon}{4\pi e \mu n_0}$ beträgt. Das Produkt $q_K J_K$ ist gleich $\int_K q(\nu) J(\nu) d\nu$, wobei die Integration über das Spektralband erstreckt wird, das eine optische Anregung von Elektronen aus den Niveaus der Sorte K ins Leitungsband bewirkt.

Das Verhältnis ΔV zum ganzen Lichtstrom $J e^{i\omega t}$, wobei $J = \sum_K J_K = \int J(\nu) d\nu$ ist (Integration über das ganze Spektrum des auffallenden Lichtes), stellt einen Frequenz-Phasen-Kennwert der durch die Modulation der Photoleitfähigkeit bedingten Spannungsänderung am Halbleiterkristall dar. Die Formel (12) zeigt, wie ΔV von den Parametern der Störzentren, von ihrem Besetzungsgrad, von der Leitfähigkeit und der Dielektrizitätskonstante des Kristalls und von der spektralen Zusammensetzung des Lichtes abhängt.

Wenn wir Versuchsbedingungen gewährleisten, unter denen

$$\Theta_K \equiv \left| \frac{\frac{\tau_{nr}}{\tau_{pr}} + i\omega\tau_{nr}}{\frac{\tau_{nK}}{\tau_{pK}} + i\omega\tau_{nK}} \right| \ll 1 ,$$

(13)

$$\chi_K \equiv \left| \frac{q_K J_K n_{Ko} \left(\frac{1}{\tau_{pr}} + i\omega \right)}{q_r J_r n_{ro} \left(\frac{1}{\tau_{pK}} + i\omega \right)} \right| \ll 1 ,$$

und

(14) $$\omega \tau_M \ll 1$$

ist, so wird ΔV lediglich durch die Vorgänge des Elektronenaustauschs zwischen dem Leitungsband und den Störniveaus des Typs r bestimmt:

(15) $$\Delta V = \frac{V_{ol}}{n_o} \frac{q_r J_r n_{ro} \tau}{\sqrt{1+\omega^2\tau^2}} e^{i(\omega t + \pi - \operatorname{arctg} \omega\tau)} .$$

Hier ist $\frac{1}{\tau} = \frac{1}{\tau_{pr}} + \frac{1}{\tau_{nr}}$, wobei aus (5) und aus der Gleichung des Elektronengleichgewichts unter stationären Bedingungen

(16) $$\alpha_{Ko} n_{Ko} = \gamma_K n_o p_{Ko}$$

folgt, daß

(17) $$\frac{1}{\tau} \equiv \frac{1}{\tau_{pr}} + \frac{1}{\tau_{nr}} = \gamma_r n_o + \alpha_{ro} + \gamma_r p_{ro} = \gamma_r n_o \left[1 + \frac{p_{ro}}{n_{ro}} + \frac{p_{ro}}{n_o} \right]$$

ist.

Damit der Koeffizient der Lichtabsorption auf den Niveaus des Typs r seinen maximalen Wert behält, muß die Bedingung $\frac{p_{ro}}{n_{ro}} \ll 1$ erfüllt sein. Falls die betrachteten

Störzentren nicht die die stationäre Leitfähigkeit erzeugenden Hauptdonatoren sind, so ist $p_{r0} \ll n_0$ und $\frac{1}{\tau} = \gamma_r n_0$. Für die höchstgelegenen Donatorterme in einem Kristall mit kleinem Akzeptorengehalt ($N_A \lesssim 10^{-2} N_D$) ist $p_{r0} = n_0$ und $\frac{1}{\tau} = 2\gamma_r n_0$.

Wenn die zu messende Relaxationszeit gleich τ ist, so muß die Frequenz der Lichtmodulation der Bedingung

$$\omega\tau \approx 1 \tag{18}$$

genügen. Da $\gamma_r = S_{nr} u$ ist, worin S_{nr} der Wirkungsquerschnitt des Elektroneneinfangs im Störterm r und $u \approx 10^7$ cm s^{-1} die thermische Geschwindigkeit der Leitungselektronen ist, so hängt

$$\omega\tau_M \approx \frac{\tau_M}{\tau} \approx \frac{\varepsilon u S_{nr}}{4\pi e \mu} \approx 10^{16} \frac{\varepsilon S_{nr}}{\mu} \tag{19}$$

nicht von der Konzentration der freien Elektronen ab und bleibt bei $S_{nr} \lesssim 10^{-15}$ bis 10^{-14}cm^2 klein bis zu $\mu \approx 10^3$ CGS-Einheiten, was freien Elektronenweglängen von der Größenordnung einer Gitterkonstante entspricht.

Aus (13), (5), (16) und (18) folgt, daß die Abschätzungen gelten

$$\begin{aligned} \Theta_K &< \sqrt{2}\, \frac{N_r}{N_K} \frac{p_{K0}\, n_{K0}}{p_{r0}\, n_{r0}} \\ \chi_K &< \sqrt{2}\, \frac{q_K J_K S_{nr} N_r}{q_r J_r S_{nK} N_K} \frac{n_{K0}^2}{n_{r0}^2} \end{aligned} \tag{20}$$

Der Experimentator hat die Möglichkeit, den Besetzungsgrad der Störterme im thermodynamischen Gleichgewicht durch Dotierung und Temperaturänderung zu regulieren sowie die spektrale Verteilung der die Leitfähigkeit modulierenden Belichtung zu variieren. Außerdem braucht der stationäre Untergrund-Zustand des Halbleiters nicht unbedingt ein Zustand einer thermodynamischen Gleichgewichtsbesetzung der Störterme zu sein. Die gesamte obige Diskussion bezieht sich in gleicher Weise auch auf den Fall, daß eine stationäre Belichtung des Halbleiters vorgenommen wird. Da im Laufe der Rechnungen n_0 = const gesetzt wurde, müssen nicht nur der Bereich $(0,l)$, sondern auch die Gebiete 1 und 3 im Kristall einer stationären Belichtung unterworfen werden, und zwar derart, daß die durch den modulierten Lichtstrom $J e^{i\omega t}$ bewirkte Störung nicht durch das elektrische Feld in den stationär bestrahlten Bereich hineingezogen wird. Bemerkenswert ist, daß durchaus keine Vorsichtsmaßregeln gegen die Einwirkung einer stationären Belichtung auf die Kontaktumgebung und unmittelbar auf die Kontakte notwendig sind. Eine stationäre Änderung der Bandkrümmung an den Kontakten beeinflußt den Effekt der Modulation von ΔV nicht, die durch den auf den Bereich $(0,l)$ des Halbleiterkristalls fallenden Lichtstrom $J e^{i\omega t}$ bewirkt wird.

Wir wollen jetzt zeigen, daß die experimentellen Möglichkeiten, den Dotierungsgrad eines Halbleiters zu ändern, die spektrale Verteilung des Lichtstroms $J e^{i\omega t}$ zu wählen und, wenn nötig, eine stationäre Belichtung des Kristalls durchzuführen, es gestatten, die Ungleichungen (13) zu erfüllen, d.h. Voraussetzungen zu schaffen, unter denen die Kinetik der Störstellenphotoleitung lediglich durch diejenigen lokalisierten Zustände bestimmt wird, die wir untersuchen wollen.

Damit alle $\theta_K \ll 1$ sind, genügt es, daß der Besetzungsgrad der übrigen Störterme entweder viel größer oder viel kleiner ist als der Besetzungsgrad der untersuchten Terme ($\frac{p_{K0}}{N_K} \ll \frac{p_{r0}}{N_r}$ oder $\frac{n_{K0}}{N_K} \ll \frac{n_{r0}}{N_r}$). Bei einer Modulation der Gleichgewichtsleitfähigkeit wird dies der Fall sein, wenn das FERMI-Niveau ζ unmittelbar über den Niveaus des Typs r im Abstand $\zeta - \epsilon_r \approx 2$ bis $3\, kT$ liegt und wenn für alle übrigen Terme $|\zeta - \epsilon_K| \gg kT$ ist. Die Kleinheit von χ_K wird dadurch gesichert, daß im Spektrum kein moduliertes

Licht der Frequenzen $\nu > \frac{\epsilon_c - \epsilon_r}{\hbar}$ vorhanden ist. Es ist zu bemerken, daß die optische und thermische Auflösung eng benachbarter Terme durch Herabsetzung der Kristalltemperatur erreicht werden kann.

Zur Bestimmung der durch die Terme im unteren Teil der verbotenen Zone bedingten charakteristischen Relaxationszeit der Elektronenphotoleitfähigkeit kann die experimentelle Auflösung der zu untersuchenden Störzentren nicht allein durch Dotieren verwirklicht werden. Das erwünschte Ergebnis wird durch monochromatische stationäre Belichtung mit der Frequenz $\nu \approx \frac{\epsilon_c - \epsilon_r}{\hbar}$ erreicht. Dadurch wird für die zwischen den Niveaus vom Typ r und dem FERMI-Niveau befindlichen Störterme die Bedingung $\frac{p_{o\kappa}}{N_\kappa} \ll \frac{p_{or}}{N_r}$ erfüllt. Der die Photoleitung modulierende Lichtstrom darf auch keine Frequenzen enthalten, die der Elektronenbefreiung aus denjenigen Niveaus κ entsprechen, für die $\epsilon_\kappa < \zeta$ ist ($\kappa \neq r$).

5. Der Fall vielfachgeladener Störzentren

Viele Verunreinigungen und Gitterfehler (Kupfer, Nickel, Strahlungsdefekte u.a.) erzeugen in Halbleitern vielfachgeladene Zentren.

An einem vielfachgeladenen Zentrum können in einem Kristallgitter mehrere Elektronen lokalisiert werden. Infolge der Wechselwirkung zwischen den Elektronen kann die Bindungsenergie eines jeden Elektrons in einem vielfachgeladenen Zentrum nicht durch eine einzige bestimmte Lage des Störterms in der verbotenen Zone gekennzeichnet werden, sondern hängt von der Gesamtzahl der im betreffenden Zentrum lokalisierten Elektronen ab. Abb. 3 zeigt die fünf Zustände eines Störzentrums, die dem Fall, daß das Zentrum unbesetzt ist, dem Fall einer Zwei- , Drei- und dem Fall einer Vierelektronenbesetzung entsprechen. Als Beispiel mögen die Zustände der Elektronenlokalisation in vier Valenzbindungen in einem Atom M dienen, das isomorph in das Germanium- oder Siliziumgitter eingebaut ist.

Falls im betrachteten Beispiel die niedrigen Elektronenzustände im Valenzband liegen, so ist das Zentrum dreifach- , zweifach- bzw. einfachgeladen.

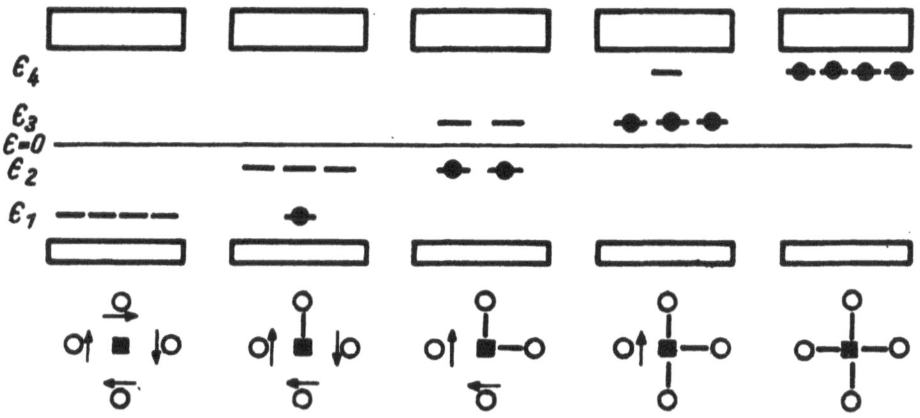

Abb. 3: Energetische Valenzzustände eines Atoms M (■), das isomorph in das Gitter aus Ge- oder Si (o)-Atomen eingebaut ist. ↑ bezeichnet ein Elektron mit nicht gepaartem Spin, | eine Valenzbindung.

Das System der kinetischen Gleichungen für vielfachgeladene Zentren wird sich von (1) hinsichtlich der Gleichung für den Elektronenaustausch zwischen den lokalisierten Zuständen und dem Leitungsband unterscheiden. Bezeichnen wir mit N_κ^m die Konzentration der m-fach mit Elektronen besetzten Zentren vom Typ κ . Wir bemerken, daß $\sum_m N_\kappa^m = N_\kappa$ ist. Anstatt $\frac{\partial p_\kappa}{\partial t} = g_\kappa - \gamma_\kappa n p_\kappa$ haben die Gleichungen für vielfachgeladene Zentren folgende Form

$$(21) \quad \frac{\partial N_\kappa^m}{\partial t} = \alpha_\kappa^{m+1} N_\kappa^{m+1} + \gamma_\kappa^m n N_\kappa^{m-1} - \alpha_\kappa^m N_\kappa^m - \gamma_\kappa^{m+1} n N_\kappa^m .$$

Darin sind α_κ^m die Ablösungswahrscheinlichkeit eines Elektrons von einem m-fach besetzten Zentrum und γ_κ^m die Wahrscheinlichkeit für den Einfang eines Leitungselektrons durch ein (m - 1)-fach besetztes Zentrum.

Jetzt wollen wir zeigen, daß bei Einhaltung der beschriebenen Versuchsbedingungen die oben erhaltenen Ergebnisse und Schlußfolgerungen nicht nur für einfachgeladene Zentren, sondern auch für jeden einzelnen Zustand vielfachgeladener Zentren ihre Gültigkeit behalten.

Es möge das FERMI-Niveau um 2 bis 3 kT höher liegen als die Terme eines r-fach besetzten Zentrums des Typs κ. In diesem Fall sind im Halbleiter nur zwei Besetzungszustände des Zentrums realisiert: r und $r-1$. Auf Grund der Bedingung $N_\kappa^{r-1} + N_\kappa^r = N_\kappa$ reduziert sich das System (21) auf eine einzige Gleichung:

$$(22) \quad \frac{\partial N_\kappa^r}{\partial t} = \alpha_\kappa^{r+1} N_\kappa^{r+1} + \gamma_\kappa^r n (N_\kappa - N_\kappa^r) - \alpha_\kappa^r N_\kappa^r - \gamma_\kappa^{r+1} n N_\kappa^r .$$

Da die Lebensdauer der Zustände eines $(r+1)$-fach besetzten Zentrums $\tau^{r+1} \ll \tau^r$ ist, befinden sich diese Zustände in einem quasistationären Erschöpfungszustand [23]:

$$N_\kappa^{r+1} \ll N_\kappa^r$$

$$(23) \quad \frac{\partial N_\kappa^{r+1}}{\partial t} \approx \gamma_\kappa^{r+1} n N_\kappa^r - \alpha_\kappa^{r+1} N_\kappa^{r+1} \ll \frac{\partial N_\kappa^r}{\partial t} .$$

Wir bemerken, daß N_κ^{r-1} die Konzentration der in den r-fach besetzten vielfachgeladenen Zentren lokalisierten Defektelektronen darstellt

$$N_\kappa^{r-1} = N_\kappa - N_\kappa^r = p_\kappa ,$$

und erhalten aus (22) und (23) die Gleichungen

$$(24) \quad \frac{\partial p_\kappa}{\partial t} = \alpha_\kappa^r (N_\kappa - p_\kappa) - \gamma_\kappa^r n p_\kappa ,$$

d.h. dieselben Gleichungen wie für einfach geladene Zentren.

Für jede Art von Niveaus eines vielfachgeladenen Zentrums in der oberen Hälfte der verbotenen Zone ($\epsilon_\kappa > 0$) kann die Bedingung $\zeta - \epsilon_\kappa \approx 2$ bis $3\,kT$ erfüllt werden, unter der die Kinetik der unipolaren Störstellenphotoleitfähigkeit durch den Wirkungsquerschnitt des Elektroneneinfangs S_{nK} in diesen Niveaus bestimmt wird. Damit die Kinetik der unipolaren Störstellenphotoleitung durch die in der unteren Hälfte der verbotenen Zone ($\epsilon_K < 0$) befindlichen Störterme ϵ_K eines vielfachgeladenen Zentrums bestimmt wird, muß die Bedingung $\epsilon_K - \zeta \approx$ 2 bis 3 kT erfüllt sein. Dabei hängt τ von dem Wirkungsquerschnitt S_{pK} für den Defektelektroneneinfang ab. Folglich können aus der Kinetik der unipolaren Störstellenphotoleitung leicht die Wirkungsquerschnitte für den Elektroneneinfang der in der oberen Hälfte ($\epsilon_K > 0$) und die Wirkungsquerschnitte für den Defektelektroneneinfang der in der unteren Hälfte ($\epsilon_K < 0$) gelegenen Störterme vielfach geladener Zentren bestimmt werden, was die größte Schwierigkeit bei den Rekombinationsverfahren darstellt.

6. Eine Methode zur Bestimmung der Wirkungsquerschnitte von Störzentren aus der nichtstationären Störstellenphotoleitung

Die obigen Betrachtungen zeigen, daß bei der experimentellen Untersuchung der Störstellenphotoleitung Versuchsbedingungen verwirklicht werden können, unter denen nur diejenigen Störterme, deren Wirkungsquerschnitte zu bestimmen sind, einen Einfluß auf ΔV haben. Wir bezeichnen die zu untersuchenden Terme mit dem Index r. Die entsprechende charakteristische Relaxationszeit τ kann aus der Frequenzcharakteristik

$$(25) \qquad |\Delta V(\omega)| = \frac{V_{ol}}{n_0} \; \frac{q_r J_r n_{ro} \tau}{\sqrt{1+\omega^2 \tau^2}}$$

der Phasencharakteristik

$$(26) \qquad \varphi(\omega) = \pi - \operatorname{arctg} \omega\tau$$

und der Einschwingcharakteristik

$$\Delta V(t) = -\frac{V_{0L}}{n_0} q_r J_r n_{r0} \tau (1 - e^{-\frac{t}{\tau}}) \qquad (27)$$

der Spannungsänderung am Halbleiter ermittelt werden.

Der Wert von τ steht mit der Größe der Einfangquerschnitte der zu untersuchenden Niveaus für Majoritätsladungsträger in einfacher Beziehung:

$$\frac{1}{\tau} = \begin{cases} S_{nr} u n_0 & \text{bzw.} \\ 2 S_{nr} u n_0 & . \end{cases} \qquad (28)$$

Die erste Formel gilt für den Fall, wenn die zu untersuchenden Terme nicht Hauptdonatorenzustände darstellen, die die Dunkelleitung des Kristalls bedingen. Für die höchstgelegenen Donatoren erscheint in der Formel für $\frac{1}{\tau}$ (28) der Faktor 2 (vgl. auch (17)).

Zum Unterschied von den Formeln der Kinetik der bipolaren Rekombination geht in den Wert τ (28) die Konzentration N_r der Störzentren nicht ein, wodurch die Notwendigkeit entfällt, diese Konzentration zu bestimmen. Statt N_r muß man die stationäre Konzentration n_0 der Leitungselektronen kennen, die leicht und genau durch Messung des HALL-Koeffizienten zu bestimmen ist. Die Unabhängigkeit der Größe τ von N_r ist dadurch bedingt, daß die Relaxation der Störung, die durch periodische oder Impulsbelichtung im Bereich der Störstellenabsorption hervorgerufen wird, nicht durch den Vorgang des Einfangs der überschüssigen Leitungselektronen

$$\gamma_r p_{r0} \Delta n ,$$

sondern durch den rascheren Rekombinationsprozeß der überschüssigen Defektelektronen in den Störtermen mit den die stationäre Leitfähigkeit erzeugenden Elektronen

$$\gamma_r n_0 \Delta p_r$$

bestimmt wird. Für die Hauptdonatoren sind die Geschwindigkeiten der beiden parallelen Relaxationsprozesse gleich, doch da hier $p_{r0} = n_0$ ist, so ist auch in diesem Fall für die Bestimmung von τ nicht die Kenntnis von N_r erforderlich.

Den Wirkungsquerschnitt S_{pr} für den Defektelektroneneinfang kann man mit der geschilderten Methode an p-Typ-Halbleitern bestimmen.

Damit das beschriebene Photoverfahren angewendet werden kann, darf das Licht keine Frequenzen enthalten, die zu einer Erzeugung von Defektelektronen in n-Typ-Kristallen und zu einer Erzeugung von Elektronen in p-Typ-Kristallen führen. Um die Bedingung zu ermitteln, unter der man die Gleichgewichtskonzentration der Minoritätsladungsträger vernachlässigen kann, betrachten wir die vollständige Gleichung der Reaktionskinetik für Terme der Sorte κ (Abb. 2):

$$(29) \quad \frac{\partial p_\kappa}{\partial t} = \alpha_\kappa n_\kappa - \gamma_\kappa n p_\kappa - \alpha_\kappa^* p_\kappa + \gamma_\kappa^* p n_\kappa \, .$$

Aus (16) und einer ähnlichen Formel für das Gleichgewicht mit dem Valenzband folgt, daß die Gleichungen (29) in die entsprechenden Gleichungen (1) unter der Bedingung

$$(30) \quad \frac{p_0}{n_0} \ll \frac{p_{\kappa 0}}{n_{\kappa 0}} \frac{\gamma_\kappa}{\gamma_\kappa^*} = \frac{p_{\kappa 0}}{n_{\kappa 0}} \cdot \frac{S_{n\kappa}}{S_{p\kappa}} \cdot \frac{u_n}{u_p}$$

übergehen, deren Erfüllung stets durch Dotierung und Temperaturherabsetzung gewährleistet werden kann.

Wenn ω_{max} die maximale Kreisfrequenz der Lichtstrommodulation und V_{min} die kleinste in der gegebenen Anordnung meßbare Spannung ist, so müssen auch die Ungleichungen $\frac{1}{\tau} \lesssim \omega_{max}$ und $|\Delta V| > V_{min}$ erfüllt sein, was der stationären Konzentration n_0 der Majoritätsträger und dem Wert der Feldstärke E_0 folgende Einschränkungen auferlegt [5])

$$(31) \qquad n_0 \lesssim \frac{\omega_{max}}{S_r u} \quad ; \quad \frac{n_0^2}{E_0} < \frac{L q_r J_r N_r}{S_r u V_{min}} \quad .$$

Außerdem müssen n_0 und E_0 noch den Ungleichungen $L \gg \frac{1}{\mathrm{Re}\, c_2}$ genügen, damit die nichtstationäre Belichtung des Halbleiters keine Kontakteffekte hervorruft. Aus den Formeln (7) und (8) ist ersichtlich, daß $\frac{1}{\mathrm{Re}\, c_2} \approx x_0 = \sqrt{\frac{\varepsilon k T}{4\pi e^2 n_0}}$ ist und die Ungleichung $L \gg x_0$ auf zwei Bedingungen zurückgeführt werden kann:

$$(32) \qquad \frac{n_0}{E_0^2} \geq \frac{10^{-5}\varepsilon}{4\pi k T} \quad ; \quad n_0 \geq 20\, \frac{\varepsilon k T}{4\pi e^2 L^2} \quad .$$

Falls $u \approx 10^7$ cm s^{-1}, $S_r \approx 10^{-15}$ cm^2, $q_r \approx 10^{-16}$ cm^2, $J_r \approx 10^{16}$ Quanten pro cm^2 und s, $L \approx 0{,}1$ cm, $N_r \gtrsim 10^{12}$ cm^{-3}, $\varepsilon \approx 1$ bis 10, $T \gtrsim 10^0$K, $\omega_{max} \approx 10^5$ s^{-1} und $V_{min} \approx 10^{-5}$ V ist, sind die Bedingungen (31) und (32) für $n_0 \approx 10^{12}$ cm^{-3} und $E_0 \approx 5$ bis 10 V/cm erfüllt.

Da bei dem beschriebenen Verfahren keine Erzeugung von Minoritätsträgern erfolgt, wird die charakteristische Relaxationszeit nicht durch Prozesse der Oberflächenrekombination beeinflußt.

Zusammenfassung

Es erfolgt eine theoretische Behandlung der Kinetik der Störstellenphotoleitung für den Fall einer unipolaren Störung des Halbleiters, d.h. für den Fall, daß Nichtgleichgewichtsladungsträger nur im Band der Majoritätsträger erzeugt werden. Man erhält analytische Ausdrücke für die Verteilung von Feld, Strom und Raumladung sowie für die Verteilung der Konzentrationen der freien und der gebundenen Ladungsträger. Es wird die Zeitabhängigkeit des

---

5) Alle Abschätzungen wurden für dimensionsbehaftete Größen durchgeführt, und zwar ist V_{min} in Volt und E_0 in Volt/cm angegeben.

durch die nichtstationäre Störstellenphotoleitung bedingten Spannungsabfalls an einem Halbleiterkristall berechnet. Es wird nachgewiesen, daß es möglich ist, experimentelle Bedingungen zu schaffen, unter denen die Kinetik der Photoleitfähigkeit eines Kristalls mit vielen verschiedenen Störtermen durch Vorgänge des Elektronenaustauschs zwischen dem Band der Majoritätsträger und den Niveaus einer einzigen Sorte bestimmt wird. Es wird ein neues Verfahren zur Bestimmung der Wirkungsquerschnitte des Elektronen- und Defektelektroneneinfangs in den Störtermen einfach- und vielfachgeladener Zentren vorgeschlagen. Diese Methode ist nicht nur für Rekombinationsniveaus sondern auch für Haftterme anwendbar. Die physikalischen Ergebnisse werden diskutiert und zahlenmäßige Abschätzungen gegeben.

Literatur:

[1] W. SCHOTTKY, Halbleiterprobleme II, Braunschweig 1955 S. 95

[2] A. HOFFMANN, Halbleiterprobleme II, Braunschweig 1955 S. 106

[3] E.I. ADIROVIČ und G.M. GURO, Doklady Akademii Nauk SSSR 108 (1956) 417

[4] F. HERMAN, Proc. IRE 43 (1955) 1703

[5] R.N. HALL, Phys. Rev. 87 (1952) 387

[6] W. SHOCKLEY und W. READ, Phys. Rev. 87 (1952) 835

[7] S.G. KALAŠNIKOV, Žurnal Techničeskoj Fiziki 26 (1956) 241

[8] C.T. SAH und W. SHOCKLEY, Phys. Rev. 109 (1958) 1103

[9] N.G. ŽDANOVA, S.A. KALAŠNIKOV und A.I. MOROZOV, Fizika Tverdogo Tela 1 (1959) 535

[10] E.I. ADIROVIČ, G.M. GURO und V.F. KULEŠOV, Žurnal Eksperimental'noj i Teoretičeskoj Fiziki 31 (1956) 261

[11] E.I. ADIROVIČ, G.M. GURO, V.F. KULEŠOV und V.A. ČUENKOV, Trudy FIAN 8 (1956) 127

[12] D. NAVON, R. BRAY und H. FAN, Proc. IRE 40 (1952) 1342

[13] A. MANY, Proc. Phys. Soc. B 67 (1954) 9

[14] S.V. BOGDANOV und B.D. KOPYLOVSKIJ, Pribory i Technika Eksperimenta H. 1 (1956) 66

[15] K.P. THIESSEN, Pribory i Technika Eksperimenta H. 3 (1957) 87

[16] J.A. HORNBECK und J.R. HAYNES, Phys. Rev. 97 (1955) 311

[17] D.T. STEVENSON und R.J. KEYES, J. Appl. Phys. 26 (1955) 190

[18] L.I. PAUW, Philips Res. Rep. 12 (1957) 364

[19] B.D. KOPYLOVSKIJ, Pribory i Technika Eksperimenta H. 2 (1959) 75

[20] S.G. KALAŠNIKOV und E.G. LANDSBERG, Žurnal Techničeskoj Fiziki 28 (1958) 1387

[21] G.K. WERTHEIM und W.M. ANGUSTINIAK, Rev. Sci. Instr. 27 (1956) 1062

[22] W.D. DAVIS, Phys. Rev. 114 (1958) 1006

[23] E.I. ADIROVIČ, Einige Fragen zur Theorie der Lumineszenz der Kristalle, Berlin 1953, §21

Moskau, Physikalisches Lebedev-Institut der Akademie der Wissenschaften der UdSSR

Diskussion

RUPPEL: Inwiefern unterscheidet sich die hier angegebene Methode von der bekannten Wechsellichtmethode nach NIEKISCH ?

BOYN: Ein wesentlicher Unterschied ist vielleicht folgender: Bei der von ADIROVIČ angegebenen Methode erfolgt die optische Anregung aus den zu untersuchenden Termen, bei der Wechsellichtmethode wird dagegen aus anderen Termen angeregt.

BÖER: Geht die Voraussetzung der Existenz einer FERMI-Grenze in die Rechnung ein, oder wird dieser Begriff nur zur Diskussion der Ergebnisse gebraucht ?

BOYN: Dieser Begriff wird nur zur Diskussion der Ergebnisse gebraucht

LANDSBERG: Betrachtet ADIROVIČ hier nur eine Quasi-FERMI-Grenze für Elektronen oder auch eine Quasi-FERMI-Grenze für die Störterme ?

BOYN: Man muß näherungsweise von einer FERMI-Grenze sprechen.

Stoßrekombination in Tl_2S^+

J.W. OSTROWSKI

Einleitung

In diesem Vortrag wird die Hypothese vorgeschlagen, daß die Relaxation der Photoleitung von halbleitenden polykristallinen Tl_2S-Schichten durch Stoßrekombination der freien Ladungsträger erfolgt und diese Hypothese experimentell bestätigt. Unter Stoßrekombination versteht man den Vorgang, daß ein freier Ladungsträger seine gesamte Rekombinationsenergie in einem einzigen Stoßprozeß an einen anderen freien Ladungsträger überträgt und entweder mit einem entgegengesetzt geladenen freien Ladungsträger oder mit einem Zentrum in der verbotenen Zone rekombiniert (Abb. 1).

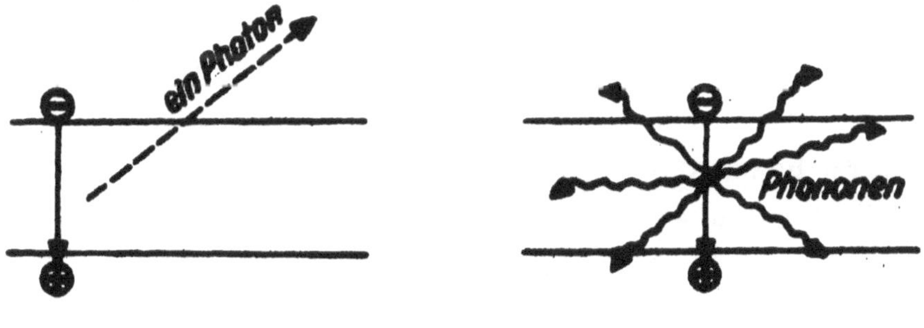

Abb. 1: Energieübertragung bei der Stoßrekombination

Bis jetzt ist nur eine geringe Zahl von Arbeiten über Stoßrekombination (auch AUGER-Rekombination oder Dreierstoßrekombination genannt) erschienen. Als erster nahm MOSS [1] ein solches Stoßmodell an; er konnte damit seine Meßergebnisse zum Teil deuten. Kürzlich hat LANDSBERG [2] theoretische Vorstellungen für den Mechanismus der Stoßrekombination in Halbleitern entwickelt.

+) Übersetzung aus dem Englischen von R. BOYN

Phänomenologische Betrachtungen

In diesem Vortrag soll für Tl_2S ein phänomenologisches Rekombinationsmodell beschrieben werden. Auf Grund früherer Messungen können wir die folgenden Voraussetzungen machen:

1) $n_o \ll p_{Vo}$ (n_o und p_{Vo} sind Konzentrationen der freien Elektronen bzw. Löcher im Fall des thermischen Gleichgewichts)
2) $\mu(I)$ = const. d.h. die effektive Beweglichkeit der freien Ladungsträger μ soll unabhängig von der Lichtintensität I sein.
3) Jedes absorbierte Photon erzeugt ein Elektron-Loch-Paar (Grundgitteranregung).

Daher gilt bei Belichtung im stationären Zustand

$$p_V = n + p_{Vo}$$

(n und p_V sind die Gesamtkonzentrationen der freien Elektronen bzw. Löcher)

Wir haben - worauf hier nicht näher eingegangen werden soll - außer dem Modell der Stoßrekombination verschiedene andere bekannte Rekombinationsmodelle, die zunächst für den untersuchten Stoff denkbar waren, diskutiert (Abb. 2) und an Hand des vorliegenden experimentellen Materials geprüft.

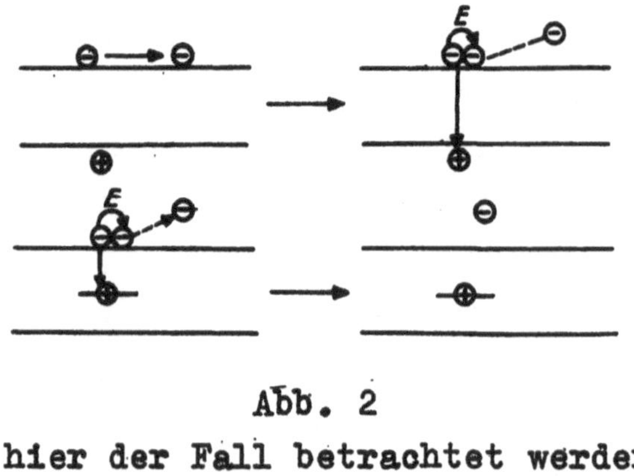

Abb. 2

Es soll hier der Fall betrachtet werden, daß der dominierende Rekombinationsprozeß in einer direkten Rekombination eines freien Loches mit einem freien Elektron besteht, wobei die Energie an ein anderes freies Loch in der Nachbarschaft übertragen wird (Abb. 3).

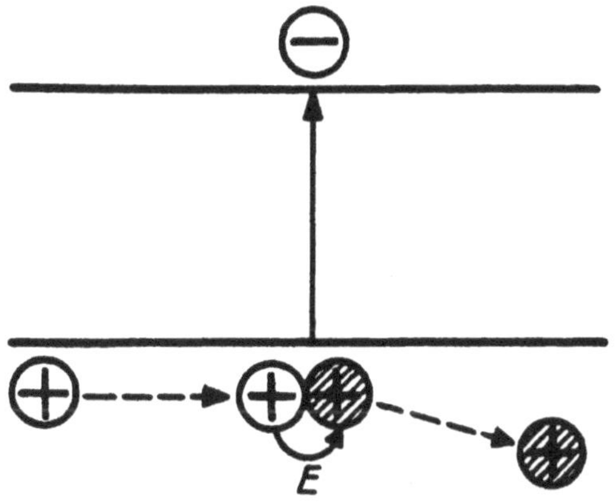

Abb. 3

Die Wahrscheinlichkeit W für einen solchen Prozeß pro Zeiteinheit und pro Elektron ist dem Quadrat der Löcherkonzentration proportional

$$W = \vartheta p_v^{\,2} \; .$$

Für die Gesamtzahl R der Rekombinationsakte pro Zeit- und Volumeneinheit gilt

$$R = \vartheta n p_v^{\,2} .$$

Die Kinetik des betrachteten Prozesses wird durch folgende Gleichung beschrieben

$$\frac{dn}{dt} = \frac{1}{d} \lambda J - \vartheta n (n + p_{vo})^2 .$$

Hierbei ist d die Schichtdicke und λ der Bruchteil der absorbierten Photonen. Der erste Term auf der rechten Seite der Gleichung beschreibt die Erzeugung von Elektronen, der zweite die Rekombination. Die Gültigkeit dieser Gleichung kann nicht direkt experimentell geprüft werden. Man kann jedoch aus dieser Gleichung Relationen ableiten, die mit den experimentellen Daten verglichen werden können. Man erhält für die Halbwertszeit des Abklingens $\tau_{1/2}$, die in Abb. 5 definiert ist, für den Zusammenhang zwischen Lichtintensität I und Gesamtleitfähigkeit σ und für die Photoempfindlichkeit $S = \frac{1}{\sigma}\frac{d\sigma}{dJ}$

(1) $$\tau_{1/2} \sim \ln \frac{x+3}{x+1} - 2\,\frac{x-1}{(x+1)(x+3)}$$

(2) $$J \sim \sigma^3 + \sigma^2\sigma_0 - \sigma\,\sigma_0^{\,2} - \sigma_0^{\,3}$$

(3) $$S \sim \left[x(x+1)(3x-1\right]^{-1}$$

Hierbei ist $x = \frac{\sigma}{\sigma_0}$, σ_0 die Dunkelleitfähigkeit. Die Relaxationszeit τ, die als das Reziproke der Wahrscheinlichkeit W definiert ist,

$$\tau = \frac{1}{W}$$

unterscheidet sich unter den vorliegenden experimentellen Bedingungen nur unbeträchtlich von $\tau_{1/2}$.
Es ist bemerkenswert, daß die Zeit $\tau_{1/2}$ bei zunehmender Lichtintensität, d.h. bei zunehmenden Werten von x, abnimmt. Es sei außerdem erwähnt, daß die vollständigen Formeln für $\tau_{1/2}$ und τ die Größe p_{Vo}^{-2} enthalten, was für den Mechanismus der Stoßrekombination charakteristisch ist.

Für starke Belichtung erhält man als asymptotische Fälle der obigen Gleichungen

(4) $$\tau_{1/2} \sim \sigma_0^{-2}$$

(5) $$\sigma \sim J^{1/3}$$

(6) $$S \sim J^{-1}$$

Diese Beziehungen können mit den experimentellen Ergebnissen verglichen werden.

<u>Experimentelle Ergebnisse</u>

Durch Aufdampfen wurden Tl_2S-Schichten hergestellt, deren Dicke 0,1 bis 1,5 μ betrug. Der Durchmesser der Mikrokristalle, aus denen sich diese Schichten zusammensetzten, lag zwischen 0,05 und 1 μ . Die Schichten waren für Wellenlängen zwischen 0,4 und 1,2 μ photoempfindlich (der Bandabstand beträgt 1,1 eV). Der Dunkelwiderstand der Schichten lag zwischen 0,2 und 20 MΩ .

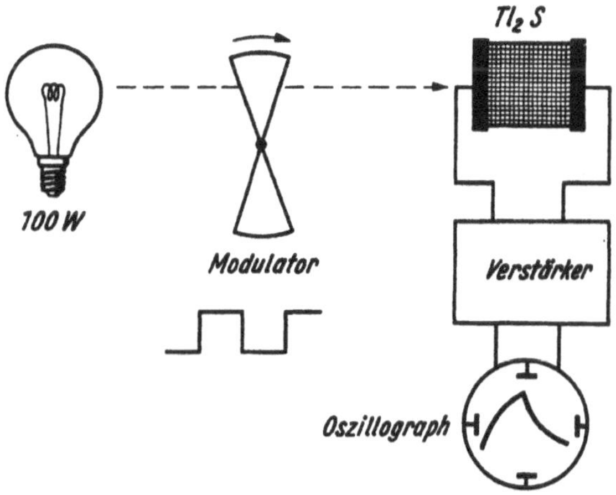

Abb. 4
Meßanordnung

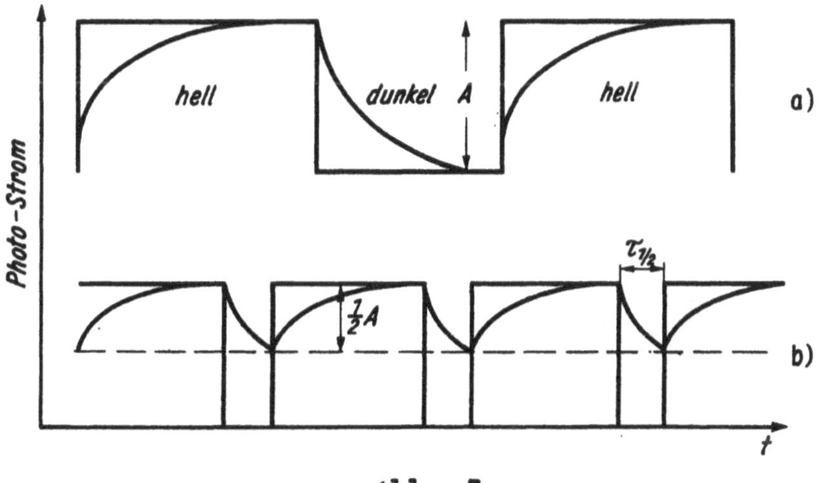

Abb. 5

Zur Messung von $\tau_{1/2}$
a: niedrige Modulationsfrequenz
b: höhere Modulationsfrequenz

Abb. 4 zeigt die experimentelle Anordnung; die Methode der Messung von $\tau_{1/2}$ geht aus Abb. 5 hervor.

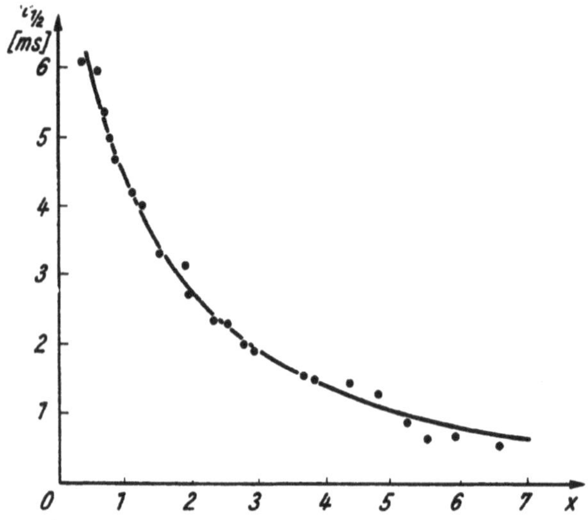

Abb. 6

• : experimentell } (Zimmertemperatur)
— : theoretisch

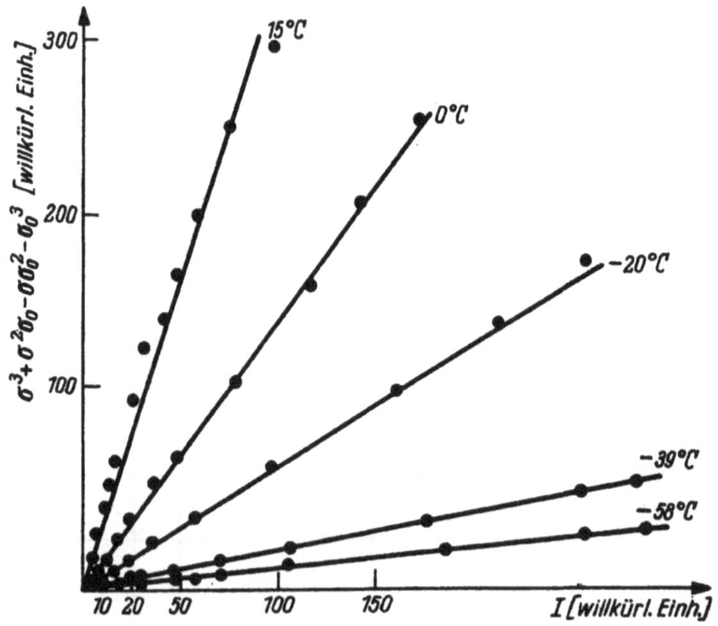

Abb. 7

• : experimentell
—: theoretisch

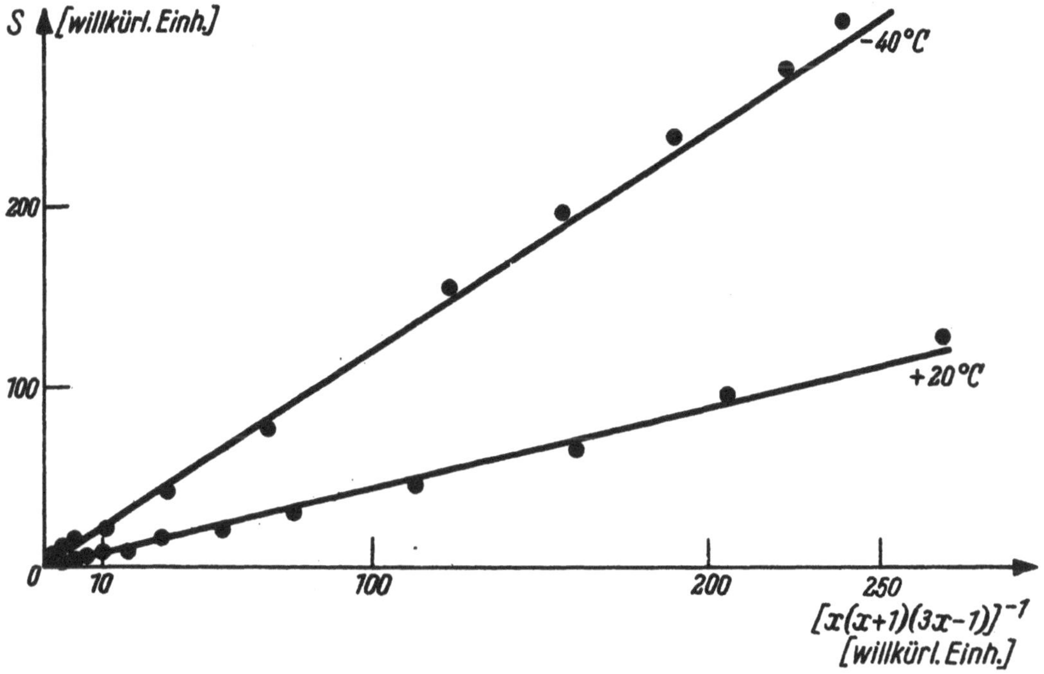

Abb. 8

• : experimentell —: theoretisch

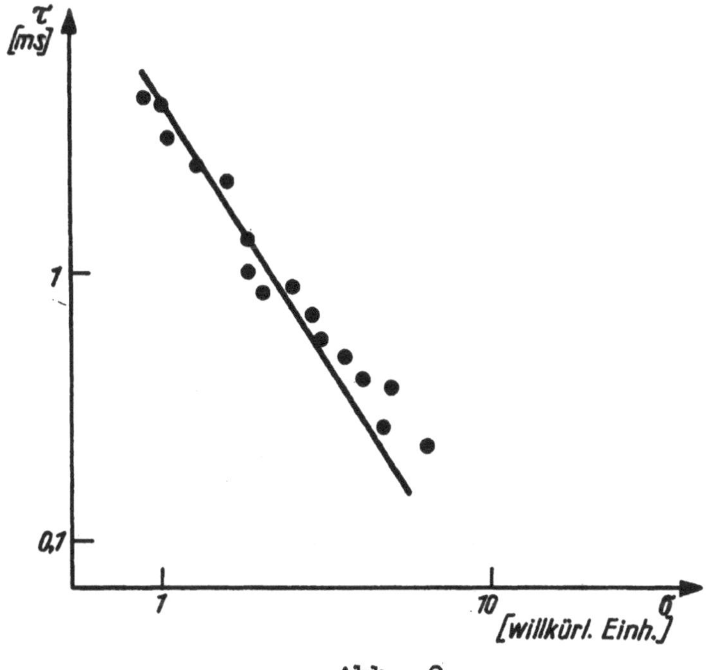

Abb. 9
Starke Belichtung

• : experimentell —: theoretisch

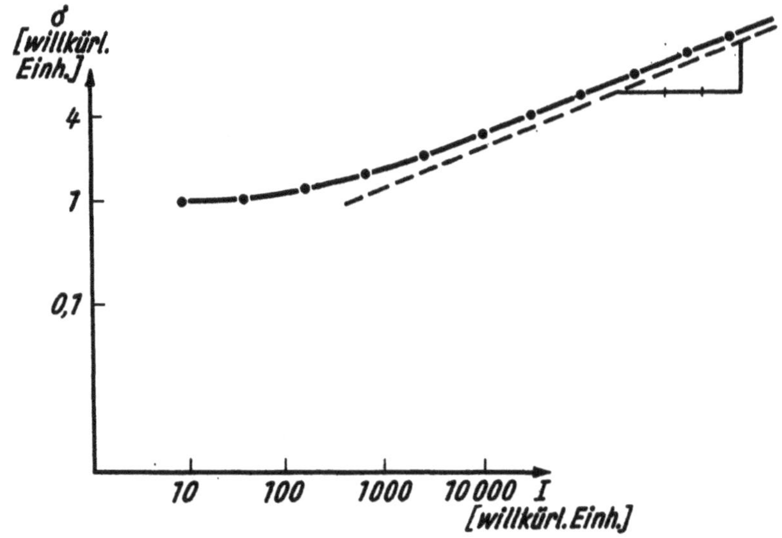

Abb. 10

Starke Belichtung
-•-: experimentell
---: theoretisch

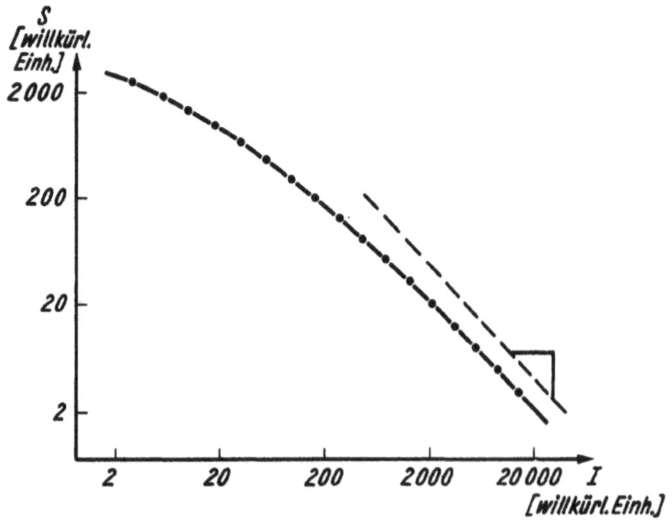

Abb. 11

Starke Belichtung
-•-: experimentell
---: theoretisch

In den Abbildungen 6, 7 und 8 werden die Gleichungen (1), (2) bzw. (3) und in den Abbildungen 9, 10 und 11 die Gleichungen (4), (5) bzw. (6) mit dem Experiment verglichen.

Die hier beschriebenen Experimente sprechen offenbar für unsere Hypothese über die Art der Rekombination. Durch Untersuchung der Temperaturabhängigkeit von σ und $\tau_{1/2}$ im Temperaturbereich von -60 bis +40°C konnten die Absolutwerte einiger interessierender Größen bestimmt werden:

$$\vartheta = 10^{-31} \ldots 10^{-30}\ cm^6\ s^{-1}$$
$$\tau = 10^{-4} \ldots 10^{-2}\ s$$
$$p_0 = 10^{16} \ldots 10^{17}\ cm^{-3}$$
$$\mu = 5 \cdot 10^{-3} \ldots 5 \cdot 10^{-2}\ cm^2/Vs$$
$$\sigma_0 = 10^{-5} \ldots 10^{-4}\ \Omega^{-1} cm^{-1}$$

PINCHERLE [3] erhielt auf rein theoretischem Wege $\vartheta = 10^{-33} \ldots 10^{-29} cm^6 s^{-1}$.

Abschließende Bemerkungen

Das hier diskutierte phänomenologische Modell der Stoßrekombination wird durch das Experiment im wesentlichen bestätigt. Allerdings gibt dieses Modell die wirklichen Verhältnisse nur näherungsweise wieder. Es ist zu bedenken, daß die Schichten ein großes Oberflächen-Volumen-Verhältnis besitzen und viele Verunreinigungen enthalten, so daß hier viele Energieniveaus in der verbotenen Zone zu erwarten sind. Wir nehmen an, daß die Rekombinationsrate für die Rekombination über solche Zentren geringer ist als für die Band-Band-Stoßrekombination.

Literatur:

[1] T.S. MOSS, Proc. Phys. Soc. 66 B (1953)

[2] P.T. LANDSBERG und A.R. BEATTIE, J. Phys. Chem. Solids 8 (59) 73

[3] L. PINCHERLE, Proc. Phys. Soc. 67 B (1955)

L. BESS, Phys. Rev. 105 (1957) 1469

J.W. OSTROWSKI und L. SOSNOWSKI, Bull. Acad. Pol. Sc. Cl. 3 (1954) 385

N. SCLAR und E. BURSTEIN, Phys. Rev. 98 (1955) 1757

Warschau, Institut für Physik, Polnische Akademie der Wissenschaften

Diskussion

RUPPEL: Ist Tl_2S ein Material, das sich zur Untersuchung der Stoßrekombination besonders eignet ?

OSTROWSKI: Es kam mir nicht darauf an, die Stoßrekombination an einem besonders geeignetem Material zu untersuchen, sondern darauf, meine am Tl_2S ausgeführten Relaxationsmessungen zu deuten. (Die Ergebnisse stammen von Messungen an ca. 10 Proben.)

RUPPEL: Ihre Theorie enthält eine ganze Reihe freier Parameter, die dem Experiment angepaßt werden konnten. Mir scheint es daher nicht zwingend, daß die Stoßrekombination hier der dominierende Rekombinationsmechanismus sein muß.

OSTROWSKI: Wir sind der Meinung, daß beim Tl_2S Bedingungen vorliegen, die einen starken Einfluß der Stoßrekombination wahrscheinlich machen.

SCHÖN: Als wesentlich erscheint mir das Zusammentreffen kleiner Beweglichkeitswerte und hoher Ladungsträgerkonzentrationen beim Tl_2S; ein solches Zusammentreffen begünstigt offenbar den experimentellen Nachweis der Stoßrekombination.

Haftstellenspektroskopie in Isolatoren mittels Majoritätsträgerinjektion

W. RUPPEL

Majoritätsträger werden in einen Halbleiter oder Isolator injiziert, sobald man einen Ohmschen Kontakt hat, d.h. wenn die Majoritätsträger in den Halbleiter oder Isolator durch Diffusion eintreten können. In Halbleitern wird wegen der kurzen dielektrischen Relaxationszeit im Innern keine Raumladung und damit kein Überschuß an Majoritätsträgern aufgebaut. Dagegen können beträchtliche Raumladungen im Innern von Isolatoren entstehen. Sobald die Laufzeit der Majoritätsträger zwischen den Elektroden in die Größenordnung der Relaxationszeit des Isolators kommt, erreicht auch die Konzentration der injizierten Majoritätsträger die der schon im thermischen Gleichgewicht vorhandenen Majoritätsträger.

Nehmen wir einen n-Typ Isolator an, bei dem die Kathode einen Ohmschen Kontakt für Elektronen bildet, von der Anode aber keine Löcher injiziert werden, indem die Anode entweder ein Sperrkontakt für Löcher ist oder die Löcherbeweglichkeit $\mu_p = 0$ ist. Dann wird die Laufzeit für die Elektronen

$$T = \frac{d^2}{V \cdot \mu_{eff.}}$$

Hier ist d der Elektrodenabstand, V die angelegte Spannung und $\mu_{eff.}$ die effektive Elektronenbeweglichkeit unter Einschluß von Haftprozessen. Ist h die Konzentration der gebundenen, aber sich im Gleichgewicht mit der freien Elektronenkonzentration n befindenden Elektronen, und ist h $\gg$ n, dann wird

$$\mu_{eff.} = \frac{n}{h}\,\mu_0 \;,$$

wobei μ_0 die Beweglichkeit der freien Elektronen ist.

Die dielektrische Relaxationszeit ist

$$\tau_{rel.} = \frac{\varepsilon \varepsilon_0}{n e \mu_0}$$

Laufzeit und Relaxationszeit sind gleich bei

$$V = \frac{h e d^2}{\varepsilon \varepsilon_0}$$

Faßt man andererseits die Elektroden als einen Kondensator auf, so ist die Ladung pro cm^2 bei der Spannung V einfach hed, und nimmt man an, daß diese Ladung gleichmäßig in den Isolator injiziert wird, so ist die gebundene Überschußkonzentration h und damit die Konzentration der freien Überschußelektronen n.

Diese Abschätzung zeigt also, daß, sobald die Laufzeit gleich der Relaxationszeit wird, sich die Elektronenkonzentration und damit der Strom verdoppelt hat. Die Bedingung $T = \tau_{rel.}$ kann nun für reine Isolatorkristalle bei hinreichend kleinem Elektrodenabstand experimentell durchaus erreicht werden.

Sobald man also einen Ohmschen Kontakt für die Majoritätsträger hat und die Spannung größer als $\frac{h e d^2}{\varepsilon \varepsilon_0}$ ist, ist der Strom durch einen Isolator ein raumladungsbegrenzter Injektionsstrom analog dem Strom in der Vakuumröhre.

Will man den Injektionsstrom über die Raumladung nachweisen, indem man die elektrostatische Aufladung des Kristalls mißt, ist Vorsicht geboten. Die Aufladung ist eine reine Frage der Kontakte, während der Stromfluß auch eine Frage der Beweglichkeit ist. So ist der extreme Fall denkbar, daß die Kathode schon leicht gesättigt ist, das Feld an der Kathode also nicht mehr verschwindet, während die Anode aber noch einen Ohmschen Kontakt für Löcher bildet. Wenn nun $\mu_p \ll \mu_n$ gilt, ist der Strom ein raumladungsbegrenzter Elektronenstrom, aber die Raumladung, die man mißt, ist positiv. (Die gesamte Raumladung ist proportional der Differenz der Feldstärken an Kathode und Anode).

Ein Kriterium zur Unterscheidung von dielektrischem Durchbruch und raumladungsbegrenzter Majoritätsträgerinjektion ist durch die Beobachtung des Stromes beim Anlegen der Spannung vor Erreichen des stationären Wertes gegeben. Allgemein deutet hier ein Stromüberschuß mit Absinken auf einen stationären Wert auf Injektion hin, während für den dielektrischen Durchbruch ein Anwachsen des Stromes charakteristisch ist. Das Absinken des Stromes bei der Injektion von Majoritätsträgern rührt daher, daß die Ladungsträger in das Leitungsband injiziert werden, also zunächst innerhalb ihrer Lebensdauer alle zum Stromfluß beitragen. Von dort fallen sie dann in Haftstellen und im allgemeinen wird im stationären Fall der größte Teil der Raumladung aus gebundenen Ladungsträgern bestehen.

Genau nun dieser Effekt, daß ein Teil der injizierten Raumladung in Haftstellen eingefangen wird, gibt ein Mittel in die Hand, um auf die Tiefe und die Konzentration dieser Haftstellen zu schließen. Hierbei gibt die absolute Größe des Stromes an, welcher Bruchteil aller injizierten Ladung gebunden ist. Um diesen Bruchteil ist der Strom kleiner als der theoretisch für den Fall ohne Haftstellen (und bei vernachlässigter Elektronenkonzentration) erwartete Strom

$$i = \varepsilon\varepsilon_0 \, \mu_0 \, V^2 d^{-3} \; . \quad [1]$$

Es soll hier nur in großen Zügen über die Vorstellungen berichtet werden, die der Bestimmung von Haftstellen aus der raumladungsbegrenzten I-V-Kurve zugrunde liegen. Bezüglich Einzelheiten oder numerischer Versuchsergebnisse hierüber sei auf die Literatur verwiesen [2-10].

Für den stationären Zustand der Majoritätsträgerinjektion läßt sich eine Quasi-Fermigrenze in analoger Weise wie bei thermischem Gleichgewicht definieren. Die

Quasi-Fermigrenze beschreibt dann die Verteilung der Gesamtheit aller injizierten plus der schon im thermischen Gleichgewicht vorhandenen Elektronen. Im einzelnen lassen sich zwei Fälle unterscheiden:

a) Die Quasi-Fermigrenze liegt um wenigstens einige kT unterhalb eines Haftstellenniveaus. Dann kann die Verteilung sowohl der freien wie der gebundenen Ladungsträger durch die BOLTZMANNSCHE Verteilungsfunktion beschrieben werden. Das Verhältnis der Konzentrationen der freien und gebundenen Ladungsträger ist dann unabhängig von der Lage der Quasi-Fermigrenze und damit unabhängig von der angelegten Spannung

$$\frac{n}{h} = \frac{N_L}{H} e^{-\frac{E_L - E_H}{kT}} .$$

Hier sind n und h die Konzentrationen der freien und gebundenen Elektronen, N_L und H die effektive Zustandsdichte am Leitungsbandrand und die Konzentration der Haftstellen, und $E_L - E_H$ ist die Tiefe des Haftstellenniveaus.
Da die Gesamtzahl der injizierten Ladungsträger proportional zur angelegten Spannung ist, heißt das, daß in diesem Bereich $i \sim V^2$ gilt. Der absolute Betrag des Stromes ist um den Faktor $\frac{n}{h}$ gegenüber dem haftstellenfreien Fall reduziert, woraus sich $\frac{n}{h}$ entnehmen läßt. Hierin sind nun allerdings noch sowohl H wie E_H enthalten; Lage und Konzentration des Haftstellenniveaus lassen sich hieraus also nicht zugleich eindeutig bestimmen.

b) Die Quasi-Fermigrenze liegt innerhalb weniger kT am Haftstellenniveau. Die Haftstelle wird jetzt vollständig aufgefüllt, und weitere injizierte Ladungsträger werden in höher gelegenen Haftstellen gebunden oder bleiben im Leitungsband. Dementsprechend ist, sobald die untere Haftstelle aufgefüllt ist, der Strom nur noch um den BOLTZMANN-Faktor der höheren Haftstelle reduziert. Dieser neue Wert wird während eines sehr kleinen Spannungsintervalls erreicht, in dem der Strom dann steil ansteigt. Dieser steile Anstieg setzt ein bei einer Spannung [4]

$$V = \frac{H e d^2}{2 \varepsilon \varepsilon_0} ,$$

woraus sich H bestimmen läßt.
Steigt also die I-V-Kurve bei kleinem V quadratisch und dann plötzlich sehr steil an, dann kann man H und E_H eindeutig festlegen.

Die auf diese Weise gewonnenen Daten lassen sich nun mit den aus der Abklingzeit von Photoströmen gewonnenen vergleichen. Hierbei ist zu beachten, daß bei der Injektion von Majoritätsträgern die Gesamtzahl aller Terme in einem Energieintervall gemessen wird, während beim Abklingen des Photostromes nur diejenigen Terme gemessen werden, die sich thermisch über das Leitungsband entleeren. Deswegen läßt sich durch Vergleich der auf die verschiedene Weise bestimmten Terme auch festlegen, ob sie als thermische Haftstellen oder als Rekombinationszentren wirken.

Da schon eine sehr kleine Zahl von Haftstellen in Isolatorkristallen den raumladungsbegrenzten Injektionsstrom von Majoritätsträgern erheblich unter den für den haftstellenfreien Fall erwarteten Wert hinabdrückt, können auf diese Weise extrem kleine Haftstellenkonzentrationen bestimmt werden. Zieht man noch Beobachtungen an nichtstationären Injektionsströmen hinzu, so lassen sich auch Aussagen über die Einfangquerschnitte machen. Schließlich kann durch Vergleich mit anderen Methoden noch spezifiziert werden, ob die gemessenen Niveaus als

Rekombinationszentren oder thermische Haftstellen wirken. Insofern sind raumladungsbegrenzte Injektionsströme ein genaues und empfindliches Hilfsmittel bei der Bestimmung von Energietermen in der verbotenen Zone von Isolatoren.

Literatur:

[1] N.F. MOTT und R.W. GURNEY, Electronic Processes in Ionic Crystals, Oxford University Press, New York, 1940, S. 172

[2] R.W. SMITH und A. ROSE, Phys. Rev. 97 (1955) 1531

[3] A. ROSE, Phys. Rev. 97 (1955) 1538

[4] M.A. LAMPERT, Phys. Rev. 103 (1956) 1648

[5] W. RUPPEL, Helv. Phys. Acta 31 (1958) 311

[6] G.T. WRIGHT, Nature 182 (1958) 1296

[7] R.W. SMITH, RCA Rev. 20 (1959) 69

[8] M.A. LAMPERT, A. ROSE und R.W. SMITH, Proc. Rochester Conf. on Semiconductors 1958, S. 464

[9] R.H. PARMENTER und W. RUPPEL, J. Appl. Phys. 30 (1959) 1548

[10] M.A. LAMPERT, RCA Rev. 20 (1959) 682

Zürich, Laboratories RCA Ltd.

Diskussion

BÖER: 1) Zweifellos existiert die beschriebene Injektion von Ladungsträgern; es fragt sich nur, wann sie der bestimmende Effekt ist. Die in der Injektionstheorie bisher angegebenen Gleichungen beschreiben den meßbaren Strom durch den Kristall nur dann, wenn die Kristalle sehr dünn und räumlich homogen sind. Nur dann ist eine Begrenzung des Stromes durch injizierte Raumladungen zu erwarten. Der Strom kann aber auch durch Raumladungen begrenzt werden, deren Ursache nicht in einer Injektion sondern z.B. in kristallinneren Inhomogenitäten oder plasmaähnlichen Erscheinungen zu suchen ist.

2) Hinsichtlich der experimentellen Prüfung der Frage, wann die beschriebenen Injektionseffekte die dominierenden sind, ist es bedauerlich, nunmehr zu erfahren, daß Aufladungsexperimente kein experimentum crucis darstellen. Wenn man ein Verhalten $i \sim V^2$ über größere Bereiche hinweg realisiert fände, könnte man dies gegebenenfalls als Hinweis dafür werten, daß die Injektionseffekte dann den dominierenden Einfluß auf den Leitungsvorgang haben.

RUPPEL: 1) Raumladungen, die auf Inhomogenitäten zurückzuführen sind, begrenzen den Strom im Sinne der Injektionsvorstellung nicht. Der Strom wird in unseren Überlegungen nur durch zwei Dinge begrenzt: durch die Raumladung infolge Majoritätsträgerinjektion bzw. durch Emissionsbegrenzung an der Kathode.

2) Gewisse Hinweise für das Auftreten raumladungsbegrenzter Ströme können aus der Abhängigkeit $i \sim d^{-3}$, die sich nach der Injektionstheorie ergibt, erhalten werden. Nach der Theorie des dielektrischen Durchschlags ist die Durchbruchsspannung proportional der Dicke. In der Injektionstheorie ist dagegen die Durchbruchsspannung proportional d^2. Hieran sieht man auch, daß die Kristalle hinreichend dünn sein müssen, damit die "Injektionsspannung" kleiner ist als die gewöhnliche dielektrische Durchschlagsspannung.

3) In letzter Zeit wurde am ZnS und CdS gemessen, daß die Abhängigkeit $i \sim V^2$ über einen Bereich von zwei Größenordnungen wirklich erfüllt ist.

BÖER: Ein Hinweis auf das Vorliegen sperrschichtfreier Kontakte, die Voraussetzung für die einfachen Injektionsvorstellungen sind, läßt sich experimentell leicht durch elektro-optische Effekte gewinnen: Es zeigt sich nämlich, daß plasmaähnliche Raumladungserscheinungen [1,2] bisher nur zu beobachten waren, wenn die Kontakte Verarmungsrandschichten aufwiesen.

Literatur:

[1] K.W. BÖER, H.J. HÄNSCH und U. KÜMMEL,
Z. Phys. 155 (1959) 170

[2] K.W. BÖER, Z. Phys. 155 (1959) 184

Experimentelle Methoden zur Parameter- und Konzentrationsbestimmung

MICHAEL SCHÖN

Die experimentelle Bestimmung reaktionskinetischer Größen setzt die Kenntnis des erweiterten Modells voraus. Die Erweiterung des Minimal-Modells bereitet aber, wie bereits im ersten Vortrag ausgeführt wurde, Schwierigkeiten, unter denen somit auch die Parameterbestimmung leidet.

Wir haben uns daher die Aufgabe gestellt, einfache und von der speziellen Form des erweiterten Modells möglichst unabhängige (also sozusagen "theorieinvariante") Methoden zur Messung kinetischer Größen heranzuziehen. Über erste Ergebnisse sei im folgenden berichtet.

Abklingmessungen

Das Abklingen des Leuchtens photoleitender Phosphore gehört zu den bisher quantitativ noch nicht befriedigend gelösten Problemen, bei dem zudem noch die Versuchung am größten ist, die Anpassung an das Experiment mit Hilfe einer willkürlichen Verteilungsfunktion der Haftstellen zu erreichen. Das ist letzten Endes aber ein mathematisches und nicht notwendig ein physikalisches Problem. Wir haben zunächst (Diplomarbeit M. KÖNIGER, München 1960) den Abklingverlauf nach Anregung mit verschiedenen Intensitäten und bei verschiedenen Temperaturen vom Millisekunden- bis zum Minuten-Bereich gemessen, in der Hoffnung, aus charakteristischen Punkten der Abklingkurve - Übergang vom Spontanleuchten zur Phosphoreszenz und zwischen verschiedenen Phasen der Phosphoreszenz - Aufschlüsse zu erhalten. Das ist nicht recht gelungen. Es hat sich dagegen gezeigt, daß unter bestimmten Bedingungen, die einen großen Geltungsbereich haben, der zudem experimentell nachprüfbar ist, die Anfangssteilheit beim Abklingen des Leuchtens in den ersten Millisekunden eine von der besonderen Form des erweiterten Modells unabhängige Größe ist. Sie ist gleich $-2\gamma n_0$, also gleich dem doppelten Produkt aus dem echten, durch Haftstellen noch nicht beeinflußten Rekombinationskoeffizienten für den leuchtenden Übergang und der Konzentration n_0 der beim Abschalten der anregenden Strahlung vorhandenen freien Elektronen. Diese Aussage gilt dann, wenn

a) die strahlungslosen Übergänge keinen merklichen Einfluß haben, also mit Sicherheit dann, wenn die stationäre Helligkeit des Leuchtens von der Temperatur unabhängig ist. In diesem Fall muß n mit der Temperatur zunehmen, da die Leuchthelligkeit, die dem Produkt der freien und der eingefangenen Elektronen proportional ist, konstant bleibt und da mit wachsender Temperatur das Verhältnis der freien zu den eingefangenen Elektronen größer wird.

b) die flachen Haftstellen nicht voll aufgefüllt sind; bei voll aufgefüllten flachen Haftstellen gilt die Aussage nur dann, wenn beim Beginn des Nachleuchtens $\dot{n} > \dot{h}$ ist. Im ersten Fall muß die Anfangssteilheit mit der Wurzel aus der anregenden Intensität zunehmen, im Fall der gefüllten Haftstellen muß sie der Intensität selbst proportional sein (zur Ableitung der Beziehungen s. [1], S. 335).

Für den Fall voll aufgefüllter tiefer und nicht voll gefüllter flacher Haftstellen erhält man für das Abklingen des Leuchtens

$$J = \frac{J_0 \exp\left(-\frac{\gamma s_1 H_1}{H_2 t}\right)}{\left[1 + \frac{h_{10}}{H_2}\left(1 - \exp\left(-\frac{\gamma s_1 H_2}{H_1 t}\right)\right)\right]^2} \tag{1}$$

wobei h_{10} die Anfangskonzentration der in den flachen Haftstellen H_1 eingefangenen Elektronen, $s_1 = N_L \exp(-E_1/kT)$ und E_1 die Haftenergie für die flachen Haftstellen ist. Für sehr kleine Zeiten ergibt sich daraus

$$(2) \qquad \ln J = \text{const} - \frac{2\gamma s_1 h_{10}}{H_1} = \text{const} - 2\gamma n_0$$

n_0 ist die Anfangskonzentration der freien Elektronen. Man sieht leicht, daß sich die letzte Beziehung auch ergibt, wenn eine Hafttermverteilung vorliegt.

In Tabelle I sind die im Temperaturbereich von 20° bis 110°C bei verschiedenen Anregungsintensitäten gemessenen Werte von $2\gamma n_0$ für einen ZnS:Cu-Phosphor zusammengestellt.

Tabelle I

J/J_0 [%] / T [°C]	100	12,5	3
20	10	4	2,2
35	12	4,6	2,5
50	13,5	5	2,65
65	14,5	6,5	2,9
80	15,5	6,7	3,1
95	16	7	3,2
110	17	7,3	3,5

Die Werte von γn_0 entsprechen den Werten, die man nach den unten besprochenen Anklingmessungen erwarten sollte. Nach diesen sollte, bei der hier verwendeten besonders starken Anregung, im stationären Zustand eine Konzentration eingefangener Elektronen von etwa 10^{17} cm^{-3} vorliegen (bei Zimmertemperatur). Mit γn_0 multipliziert, ergibt das 10^{18} cm^{-3} s^{-1} emittierte Quanten, was mit der aus der Strahlungsleistung der Lampe, der Geometrie der

Anordnung und dem Absorptionskoeffizienten geschätzten Anregungsdichte übereinstimmt (diese konnte bisher noch nicht absolut gemessen werden). Mit einem Wert von $\gamma \cong 10^{-13}$ cm^3 s^{-1} ist $n_0 \cong 10^{14}$ cm^{-3}, n_0/h_{10} also $\cong 10^{-3}$, was mit dem Wert $H_1 = 10^{18}$ cm^{-3} eine Haftenergie von 0,23 eV ergibt, in Übereinstimmung mit dem aus Anklingmessungen gewonnenen Wert (s. unten). Auch die Intensitätsabhängigkeit entspricht etwa den Erwartungen. γn_0 soll sich bei nicht voll aufgefüllten Haftstellen mit der Wurzel aus der Anregungsintensität ändern. Dagegen ist die gefundene Temperaturabhängigkeit von γ n_0 zu schwach. Mit der angegebenen Hafttermtiefe sollten die Werte bei 110°C etwa dreimal so groß sein wie bei Zimmertemperatur. Hierfür kann noch keine Erklärung gegeben werden. Die Messungen werden fortgesetzt. Es soll dabei der Einfluß von zusätzlicher IR-Bestrahlung während der Erregung, der Einfluß strahlungsloser Übergänge und der Einfluß der Haftstellensättigung untersucht werden.

Glow-Kurven

Die Analyse der Haftstellen mit Hilfe der Thermolumineszenz hat in den letzten Jahren an Bedeutung gewonnen. Während bei nicht photoleitenden Kristallen, z.B. am CaF_2, befriedigende Ergebnisse erzielt wurden, lassen die Ergebnisse an den photoleitenden Kristallen noch viele Wünsche offen. Man sollte sich darüber auch nicht wundern. Solange es nicht gelingt, das Abklingen der Phosphoreszenz quantitativ zu erklären, kann man auch keine quantitative Theorie der Glow-Kurven erwarten, die ja auch nur Abklingvorgänge darstellen, bei denen allerdings die Temperatur gesetzmäßig variiert wird.

Unter gar keinen Umständen lassen sich aber in unserem Fall aus den Glow-Kurven die Frequenzfaktoren der Haftstellen ermitteln. Diese erhält man einfach aus der Bestimmung der Einfangkoeffizienten der Haftstellen, die mit dem statistischen Gewicht des Leitungsbandes N_L multipliziert, direkt die Frequenzfaktoren ergeben. Sie treten in reiner Form in der Theorie von RANDALL und WILKINS auf, die aber nur unter sehr engen Bedingungen gilt. Im allgemeinen treten zusammengesetzte Faktoren an ihre Stelle.

Aus unserem Versuchsprogramm zur Glow-Kurven-Analyse kann ich zur Zeit nur über einen mißlungenen Versuch und mit Vorbehalt über das positive Ergebnis eines noch nicht abgeschlossenen Versuchs berichten.

LUCHNER (noch unveröffentlicht) hat eine Methode ausgearbeitet, die es ermöglichen soll, die Verteilungsfunktion der Haftterme ohne Voraussetzungen über die Besetzung der Terme zu ermitteln. Diese Methode, die sich bei der Analyse wenigstens einer Glow-Bande des CaF_2 bewährt hat - mit dem Ergebnis, daß sich die für dieses Maximum verantwortlichen Haftterme nur über einen Bereich von etwa 0,1 eV verteilen - setzt eine große Zahl experimenteller Daten voraus. Diese werden dadurch gewonnen, daß die Kristalle mit jeweils verschiedener Anregungsdauer in engen Temperaturschritten bei verschiedenen Temperaturen bis zur oberen Grenze des Leuchtens angeregt und die Intensitäten beim Abschalten der anregenden Strahlung gemessen werden (mit dieser Meßgröße ist es möglich, die Integration der Gleichungen zu umgehen). Anschließend an die Anregung werden sofort die Glow-Kurven von der Anregungstemperatur ab aufgenommen. Wir haben nun versucht, mit dieser Methode die Hafttermverteilung in einem ZnS:Cu-Phosphor zu analysieren, konnten aber keine konsistenten Ergebnisse erhalten.

Über den zweiten, noch nicht abgeschlossenen Versuch (Diplomarbeit von Herrn GISSLER) berichte ich nur mit Vorbehalt und nur deshalb, weil er für die Diskussion dieser Tagung, bei denen die Hafttermverteilung eine große Rolle spielt, vielleicht von einiger Bedeutung ist. Wir haben die Untersuchungen von HOOGENSTRAATEN [2] über die Abhängigkeit der Temperaturen der Glow-Maxima von der Anregungsdichte erweitert. HOOGENSTRAATEN hat festgestellt, daß diese Temperaturen sich mit der Zahl der anfänglich gespeicherten Elektronen verschieben, daß diese Verschiebung aber in entscheidender Weise davon abhängt, wie er diesen Anregungszustand herstellt. Stellt er ihn durch partielles Ausheizen eines vorher mit einer bestimmten Intensität bis zum stationären Zustand angeregten Phosphors her, so nimmt die Temperatur mit abnehmender Zahl der gespeicherten Elektronen sehr stark zu. Gewinnt er aber den gleichen Anregungszustand, genauer gesagt, die gleiche Anzahl gespeicherter Elektronen, dadurch, daß er mit der gleichen Intensität verschieden lange anregt, so ist die Verschiebung der Temperatur des Maximums sehr viel kleiner. HOOGENSTRAATEN deutet seine Ergebnisse durch die Annahme einer sehr breiten kontinuierlichen Verteilung der Haftstellen. Wir haben seine Versuche dadurch erweitert, daß wir die gleiche Zahl gespeicherter Elektronen auch durch Anregung bis zum stationären Zustand mit verschiedenen Anregungsintensitäten erzeugt haben. In diesem Fall liegt die Kurve der Temperaturen der Maxima in Abhängigkeit von der Zahl der gespeicherten Elektronen zwischen den beiden anderen. Sie zeigt eine deutliche Stufe. Diese Kurve läßt sich mit Hilfe des Hafttermkontinuums nicht mehr erklären, dagegen versteht man die Befunde zwanglos mit der Annahme von drei diskreten Hafttermen im Abstand von etwa 0,1 bis 0,15 eV. Konsistent damit sind auch die Ergebnisse über die gleichzeitig gemessene Breite der Glow-Kurven. Erwähnt sei in diesem Zusammenhang, daß in den ebenfalls noch nicht abgeschlossenen Messungen von Herrn VOGEL über die Frequenzabhängigkeit der Welligkeit des Leuchtens bei schwach modulierter Anregung sich bis jetzt ebenfalls ergibt, daß die Haftterme sehr diskrete Energien haben. Die größte Unschärfe, die wir bis jetzt beobachtet haben, beträgt 4 kT.

Anklingen

KALLMANN [3] hat mit seinen Mitarbeitern das Anklingen des Leuchtens aus kontrollierten Anfangszuständen, insbesondere das von vollständig ausgeheizten Phosphoren, zur Messung der Zahl der gespeicherten Elektronen und zur Untersuchung der tiefen Haftstellen herangezogen. Unter der Bedingung, daß sich während des Anklingens das Verhältnis der strahlenden zu den strahlungslosen Übergängen nicht wesentlich ändert, gibt die Fläche über der Anklingkurve bis zu der der stationären Helligkeit entsprechenden Ordinatenhöhe unmittelbar die Zahl der gespeicherten Elektronen wieder, wenn man die stationäre Helligkeit gleich der sich aus der Anregungsintensität ergebenden Zahl der pro cm^3 und s angeregten Elektronen setzt. Die Bedingung der Konstanz der Ausbeute ist nicht ganz so kritisch wie es zunächst scheinen mag, zumal man bei quantitativen Messungen an unseren photoleitenden Phosphoren zur Zeit noch mit der Ermittlung der richtigen Größenordnung zufrieden ist.

Mit der Anklingmethode kann man durch Wahl einer geeigneten Anregungsintensität zwischen verschiedenen Haftstellenarten unterscheiden. Hat man zwei verschiedene Haftstellenarten, und zwar flache mit der Konzentration H_1 und tiefe mit der Konzentration H_2, so kann man in der erweiterten Neutralitätsbedingung ($n + h_1 + h_2 = p_V + p_A$) n und h_1 gegen h_2 vernachlässigen, solange die tiefen noch nicht voll aufgefüllt sind. Wird dagegen bei höherer Anregungsintensität die tiefe Gruppe gefüllt, so wird schließlich $h_1 > h_2 = H_2$, und die tiefen Haftstellen machen sich bei den Anklingmessungen nicht mehr bemerkbar. Experimentell kann man sehr einfach feststellen, ob Haftstellen voll aufgefüllt sind. Man braucht nur nach der Anregung bis zum stationären Zustand die Anregungsintensität zu erhöhen. Sind die Haftstellen gefüllt, wird der neue Endwert sofort erreicht, sind sie noch nicht aufgefüllt, klingt das Leuchten auf den neuen Endwert entsprechend der Zahl der noch zu speichernden Elektronen langsam an.

KALLMANN hat bei schwacher Anregung mit einem β-Präparat die tiefen Haftstellen untersucht und gefunden, daß in allen ZnCdS-Kristallen tiefe Haftstellen in einer Konzentration von 10^{14} bis 10^{15} cm^{-3} vorhanden sind. Wir haben das Anklingen bei sehr viel größeren Anregungsintensitäten untersucht und zunächst gefunden, daß die flachen Haftstellen bei Zimmertemperatur noch nicht gesättigt werden und daß die Zunahme der Konzentration h_1 der in ihnen gespeicherten Elektronen der Wurzel aus der Anregungsintensität proportional ist, wie es dem bimolekularen Mechanismus entspricht. Bei den üblichen UV-Anregungsintensitäten liegt der Wert von h_1 je nach der Intensität etwa zwischen 10^{16} und 10^{17} cm^{-3}(L. KUTZNER, Diplomarbeit München, 1957). Beschränkt man sich nun wieder auf Fälle, bei denen die strahlungslosen Übergänge keine Rolle spielen, also z.B. auf ZnS:Cu, so kann man aus der Temperaturabhängigkeit von h_1 die Haftstellentiefe messen (G. HOFMANN, Diplomarbeit München, 1959). Bei jeder Temperatur muß unter diesen Bedingungen die Helligkeit konstant bleiben: $I = const = \gamma n h_1$ (vorausgesetzt, daß die Anregungsintensität so groß ist, daß $h_1 > H_2$ ist). Da nun $n = N_L \exp(-E_1/kT)h_1/H_1$ ist, erhält man für h_1

$$h_1 = \left(\frac{J H_1}{\gamma N_L} \exp\left(+\frac{E_1}{kT}\right)\right)^{\frac{1}{2}} \tag{3}$$

Man kann also aus der Temperaturabhängigkeit von h_1 die Haftenergie E_1 bestimmen. Auch diese Methode ist weitgehend "theorieinvariant". Bei einer Hafttermverteilung erhält man einen gemittelten E_1-Wert, wobei bei der Mittelung die tieferen Haftstellen ein größeres Gewicht haben. Ob man die Methode durch Erweiterung des Meßbereichs zur Analyse von Hafttermverteilungen ausbauen kann, muß noch untersucht werden.

Im Fall vernachlässigbarer strahlungsloser Übergänge kann man auch die Temperaturabhängigkeit der Halbwertzeit des Anklingens zur Bestimmung von E_1 heranziehen. Sobald sich beim Anklingen die quasithermische Gleichgewichtsbesetzung zwischen freien und eingefangenen Elektronen eingestellt hat, klingt das Leuchten bei Vernachlässigung der strahlungslosen Übergänge nach der Funktion an

(4) $$\mathfrak{J} = J\, \mathrm{tg}^2\left(\sqrt{\gamma' J}\, t\right)$$

wo J die Anregungsintensität ist und γ' gegeben wird durch

(5) $$\gamma' = \frac{\gamma N_L}{H_1} \exp\left(-\frac{E_1}{kT}\right)$$

Bei Berücksichtigung der strahlungslosen Übergänge tritt an Stelle von (4) eine kompliziertere Funktion. In diesem Fall sind die Anklingkurven bei verschiedenen Temperaturen nicht mehr ähnlich.

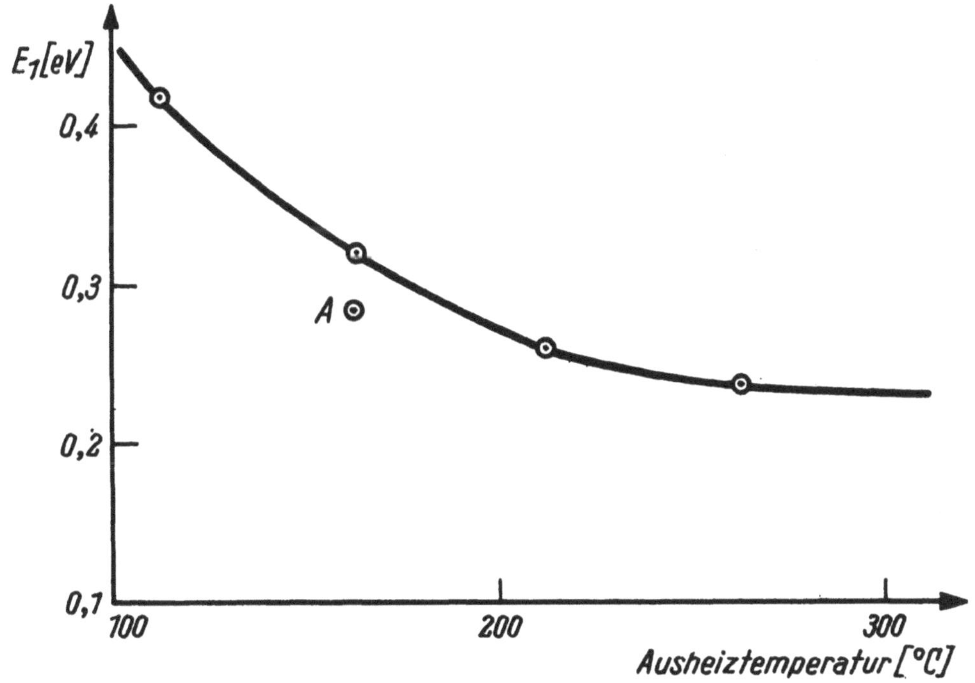

Abb. 1

Die Messungen ergaben beim ZnS:Cu für E_1 nach beiden Methoden den Wert $E_1 = 0{,}23$ eV. Um zuverlässige Werte zu erhalten, muß man den Phosphor beim Beginn des Anklingens sehr gut ausheizen. Wenn noch Elektronen in den Haftstellen vorhanden sind, mißt man nur die Differenz $k_1 - k_{10}$.

Das gemessene Verhältnis der bei verschiedenen Temperaturen eingefangenen Elektronen wird zu klein und der hieraus abgeleitete Wert von E_1 zu groß. Abb. 1 zeigt die gemessenen E_1-Werte in Abhängigkeit von der Ausheiztemperatur (ausgeheizt wurden die Phosphore unmittelbar vor der Anregung) bei einer Ausheizdauer von jeweils 5 min. Lediglich beim Punkt A wurde 30 min ausgeheizt. Man sieht, daß man sehr sorgfältig ausheizen muß, um den Phosphor wirklich in den Grundzustand zu bringen. Da bei ZnS-Phosphoren Temperaturen über 200°C vermieden werden sollen, um Veränderungen des Phosphors zu vermeiden (bei den ZnCdS-Phosphoren liegen die kritischen Temperaturen noch niedriger), muß man zu niedrigeren Temperaturen übergehen und dann über eine Stunde ausheizen.

Zu der Methode sei noch folgendes bemerkt. Wie man aus (3) sieht, erhält man nur dann den richtigen E_1-Wert, wenn γ temperaturunabhängig ist. Wenn nun der eigentliche Leuchtvorgang ein innerer Übergang im Aktivator mit der Übergangswahrscheinlichkeit γ_{GA} pro s ist, ist γ eine zusammengesetzte Größe, die mit zunehmender Temperatur kleiner wird.

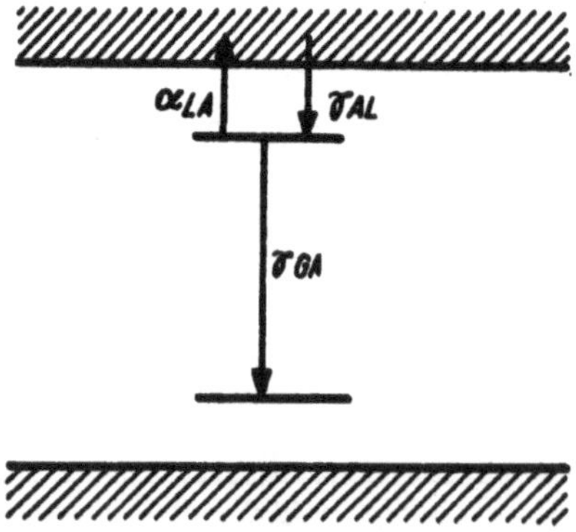

Abb. 2

Man sieht das aus Abb. 2. Der bisher als elementarer Rekombinationsvorgang aufgefaßte Leuchtprozeß teilt sich nun in folgender Weise auf. Mit der Häufigkeit $\gamma_{AL}\, n p_A$ werden Elektronen von ionisierten Aktivatoren eingefangen, gehen aber zunächst in Anregungszustände über, von denen aus sie entweder mit der Wahrscheinlichkeit γ_{GA} leuchtend in den Grundzustand oder mit der Wahrscheinlichkeit α_{LA} thermisch frei werden. Unser γ ist dann gegeben durch

$$\gamma = \frac{\gamma_{GA}}{N_L \exp\left(-\frac{E_A}{kT}\right) + \frac{\gamma_{GA}}{\gamma_{AL}}} \qquad (7)$$

In unseren Phosphoren ist, wenn überhaupt das Leuchten über einen Anregungszustand des Aktivators geht, $E_A < 0{,}1$ eV. Man kann diesen Wert abschätzen ([1], S. 293). Wenn er nicht so klein wäre, hätte der Anregungsterm sich bei den reaktionskinetischen Messungen bemerkbar gemacht. In unserem Fall würde die Haftstellentiefe sich um diesen Wert verringern, wenn man das zweite Glied im Nenner von (6) vernachlässigt, was hier sicher gerechtfertigt ist. Der etwaige Einfluß von γ auf die E_1-Bestimmung ist aber nicht für unsere Methode typisch. Er tritt in der gleichen Weise auch bei den anderen thermischen Bestimmungsmethoden, also auch bei der Glow-Kurven-Methode, auf.

Zum Problem der Anregung im langwelligen Ausläufer der Absorption

Die meisten Lumineszenz- und viele Photoleitungsmessungen werden bei Anregung im Bereich der Ausläuferabsorption gemacht. Diese Anregungsart ist problematischer als man allgemein annimmt. Auf die mit der Valenzband-Aktivator-Anregung verknüpften Fragen wurde im anderen Beitrag zu diesem Band gesprochen. Hier soll über einen Versuch berichtet werden, aus dem sich ergibt, daß man bei Ausläuferanregung im Bereich tiefer Temperaturen mit Störstellensättigung zu rechnen hat, durch die natürlich die Anregungsverhältnisse unübersichtlich werden.

Wir haben früher beobachtet, daß die Helligkeit von selbstaktivierten ZnCdS-Phosphoren - wir hatten diese gewählt, weil hier kein Farbumschlag infolge Doppelaktivierung zu erwarten ist - bei konstanter monochromatischer Anregung bei abnehmender Temperatur unabhängig von der anregenden Wellenlänge zunächst zunimmt (in diesem Bereich liegt positiver RIEHL-Effekt, also Ausbeutezunahme mit wachsender Intensität vor). Bei Anregung im Bereich der Grundgitterabsorption bleibt bei weiter abnehmender Temperatur die Helligkeit konstant, während sie bei Ausläuferanregung wieder abnimmt [4]. Wir haben nun gleichzeitig auch die Transparenz unserer Schichten für die Anregungsstrahlung untersucht (H. HERRMANN, Diplomarbeit TH München, 1959) und gefunden, daß bei der Helligkeitsabnahme im Bereich der Ausläuferabsorption die Transparenz der Schichten zunimmt. Die Abnahme der Helligkeit beruht also auf einer Abnahme der anregenden Absorption. Hiermit ist auch die frühere Beobachtung verträglich (F. HAGN, Diplomarbeit TH München, 1957), daß in diesem Bereich ein wenn auch schwacher negativer RIEHL-Effekt vorliegt, die Helligkeit also schwächer als linear mit der Intensität zunimmt. Zu einer quantitativen Auswertung reichen die bisherigen Beobachtungen noch nicht aus. Sie sind aber offenbar nicht verträglich mit der Annahme, daß Aktivator-Leitungsband-Anregung mit gleichzeitiger Aktivatorsättigung vorliegt. Zwischen den anderen drei Möglichkeiten: Aktivator-Leitungsband-Anregung mit Haftstellensättigung und Valenzband-Haftstellen-Anregung mit Aktivator- bzw. Haftstellensättigung konnten wir noch nicht entscheiden.

Mit einer Sättigung der Störstellen bei langwelliger Anregung muß man bei tieferen Temperaturen rechnen. Damit wird auch der Absorptionskoeffizient für die anregende Strahlung und ihre Eindringtiefe temperatur- und intensitätsabhängig. Das erschwert die Deutung vieler Befunde und besonders den Vergleich mit den Beobachtungen bei höheren Temperaturen.

Abschließend sei noch eine Beobachtung erwähnt, die in dem "Minimal-Modell" überhaupt nicht zu verstehen ist. B. KRAMER (unveröffentlicht) hat Anklingmessungen an ausgeheizten Sulfidphosphoren mit und ohne gleichzeitige IR-Bestrahlung gemacht. Er erhält aus seinen Messungen einmal den Einfluß des IR auf die Zahl h der gespeicherten Elektronen. Gleichzeitig mißt er die Abnahme der stationären Helligkeit bei der IR-Bestrahlung. Auch sie geht zurück, aber nicht stärker als h, in einigen Fällen sogar weniger. Nun ist aber im Minimal-Modell $I = \gamma n \hbar$. Nach den Messungen müßte daher n während der IR-Bestrahlung wenigstens konstant bleiben oder sogar zunehmen. Das widerspricht aber der Erfahrung. Denn durch IR geht der Photostrom und damit auch n zurück. Zur Deutung dieser Befunde muß daher das Modell erweitert werden.

Literatur:

[1] Halbleiterprobleme IV, Braunschweig 1958

[2] W. HOOGENSTRAATEN, Dissertation Amsterdam 1958

[3] H. KALLMANN und G.M. SPRUCH, Phys. Rev. 103 (1956) 94; H. KALLMANN und E. SUCOV, Phys. Rev. 109 (1958) 1473. Die Methode geht zurück auf A. LEVIALDI und V. LUZZATI, J. Phys. Radium 8 (1947) 306 und 341.

[4] CH. PEYROU, Ann. Phys. (Paris) (12) 3 (1948) 459

München, Laboratorium der Technischen Physik
der Technischen Hochschule

Diskussion

SEIWERT: Es wurde hier die einschneidende Voraussetzung gemacht, daß die Quantenausbeute konstant bleiben soll. Steht das nicht in gewissem Widerspruch dazu, daß nach Ihrem ersten Vortrag die strahlungslosen Übergänge gerade von den tiefliegenden Hafttermen ausgehen sollten ?

SCHÖN: Über die Zeitabhängigkeit der Quantenausbeute beim Anklingen wissen wir heute praktisch noch nichts. Es ist sicher anzunehmen, daß die Quantenausbeute im ersten Teil der Anklingkurve, d. h. bis zur Sättigung der tiefen Haftterme, schlecht ist. Wenn aber dieser im Verhältnis zu dem übrigen Teil klein ist, dann macht man nur einen vernachlässigbar kleinen Fehler, wenn man die Quantenausbeute als konstant annimmt.

SEIWERT: Bei solchen Untersuchungen müßte man auch die Absorption untersuchen. Dazu wäre die Verwendung von Einkristallen notwendig.

SCHÖN: Das haben die Lumineszenzforscher vor langer Zeit versucht; aus experimentellen Gründen mußten sie jedoch zu Pulvern zurückkehren. Unsere Untersuchungen erstrecken sich auf ganz grobe Effekte, und daher genügen z. Zt. auch die Ergebnisse , die wir an Pulvern gewinnen können.

BÖER: Die Reproduzierbarkeit der Glow-Kurven hängt bekanntlich entscheidend von der genauen Reproduzierung der Vorbehandlung ab.

1) Da der Füllungsgrad der Haftterme eine Funktion der Temperatur ist, kann man nur bei gleicher Einstrahlungstemperatur gleiche Glow-Kurven erhalten.

2) Um Veränderungen des Störtermspektrums auszuschließen, darf eine Grenztemperatur nicht überschritten werden, die nach unseren Erfahrungen beim CdS bereits bei ca. 50°C liegt.

SCHÖN: Wir finden beim ZnS eine Grenztemperatur von 200°C, also auch weniger, als man erwartet hat.

BOHUN: Beim NaCl findet man 300°C.

BÖER: Wir haben zusammen mit den Herren WANTOSCH und HESS bei Untersuchungen des langzeitigen Anklingens der Photoleitung bei manchen Kristallen mehrere aufeinanderfolgende Plateaus der Photostromkurve gefunden, die wir der Füllung verschiedener Hafttermgruppen zuordnen. Wird am Ende des ersten Plateaus bei einem solchen Kristall der Anklingvorgang unterbrochen und eine Glow-Kurve gemessen, sc findet man ein Glow-Maximum bei höheren Temperaturen, als wenn man die Glow-Kurve erst nach Einstellung des stationären Photostromwertes bzw. nach Durchlaufen von mehr als einem Plateau der Anklingkurve aufnimmt. Daraus kann man folgern, daß bei den untersuchten Kristallen bei optischer Anregung von Elektronen ins Leitungsband zuerst die tiefliegenden Haftterme und anschließend sukzessive die höherliegenden Haftterme gefüllt werden. Daraus entnehmen wir, daß die Einfangquerschnitte für tiefe Haftterme größer sind.

BOHUN: Meines Erachtens ist es notwendig, immer mehrere

Erscheinungen möglichst gleichzeitig zu messen, z. B. neben der Lumineszenz die Absorption, die Leitfähigkeit u. a. .

Ein reaktionskinetisch-statistisches Auswerteverfahren für Glow-Kurven ohne einschränkende Annahmen über das Hafttermspektrum und seine Anwendung auf CdS und ZnS[1)]

KONRAD UNGER

I. Problemstellung

Zur Bestimmung der Hafttermspektren von Halbleitern und Phosphoren bedient man sich seit längerer Zeit der Methode der Glow-Kurven. Entsprechend sind eine Reihe von Auswerteverfahren für die verschiedenen Spielarten von Glow-Kurven angegeben worden. Diese Auswerteverfahren sind auf mehr oder minder zutreffenden Näherungsannahmen begründet und kommen nicht aus ohne eine extreme Annahme über das Hafttermspektrum: Es wird mit einem quasihomogenen Spektrum bzw. einem diskreten Term gerechnet.

In einer Arbeit von BÖER, OBERLÄNDER und VOIGT [2] werden Leitfähigkeits-Glow-Kurven für einen einzelnen diskreten Haftterm mit einem reaktionskinetischen Modell behandelt, wobei zwei unbekannte Parameter der Theorie mehr als nötig benutzt werden, wie der Vergleich mit der FERMI-Statistik und die allgemein anerkannte Tatsache, daß bei den meisten Substanzen $\beta \gg \gamma$ gilt[2)], zeigen [3, 4] . Die Vereinigung von Reaktionskinetik und FERMI-Statistik für den Fall der Nichtentartung ist besonders von BROSER und BROSER-WARMINSKI [4] ausgearbeitet worden und unter der Annahme eines quasihomogenen Hafttermspektrums auf Glow-Kurven angewandt worden. Diese Autoren zeigen, daß ein quasihomogenes Hafttermspektrum durch die Beziehung $E = kT \cdot \ln \frac{N_L}{n}$ mit einer Energieunschärfe von 3,5 kT als Glow-Spektrum abgebildet wird. Im folgenden soll ein Weg gezeigt werden, der erlaubt, die beiden genannten Standpunkte zu vereinen, und der ohne die Annahme eines einzelnen Terms, die zu beträchtlichen Fehl-

1) Auszug aus der Diplomarbeit des Verfassers [1] .

2) Anm. d. Red.: Das gilt für Sulfidphosphore.

schlüssen führen kann, auskommt.

II. Theoretische Ergebnisse

Die reaktionskinetischen Bilanzgleichungen lauten allgemein

$$(1)\qquad \frac{dn}{dt} = -\frac{dh}{dt} - \gamma n\,(n+h)$$

$$(2)\qquad \frac{d\bar{h}(\varepsilon)}{dt} = -\alpha_0 e^{-\frac{\varepsilon}{kT}}\,\bar{h}(\varepsilon) + \beta n\left[\bar{H}(\varepsilon) - \bar{h}(\varepsilon)\right]$$

$$(3)\qquad h = \int_0^{\frac{\Delta E}{2}} \bar{h}(\varepsilon)\,d\varepsilon \qquad\qquad H = \int_0^{\frac{\Delta E}{2}} \bar{H}(\varepsilon)\,d\varepsilon\,,$$

die Neutralitätsbedingung $n + h = p_A$ ist dabei schon in Gl. (1) eingesetzt.

- n: Konzentration freier Elektronen
- h: Konzentration besetzter Haftterme
- H: Konzentration vorhandener Haftterme
- $\bar{h}(\varepsilon)d\varepsilon$: Konzentration besetzter Haftterme zwischen ε und $\varepsilon + d\varepsilon$
- $\bar{H}(\varepsilon)d\varepsilon$: Konzentration vorhandener Haftterme zwischen ε und $\varepsilon + d\varepsilon$
- ε : Energievariable, vom Leitungsbandrand ins Innere der verbotenen Zone (Breite: ΔE) gerichtet.
- γ : Rekombinationskoeffizient
- β : Einfangkoeffizient freier Elektronen in Haftstellen
- $\alpha_0 e^{-\frac{\varepsilon}{kT}}$: Thermische Dissoziationswahrscheinlichkeit besetzter Haftstellen pro s

Die FERMI-Statistik liefert für Nichtentartung $n \ll N_L$ [4, 5]

$$\frac{\alpha_0}{\beta} = N_L = \left(\frac{2\pi m^* kT}{h^2}\right)^{\frac{3}{2}} \approx 10^{19}\,\mathrm{cm}^{-3}\;;$$

damit gilt im stationären Falle

$$(4)\qquad \frac{\bar{h}(\varepsilon)}{\bar{H}(\varepsilon)} = \frac{1}{1+\frac{N_L}{n}\,e^{-\frac{\varepsilon}{kT}}}\;.$$

Gl. (1) kann geschrieben werden

$$n+h = (n+h)_{t=t_0} \exp\left\{-\gamma\int_{t_0}^{t} n\,dt\right\}$$

oder, solange $n \ll h$ gilt,

$$h = h_0 \exp\left\{-\gamma\int_{t_0}^{t} n\,dt\right\}, \tag{5}$$

gleichbedeutend mit

$$\frac{dh}{dt} = -\gamma n h . \tag{6}$$

Aus n ≪ h folgt also hier auch

$$\frac{dn}{dt} \ll \frac{dh}{dt} .$$

Wird Gl. (2) über ε integriert und Gl. (6) eingesetzt, so ergibt sich

$$\frac{\bar{h}(\varepsilon)}{\bar{H}(\varepsilon)} = \frac{1}{1-\frac{\gamma}{\beta}+\frac{N_L}{n}e^{-\frac{\varepsilon}{kT}}}$$

oder wegen $\gamma/\beta \leq 10^{-3}$ [3] wieder Gl. (4). Man darf also bei $n \ll h$, $\gamma \ll \beta$ mit einem thermodynamischen Gleichgewicht zwischen n und h rechnen; die Quasi-FERMI-Grenze ζ liegt bei

$$\zeta = kT \ln\frac{N_L}{n} .$$

Die für Glow-Kurven verwendete Heizgeschwindigkeit μ sollte wegen $n \ll h$ 1°/s nicht wesentlich überschreiten. Die Vereinfachung der Gl. (1) zur Gl. (6) und die der Gl. (2) zur Gl. (4) ist überall dort möglich, wo es sich um Halbleitervorgänge handelt, die mit Zeitkonstanten ablaufen, die denen des Abklingens nach schwacher Anregung und denen thermischer Glow-Kurven entsprechen.

Die möglichen Vereinfachungen weisen darauf hin, daß es z. B. durch Glow-Kurven nicht möglich ist, absolute Hafttermkonzentrationen zu bestimmen (s. Gl. (6) und (4)), und daß es sinnlos ist, α_0 oder β getrennt (d. h. nicht nur den Quotienten $\alpha^*/\beta = N_L$) Glow-Experimenten oder langzeitigem Photoleitungsanklingen[3)] entnehmen zu wollen.

Das Hafttermspektrum wird nun nach GAUSS-Kurven entwickelt; ein GAUSS-Term variabler Halbwertsbreite δE kann in einen diskreten Term ($\delta E \rightarrow 0$) bzw. in ein quasihomogenes Spektrum ($\delta E \rightarrow \infty$) übergehen. Durch eine Summe von GAUSS-Kurven läßt sich ein beliebiges Spektrum darstellen.

$$\bar{H}(\varepsilon) = \sum_i a_i e^{-b_i^2(\varepsilon - E_i)^2} \qquad a_i = \bar{H}_{i\,max} \qquad E_i = \varepsilon_{i\,max} \qquad b_i = \frac{2\sqrt{\ln 2}}{\delta E_i}$$

$$\int_{-\infty}^{+\infty} \bar{H}(\varepsilon)\, d\varepsilon = \sum_i \frac{a_i}{b_i}\sqrt{\pi} = H\,.$$

Das Integral

$$h_i = \int_{-\infty}^{+\infty} \frac{a_i e^{-b_i^2 (E_i - \varepsilon)^2}}{1 + \frac{N_L}{n} e^{-\frac{\varepsilon}{kT}}}\, d\varepsilon$$

ergibt sich mit Hilfe der Näherungsformel

$$\frac{2}{\sqrt{\pi}} \int_0^x e^{-\xi^2} d\xi = \phi(x) \approx \frac{2}{1 + e^{-\frac{4x}{\sqrt{\pi}}}} - 1 \qquad x = b_i (E_i - \varepsilon)$$

durch Bildung von $\frac{dh_i}{dz}$, $z = \frac{E_i - \zeta}{kT}$, Integration über x, Integration über z, Verwendung der Näherungsformel im umgekehrten Sinne als Rücktransformation zu

$$\frac{h_i}{H_i} = \frac{1}{1 + \left[\frac{N_L}{n} e^{-\frac{E_i}{kT}}\right]^{\lambda_i}}$$

(7) $$H_i = \int_{-\infty}^{+\infty} a_i e^{-b_i^2(\varepsilon - E_i)^2} d\varepsilon$$

$$\lambda_i = \frac{1}{\sqrt{1 + \frac{\pi}{64 \ln 2}\left(\frac{\delta E_i}{kT^*}\right)^2}}$$

---

3) Anm. d. Red.: Beim langzeitigen Photoleitungsanklingen sind die Bedingungen für das Quasigleichgewicht sicher nicht erfüllt.

Dabei bedeutet T^* die Temperatur, bei der $\zeta = E_i$ ist, also

$$E_i = kT^* \ln \frac{N_L}{n^*} .$$

Der Fehler der Integralberechnung von weniger als 3,5 % geht nur in die Bestimmung von δE_i ein. Für $\delta E_i \to 0$ wird $\lambda_i = 1$, man erhält das Ergebnis für den diskreten Term, während mit wachsendem δE_i λ_i sinkt und damit der ζ-Bereich mittlerer Besetzungen wächst.

Damit lauten die für thermische Glow-Kurven maßgeblichen Gleichungen unter den Voraussetzungen $n \ll h$, $\gamma \ll \beta$:

$$(8) \qquad \frac{dh}{dT} = -\frac{\gamma}{\mu} n \cdot h \qquad\qquad h = \sum_i \frac{H_i}{1+\left[\frac{N_L}{n} e^{-\frac{E_i}{kT}}\right]^{\lambda_i}}$$

$$\mu = \frac{dT}{dt} = \text{const}$$

Zunächst sollen einigermaßen getrennte Glowbuckel behandelt werden, die sich vorzugsweise bei kleinen Heizgeschwindigkeiten ergeben. h, H seien die Haftelektronen- bzw. die Hafttermkonzentrationen eines gerade betrachteten Terms ($E \approx \zeta$, $h^* \approx H^*$), die der tieferliegenden Terme insgesamt

$$(9) \qquad h = H \left\{ \frac{1}{1+\left[\frac{N_L}{n} e^{-\frac{E}{kT}}\right]^{\lambda}} + \eta \right\} \qquad \eta = \frac{H^*}{H}$$

Die hier skizzierte Methode ist vom Verfasser auch auf die Probleme der Dunkel- und Photoleitfähigkeit und der Abklingkurven angewandt worden [1]. Es zeigt sich, daß man erhebliche Fehler begeht, wenn man $\lambda = 1$ und $\eta = 0$ setzt (diskrete Eintermnäherung). λ-Werte von 0,8 ... 0,7 und η-Werte von 1 ... 2 und mehr kommen häufig vor. Zur Diskussion der Glow-Kurven nach Gl. (8) bzw. (9) stehen drei Gleichungen zur Verfügung: Die Lösung der Differentialgleichung durch Separation der Variablen $y = \frac{N_L}{n} e^{-\frac{E}{kT}} = e^{\frac{\zeta - E}{kT}}$ und T, die Maximumbedingung und die Lösung der Integralgleichung (5) mit einer empirisch festgelegten n(T)-Funktion

$$n = \frac{4 n_{max}}{(1+e^{c(T-T_{max})})(1+e^{-c(T-T_{max})})}$$

mit $c = \frac{1,762}{\tau}$, $\tau = \begin{Bmatrix} \tau_1 = T_{max} - T_1 \text{ für } T < T_{max} \\ \tau_2 = T_2 - T_{max} \text{ für } T > T_{max} \end{Bmatrix}$

T_1, T_2 sind die beiden Halbwertstemperaturen, d. h. die Temperaturen, bei denen $n = \frac{n_{max}}{2}$ gilt, wobei $T_1 < T_{max} < T_2$ ist. Auf dieser Grundlage erhält man:

1) E ist bekannt, wenn die Halbbesetzungstemperatur T^* bestimmt werden kann. Im Falle großer Rekombination (γ/μ groß, η groß) muß offensichtlich $T^* \approx T_{max}$, im Falle geringer Rekombination (γ/μ klein oder $\eta \ll 1$) $T^* \approx T_1$ gelten. Danach ist zunächst $T_1 \leq T^* \leq T_{max}$ oder

$$kT_1 \ln \frac{2 N_L}{n_{max}} \leq E \leq kT_{max} \ln \frac{N_L}{n_{max}}$$

mit einem schon geringen E-Intervall. Weiter ist bei großer Rekombination h $(\frac{1}{T})$ zur Halbbesetzung antisymmetrisch, n $(\frac{1}{T})$ zum Maximum symmetrisch ($\frac{1}{T_1} + \frac{1}{T_2} = \frac{2}{T_{max}} = \frac{2}{T^*}$), während bei sehr kleiner Rekombination n $(\frac{1}{T})$ zum Halbwert bei T_1 antisymmetrisch wird ($\frac{1}{T_2} \ll \frac{1}{T_1}$; $\frac{1}{T_{max}} \ll \frac{1}{T^*}$). Allgemein trifft zu

$$\frac{1}{T^*} = \frac{1}{T_1} + \frac{1}{T_2} - \frac{1}{T_{max}} \tag{10}$$

$$E = kT^* \ln \frac{N_L}{n^*}$$

Z. B. bedeutet Symmetrie eines Buckels in der $\frac{1}{T}$-Darstellung, d. h. $\frac{1}{T_1} + \frac{1}{T_2} = \frac{2}{T_{max}}$, immer, daß $\eta \gtrsim 1$ sein muß.

2) Für $\gamma(1+2\eta)$ findet man grob

$$\gamma(1+2\eta) \approx \frac{8\mu}{n_{max}\, T_{max}} , \tag{11}$$

wenn $T^* \approx T_{max}$ gesetzt wird, was meist zutrifft.

3) Aus dem Abstand der 1. Halbwertstemperatur von der Maxi-

mumtemperatur $\tau_1 = T_{max} - T_1$ kann man durch Verwendung der Integralgleichung (5) auf λ und damit auf die Halbwertsbreite schließen

$$(12) \qquad \lambda = \frac{1{,}762}{\frac{\tau_1}{T_1} \ln \frac{N_L}{n_{max}} - \ln 2} \qquad\qquad \frac{\delta E}{E} = \frac{3{,}755}{\ln \frac{N_L}{n_{max}}} \sqrt{\frac{1}{\lambda^2} - 1} \; .$$

Diese Formel ergibt, daß die relative Buckelhalbwertsbreite $\frac{2\tau_1}{T_1}$ für sinkendes λ sich der relativen Termhalbwertsbreite $\frac{\delta E}{E}$ asymptotisch nähert, bei $\lambda = 1$ (diskreter Term) aber schon einen Wert von ca. 0,125 als untere Grenze aufweist. Dies entspricht einer Unschärfe der quasihomogenen Näherung für $\lambda = 1$ (nach der stets $\frac{2\tau_1}{T_1} = \frac{\delta E}{E}$ gelten sollte) von $\approx 5kT$.

Die Formeln (10) bis (12) gestatten bei getrennten Buckeln und vernachlässigbarer Dunkelleitfähigkeit, d. h. vernachlässigbarem Untergrund der Glow-Kurven, eine vollständige Bestimmung des Hafttermspektrums mit einem wegen $n \ll h$ nur relativen Ordinatenmaßstab für H. Gegenüber dem Verfahren von [2], das mehrere Glow-Kurven mit verschiedenem μ zur Auswertung benötigt, genügt hier zur Auswertung nur eine Glow-Kurve. In [2] wird $\eta = 0$ gesetzt und eine sehr kleine Termbesetzung im Glow-Maximum gefunden, wogegen aber die $\frac{1}{T}$-Symmetrie der Glow-Buckel spricht. Diese Termbesetzung soll sich nicht mit μ ändern, wogegen der Einfluß der Rekombination auf die Lage von T^* spricht.

Es ist leicht, sich von der Voraussetzung getrennter Buckel bzw. geringer Dunkelleitfähigkeit freizumachen. Man muß im wesentlichen nur beachten, daß für das n-h-Gleichgewicht und damit für die Gl. (10) das gesamte n wirksam ist und in $\ln \frac{N_L}{n^*}$ eingesetzt werden muß, während für die Gestalt des Buckels nur der Unterschied zwischen Glow-Strom und Untergrund maßgeblich ist.

III. Experimentelle Ergebnisse

1) Mit der letzten Modifikation konnte auch eine neue Art von Glow-Kurven ausgewertet werden, die sogenannten Dunkelzonen-Glow-Kurven. Diese Glow-Kurven mißt man, indem der Kristall - eine Spaltzelle - bis auf eine Dunkelzone, erzeugt von einer nur etwa 0,3 mm breiten Blende, die quer zur Längsachse des Kristalls gerichtet ist, beleuchtet wird. Die beleuchteten Gebiete sind praktisch kurzgeschlossen gegenüber der Dunkelzone, so daß die gemessenen Glow-Buckel nur die Hafttermе der Dunkelzone widerspiegeln. Wegen des relativ großen Untergrundes muß zur Kompensation der erhöhten Rekombination schneller geheizt werden. Es gelingt, durch Abtasten des Kristalls, Inhomogenitäten des Kristalls festzustellen und nachzuweisen, daß bei CdS- und ZnS-Einkristallen in unmittelbarer Nähe von Kontakten aus aufgeschmolzenem Indium besonders hohe Hafttermkonzentrationen auftreten.

2) Für γ findet man unter Berücksichtigung von $\eta \neq 0$ die Werte

$$\text{ZnS:} \quad \gamma = 2 \cdot 10^{-13} \, cm^3 s^{-1} \qquad \text{CdS:} \quad \gamma = 6 \cdot 10^{-13} \, cm^3 s^{-1},$$

die wegen der n_{max}-Unsicherheit mit einem Fehlerfaktor von 2,5 behaftet sein können.

3) Es wurde beobachtet, daß tiefe Terme im allgemeinen größere Halbwertsbreiten aufweisen als flache. Dies kommt dadurch zustande, daß tiefe Terme bei hohen Temperaturen ausgeheizt werden und umgekehrt, so daß eigentlich grob von einer Proportionalität $\delta E \approx 7\,kT$ gesprochen werden kann.

4) Der größte Teil (85 %) der beobachteten Energiewerte, die insgesamt mit einer Genauigkeit von $\approx$ 6 % bestimmt werden konnten, stimmt mit den Energiewerten zweier von BROSER und BROSER-WARMINSKI [6.] optisch bestimmter wasserstoffartiger Termserien überein

$$E = \frac{B}{m^2} \qquad m = 2, 3, \dots$$

ZnS		CdS
B_1 = 6,8 eV	"grüne Serie"	B_1 = 6,3 eV
B_2 = 5,4 eV	"blaue Serie"	B_2 = 4,85 eV

Die übereinstimmenden Terme sind die stärksten, die Werte sind entsprechend zuverlässig. Bemerkenswert ist der Umstand, daß keine bewußt aktivierten Kristalle verwendet wurden und daß die Terme in der Nähe von In-Elektroden nach Tempern des Kristalls oder Beschuß mit α -Teilchen auftraten. Diese Beobachtungen stimmen mit denen von REICHARDT und TAPPE [7] an Lumineszenz-Glow-Kurven von ZnS überein. Theoretische Erwägungen über den Ursprung der beobachteten Terme, die auf Exzitonen als Ursprung der Terme hinweisen, sollen in einer besonderen Veröffentlichung folgen.

Literatur:

[1] K. UNGER, Diplomarbeit Leipzig 1959

[2] K.W. BÖER, S. OBERLÄNDER und J. VOIGT, Ann. Phys. (7) 2 (1958) 130

[3] W. SCHOTTKY, Z. Elektrochem. 45 (1939) 53

[4] I. BROSER und R. BROSER-WARMINSKI, Ann. Phys. (6) 16 (1955) 361

[5] E. SPENKE, Elektronische Halbleiter, Springer (1956), Anhang

[6] I. BROSER und R. BROSER-WARMINSKI, Z. Elektrochem. 61 (1957) 209, 715

[7] W. REICHARDT und G. TAPPE, Z. Naturforsch. 13a (1958) 426

Leipzig, Physikalisches Institut der Karl-Marx-Universität

Diskussion

BÖER: Zur Frage der Symmetrie der Glow-Kurven in der $\frac{1}{T}$ -Darstellung können wir feststellen, daß unsere ersten Rechnungen zu Kurven führten, die hinter dem Maximum langsamer abfielen als die experimentellen Kurven. Detailliertere Untersuchungen zeigten, daß der Gültigkeitsbereich der benutzten Näherung jenseits des Maximums zu Ende ist. Entsprechende genauere Rechnungen führten zu einem steileren Abfall der berechneten Kurven in Übereinstimmung mit dem Experiment. Dabei sind "Unten-Herum-Prozesse" immer noch vernachlässigt.

UNGER: Wir haben Ihre Glow-Kurven in die $\frac{1}{T}$ -Darstellung umgezeichnet und in Übereinstimmung zu unserer Theorie auch dort Symmetrie festgestellt.

BROSER: 1) Die Vernachlässigung der "Unten-Herum-Prozesse" erscheint recht gefährlich, vor allem, wenn man nur Photoleitung mißt; durch die Messung der Photoleitung allein kann man nicht entscheiden, ob in dem Untersuchungsbereich nicht strahlungslose Übergänge auftreten.

2) Meines Erachtens dürfte es sich nicht um Exzitonenzustände handeln, da diese sehr dicht am Bandrand zu erwarten sind. Es wäre höchstens möglich, die gefundenen Energiewerte wasserstoffähnlichen Termsystemen von Störstellen zuzuordnen.

SCHÖN: Sie schließen, daß aus $n \ll h$ $\dot{n} \ll \dot{h}$ folgt. Das kann nicht allgemein gelten[1]; man kann leicht ein Gegenbeispiel angeben.

1) Der Trugschluß liegt in dem Übergang von Gl. (5) zu Gl. (6), der implizit die Voraussetzung $\dot{n} \ll \dot{h}$ enthält.

Über die wahre Lebensdauer und den möglichen Mechanismus der unelastischen Streuung von Stromträgern in Halbleitern[1]

S.M. RYVKIN
(vorgetragen von R. BOYN)

1. Die wahre Lebensdauer

Eine sogenannte Lebensdauer von Nichtgleichgewichtsstromträgern in erlaubten Energiebändern (etwa von Elektronen im Leitungsband) wird bekanntlich für den stationären Zustand durch einen Ausdruck der Form

$$\tau_{\Delta n} = \frac{\Delta n_{st}}{a} \qquad (1)$$

definiert, wobei Δn_{st} die stationäre Konzentration der Nichtgleichgewichtselektronen und a die Nichtgleichgewichtserzeugungsrate dieser Elektronen ist, d.h. die Zahl der pro Zeit- und Volumeneinheit nicht thermisch ins Band angeregten Elektronen. Die Größe a kann mit der Einwirkung von Licht (innerer Photoeffekt) oder anderen Einstrahlungen, mit einer Injektion usw. zusammenhängen[2].

Gewöhnlich wird angenommen, daß die Größe $\tau_{\Delta n}$, die durch (1) definiert ist, die Bedeutung einer mittleren Verweilzeit des Elektrons im Band besitzt, d.h. daß sie der Zeit zwischen dem Eintritt des Elektrons in das Band und seinem Verschwinden aus dem Band entspricht. Man sieht indessen leicht, daß $\tau_{\Delta n}$ nur in wenigen Spezialfällen diese Bedeutung besitzt, d.h. daß die mittlere Verweilzeit eines Elektrons im Band im allgemeinen Falle durchaus nicht durch (1) bestimmt wird.

Wir betrachten die Kinetik der Übergänge der Elektronen ins Leitungsband und des Einfangs von Leitungs-

1) Übersetzung aus dem Russischen von H. LANGE und R. BOYN

2) Als konkretes Beispiel betrachten wir später genauer den Fall des inneren Photoeffektes.

elektronen durch Löcher im Valenzband oder durch Störterme. Die Übergänge ins Band setzen sich im allgemeinen aus thermischen Übergängen von verschiedenen Niveaus (ihre Gesamtrate bezeichnen wir mit Q [3]) und aus einer Nichtgleichgewichtsanregung zusammen (die entsprechende Anregungsrate hatten wir bereits früher mit a bezeichnet). Die Gesamtkonzentration n der Elektronen im Band, die durch die beiden Arten der Anregung (Q und a) bestimmt wird, kann wie üblich in der Form

$$n = n_0 + \Delta n$$

geschrieben werden, wobei n_0 die Konzentration der Elektronen im Gleichgewicht, d.h. bei a = 0 ist.

Da die Nichtgleichgewichtsträger wegen der starken Wechselwirkung mit dem Gitter praktisch von den Gleichgewichtsträgern ununterscheidbar sind, ist offensichtlich die mittlere Lebensdauer aller Stromträger im Band gleich. Diese "wahre" Lebensdauer der Gleichgewichts- und Nichtgleichgewichtsträger bezeichnen wir mit τ_w [4]. Die Verweilzeit eines freien Elektrons im Leitungsband wird durch den Einfang in Störterme oder durch die Rekombination mit Löchern im Valenzband begrenzt. Offensichtlich kann die mittlere Zeit zwischen zwei "Stößen" mit Löchern - und jeder solche "Stoß" führt zum Einfang eines Elektrons, d.h. zu seinem Verschwinden aus dem Band - , die

---

3) $Q = \sum_k Q_k$, wobei Q_k die Übergangsrate von den Niveaus des Typs k ist.

4) Unter τ_w verstehen wir die Zeit, die ein Elektron wirklich im Band verbringt vom Zeitpunkt der Anregung (unabhängig davon, von welchen Niveaus und durch welche Energieart diese Anregung vor sich geht) bis zum Zeitpunkt seines Einfangs (unabhängig davon, durch welche Niveaus dieser Einfang erfolgt). Mit anderen Worten: Wenn man das Schicksal eines Elektrons verfolgen und die mittlere Dauer seines einmaligen Aufenthaltes im Band bestimmen könnte, dann würde man die Größe τ_w erhalten.

gerade die wahre mittlere Lebensdauer τ_w der Elektronen im Band ist, in der Form

$$(2) \qquad \tau_w = \frac{1}{\sum_\kappa v_{n\kappa} S_{n\kappa} p_\kappa} = \frac{1}{\sum_\kappa \gamma_{n\kappa} p_\kappa}$$

geschrieben werden, wobei p_κ die Konzentration der Löcher der Sorte κ , $S_{n\kappa}$ der Querschnitt für den Einfang der Elektronen durch diese Löcher, $v_{n\kappa}$ die relative Geschwindigkeit der Elektronen und der Löcher der Sorte κ und $\gamma_{n\kappa}$ der Einfangkoeffizient ist[5]. Gl. (2) bestimmt die wahre Lebensdauer im allgemeinen Fall. Im Spezialfall des stationären Zustandes hat man unter p_κ die stationäre Konzentration der Löcher im entsprechenden Term zu verstehen. Wenn man die Gln. (1) und (2) für den stationären Zustand vergleicht, kann man sich leicht davon überzeugen, daß sie nicht äquivalent sind. Das ist besonders deutlich sichtbar, wenn man (2) in einer anderen Form schreibt. Im stationären Zustand muß die Summe aller Erzeugungsraten gleich der Summe aller Einfangraten sein:

$$(3) \qquad Q + \alpha = n \sum_\kappa \gamma_{n\kappa} p_\kappa \ .$$

Aus dem Vergleich dieses Ausdrucks mit (2) folgt

$$(2a) \qquad \tau_w = \frac{n}{\alpha + Q} = \frac{n_0 + \Delta n_{st}}{\alpha + Q} \qquad ^{6)} .$$

5) Die Größen $S_{n\kappa} v_{n\kappa} = \gamma_{n\kappa}$ sind natürlich Mittelwerte über alle Elektronen im Leitungsband.

6) Unten werden wir zur Bestimmung von τ_w für den stationären Zustand den Ausdruck (2a) anstelle von (2) verwenden, da man an Hand von (2a) die Grenzfälle hoher und niedriger Anregung leichter analysieren kann.

Offensichtlich sind (1) und (2a) im allgemeinen Falle nicht äquivalent, d.h. es ist $\tau_{\Delta n} \neq \tau_w$. Die Größen $\tau_{\Delta n}$ und τ_w können sich um viele Größenordnungen unterscheiden.

Zur Illustration wollen wir im folgenden die beiden Größen für drei wichtige Spezialfälle vergleichen:

1) für die Störstellenphotoleitung,
2) für die Photoleitung bei Anregung im Grundgitter und Rekombination über Rekombinationszentren (d.h. für den Fall, für den $\tau_{\Delta n}$ von SHOCKLEY und READ [1] berechnet wurde) und
3) für die Photoleitung bei Anregung im Grundgitter und Anwesenheit von Hafttermen.

2. Störstellenphotoleitung

Wir betrachten thermische und optische Elektronenübergänge von einer einzigen Art von Störniveaus ins Leitungsband. Die Konzentration der besetzten Niveaus sei gleich n_D, ihre Gesamtkonzentration gleich N_D (Abb. 1). Wir beschränken uns auf den Fall kleiner Lichtintensität, d.h. auf den Fall, daß in den Gleichungen

$$(3) \qquad \begin{aligned} n &= n_0 + \Delta n \\ n_D &= n_{D0} - \Delta n_D \end{aligned}$$

die Änderungen der Konzentrationen bei Belichtung (Δn und Δn_D) im Vergleich zu den entsprechenden Gleichgewichtskonzentrationen (n_0 und n_{D0}) klein sind. Dann erhalten wir unter Benutzung der Gleichung

$$(4) \qquad \frac{dn}{dt} = Q + a - \gamma n (N_D - n_D)$$

und der Neutralitätsbedingung

$$(5) \qquad \Delta n = \Delta n_D \ ,$$

daß im stationären Zustand ($\frac{dn}{dt} = 0$)

$$(6) \qquad n = \frac{Q + a}{\gamma (N_D - n_D)}$$

gilt und folglich die wahre Lebensdauer in Übereinstimmung mit (2a) gleich

$$(7) \qquad \tau_w = \frac{n}{Q+a} = \frac{1}{\gamma (N_D - n_D)} \approx \frac{1}{\gamma (N_D - n_{D0})}$$

ist.

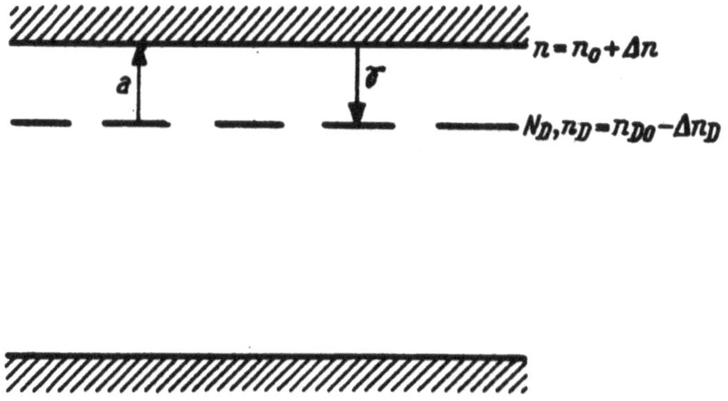

Abb. 1: Reaktionskinetisches Modell für die Störstellenphotoleitung

Zur Berechnung von $\tau_{\Delta n}$ nach (1) muß Δn_{st} bestimmt werden. Unter Benutzung von (4), (3) und (5) erhalten wir nach einfachen Umformungen

$$(8) \qquad \Delta n_{st} = \frac{a}{\gamma (N_D - n_{D0})\left(1 + \frac{n_0}{N_D - n_{D0}}\right)} .$$

Daraus folgt

$$(9) \qquad \tau_{\Delta n} = \frac{\Delta n_{st}}{a} = \frac{1}{\gamma (N_D - n_{D0})\left(1 + \frac{n_0}{N_D - n_{D0}}\right)}$$

Durch Vergleich von (9) und (7) ergibt sich

$$\tau_{\Delta n} = \tau_w \frac{1}{1 + \frac{n_0}{N_D - n_{D0}}} \qquad (10)$$

d.h. die gewöhnlich als Lebensdauer der Nichtgleichgewichtsträger angesehene Größe $\tau_{\Delta n}$ ist nicht die wahre Lebensdauer der Stromträger im Band. Im vorliegenden Fall ist $\tau_{\Delta n} \leq \tau_w$, der Unterschied zwischen $\tau_{\Delta n}$ und τ_w ist jedoch relativ klein[7]. In den Fällen, die wir im folgenden untersuchen wollen, können sich dagegen die Werte um viele Größenordnungen unterscheiden.

3. Photoleitung bei Anregung im Grundgitter und Rekombination über Rekombinationszentren

Betrachten wir z.B. einen Elektronenhalbleiter vom Typ des Germaniums, dessen reaktionskinetisches Modell in Abb. 2 dargestellt ist. Das Licht erzeugt Elektron- Loch-Paare, die über Zentren rekombinieren. Die Konzentration der Zentren sei N_R. Das Modell stimmt im wesentlichen mit dem von SHOCKLEY und READ [1] betrachteten Modell überein; es unterscheidet sich von diesem nur dadurch, daß in ihm die thermischen Übergänge zwischen dem Leitungsband und den Donatorniveaus und die thermischen Übergänge zwischen dem L-Band und dem V-Band berücksichtigt wurden[8], was zur Berechnung von τ_w notwendig ist. (Zur Berechnung von $\tau_{\Delta n}$ war das nicht erforderlich.) SHOCKLEY und READ berechneten $\tau_{\Delta n}$ für das genannte Modell und erhielten für den Fall kleiner Zentrenkonzentration und bei Nichtentar-

---

7) So gilt z.B., wenn beim absoluten Nullpunkt alle Niveaus N_D voll mit Elektronen besetzt waren und folglich $n_0 = N_D - n_{D0}$ ist,

$$\tau_{\Delta n} = \frac{\tau_w}{2}$$

8) Zur Abkürzung bezeichnen wir das Leitungsband als L-Band und das Valenzband als V-Band.

tung in den Bändern den bekannten Ausdruck [1]

$$\tau_{\Delta n} = \frac{\Delta n}{a} = \frac{\Delta p}{a} =$$

(11)

$$= \tau_{po}\,\frac{n_o + N_{LR} + \Delta n}{n_o + p_o + \Delta n} + \tau_{no}\,\frac{p_o + N_{VR} + \Delta n}{n_o + p_o + \Delta n}\,,$$

wobei $\tau_{po} = \frac{1}{\gamma_V N_R}$ und $\tau_{no} = \frac{1}{\gamma_L N_R}$ ist; γ_V und γ_L sind die Einfangkoeffizienten für den Einfang von Löchern

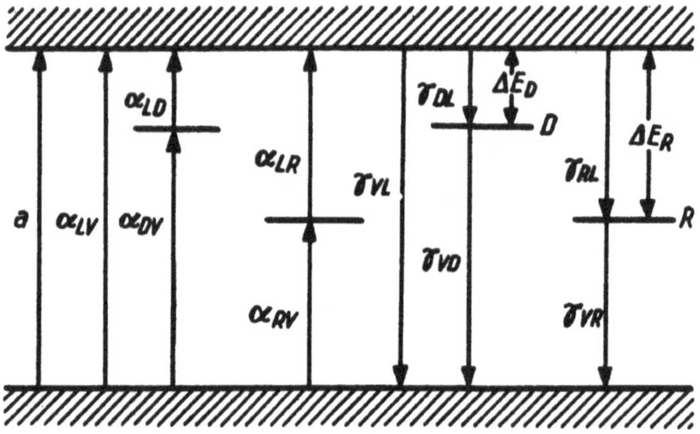

Abb. 2: Reaktionskinetisches Modell für die Photoleitung bei Grundgitteranregung und Rekombination über Rekombinationszentren

bzw. Elektronen durch die Zentren. Die Größen

(12) $$N_{LR} = N_L \exp\left(-\frac{\Delta E_R}{kT}\right)$$

und

(13) $$N_{VR} = N_V \exp\left(-\frac{\Delta E - \Delta E_R}{kT}\right)$$

sind "die auf das Niveau der Zentren bezogenen effektiven Zustandsdichten des L-Bandes bzw. V-Bandes" [2]. N_L und N_V sind die effektiven Zustandsdichten in den Bändern; ΔE ist der Bandabstand.

Wir wollen τ_w für Elektronen und Löcher berechnen

und es mit dem durch (11) gegebenen $\tau_{\Delta n}$ vergleichen. Wie aus Abb. 2 ersichtlich, gilt in Übereinstimmung mit (2a) für Elektronen

$$(14) \qquad \tau_w^n = \frac{n_0 + \Delta n}{a + Q_{DL} + Q_{RL} + Q_{VL}}$$

und für Löcher

$$(15) \qquad \tau_w^p = \frac{p_0 + \Delta n}{a + Q_{VD} + Q_{VR} + Q_{VL}} \; .$$

Aus (14) und (15) folgt, daß bei großer Anregungsrate, wenn $\Delta n \gg n_0$ und $\gg p_0$ ist und a die Summe der thermischen Übergänge beträchtlich übertrifft, τ_w gleich $\tau_{\Delta n}$ ist:

$$(16) \qquad \tau_w^n = \tau_w^p = \frac{\Delta n}{a} = \tau_{\Delta n} \; .$$

Jedoch im Fall "mittlerer" und kleiner Anregungsraten ist das nicht der Fall. Wir betrachten jetzt den Fall geringer Anregung und erhalten unter Vernachlässigung von Δn im Zähler und von a im Nenner der Ausdrücke (14) und (15)

$$(17) \qquad \tau_w^n = \frac{n_0}{Q_{DL} + Q_{RL} + Q_{VL}} = \tau_G^n$$

und

$$(18) \qquad \tau_w^p = \frac{n_0}{Q_{VD} + Q_{VR} + Q_{VL}} = \tau_G^p$$

Unter diesen Bedingungen fällt natürlich τ_w mit der wahren Lebensdauer der Stromträger im thermischen Gleichgewicht, τ_G , zusammen. Die thermischen Übergangsraten, die in (17) und (18) eingehen, können in folgender Form geschrieben werden:

$$(19)\quad Q_{LD} = \gamma_{DL}\, n_D\, N_{LD} = \gamma_{DL}\, N_D\, N_L \left[\exp\left(\frac{\Delta E_D}{kT}\right) + \exp\left(-\frac{\zeta}{kT}\right)\right]^{-1}$$

$$(20)\quad Q_{LR} = \gamma_{RL}\, n_R\, N_{LR} = \gamma_{RL}\, N_R\, N_L \left[\exp\left(\frac{\Delta E_R}{kT}\right) + \exp\left(-\frac{\zeta}{kT}\right)\right]^{-1}$$

$$(21)\quad Q_{LV} = \gamma_{VL}\, N_V\, N_{LV} = \gamma_{VL}\, N_{VL}\, N_L = \gamma_{VL}\, N_L\, N_V \exp\left(-\frac{\Delta E}{kT}\right)$$

$$(22)\quad Q_{DV} = \gamma_{VD}\, p_D\, N_{VD} = \gamma_{VD}\, N_D\, N_V \left[\exp\left(\frac{\Delta E - \Delta E_D}{kT}\right) + \exp\left(\frac{\Delta E + \zeta}{kT}\right)\right]^{-1}$$

$$(23)\quad Q_{RV} = \gamma_{VR}\, p_R\, N_{VR} = \gamma_{VR}\, N_R\, N_V \left[\exp\left(\frac{\Delta E - \Delta E_R}{kT}\right) + \exp\left(\frac{\Delta E + \zeta}{kT}\right)\right]^{-1} \; 9)$$

Hierbei ist ζ das FERMI-Niveau.

Setzen wir (19) bis (23) in (17) und (18) ein, so

---

9) Die thermische Übergangsrate schreibt man zweckmäßigerweise in analoger Form wie die Rekombinationsrate [2], d. h. in Form eines Produkts der Rekombinationskoeffizienten und der zwei Konzentrationen der "rekombinierenden" Teilchen. Als eine Konzentration tritt (z.B. für Übergänge von Donatorniveaus) die Zahl n_D der Elektronen in den Donatorniveaus auf und als die andere Konzentration die Zahl der Löcher im L-Band (d. h. die effektive Zustandsdichte im L-Band, N_L), jedoch verringert um den Faktor $\exp\left(-\frac{\Delta E_D}{kT}\right)$, da die "Rekombination" im betrachteten Fall die Überwindung der Energiebarriere ΔE_D erfordert. So tritt als zweite Konzentration die Größe $N_{LD} = N_L \exp\left(-\frac{\Delta E_D}{kT}\right)$ auf, d. h. die auf das Niveau der Donatoren bezogene effektive Zustandsdichte im L-Band.

erhalten wir τ_w^n und τ_w^p . Nach einfachen Umformungen können diese Größen in der Form

$$\tau_w^n = \tau_6^n = \frac{1}{\gamma_{DL} p_D + \gamma_{RL} p_R + \gamma_{VL} p_o} \qquad (24) \quad ^{10)}$$

$$\tau_w^p = \tau_6^p = \frac{1}{\gamma_{VD} n_D + \gamma_{VR} n_R + \gamma_R n_o} \qquad (25) \quad ^{10)}$$

dargestellt werden.

Zum vollständigeren Vergleich von τ_W und τ_{An} wollen wir die Temperaturabhängigkeit dieser Größen untersuchen. In Abb. 3a ist die Temperaturabhängigkeit der Leitungselektronenkonzentration für das betrachtete Modell (Abb. 2) in einem ln n/T^{-1}- Diagramm dargestellt. Teil 1 entspricht dem Anwachsen der Konzentration mit der Temperatur im Fremdleitungsbereich; im Teil 2 liegt eine völlige Ionisation der Störstellen vor; Teil 3 entspricht der Eigenleitung. In Abb. 3b ist die Temperaturabhängigkeit des FERMI-Niveaus (der Anschaulichkeit halber ins Bändermodell hineingezeichnet) und in Abb. 3c die bekannte Kurve für die Temperaturabhängigkeit der Lebensdauer von Nichtgleichgewichtsträgern, τ_{An} [3,2], dargestellt. Außerdem ist in Abb. 3c die Temperaturabhängigkeit der wahren Lebensdauer der Elektronen und Löcher entsprechend (24) und (25) konstruiert worden.

In unserem Falle kleiner Konzentrationen von Rekombinationszentren kann man im Nenner von (24) und (25) jeweils das zweite Glied vernachlässigen. Dann gilt

$$\tau_w^n = \frac{1}{\gamma_{DL} p_D + \gamma_{VL} p_o} \qquad (26)$$

und

10) Diese Ausdrücke hätten natürlich sofort auf Grund von Gl. (2) hingeschrieben werden können.

$$\tau_w^p = \frac{1}{\gamma_{VD}\, n_D + \gamma_{VL}\, n_0} \tag{27}$$

Aus (26) folgt, daß bei tiefen Temperaturen im Gebiet der

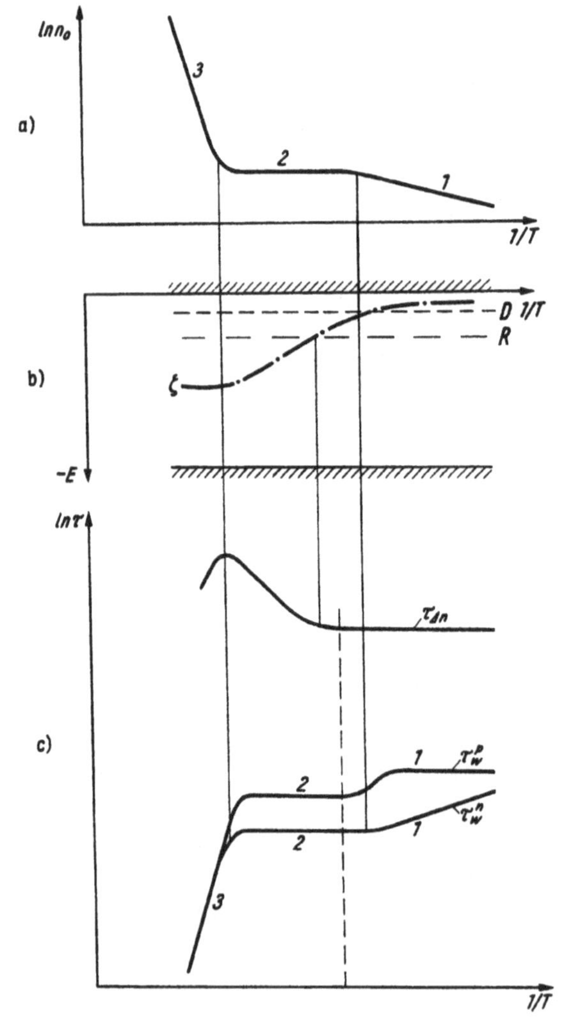

Abb. 3: Temperaturabhängigkeit
a) der Konzentration der Majoritätsträger,
b) des FERMI-Niveaus ζ und
c) der Lebensdauern τ_w^n und $\tau_{\Delta n}$.

Fremdleitung, d.h. für $p_D = n_o \gg p_o$, gilt.

$$(28) \qquad \tau_w^n = \frac{1}{\gamma_{DL} p_D} = \frac{1}{\gamma_{DL} n_o} \; .$$

Die Temperaturabhängigkeit von τ_w^n (Abb. 3c) ist also hier entgegengesetzt zur Temperaturabhängigkeit von n_o (Abb. 3a); es lassen sich folglich zwei Temperaturbereiche unterscheiden:

<u>Bereich 1</u>, in dem $n_o = \sqrt{N_L N_D} \exp\left(-\frac{\Delta E_D}{2kT}\right)$ und folglich

$$(29) \qquad \tau_w^n = \frac{1}{\gamma_{DL}\sqrt{N_L N_D}} \exp\left(\frac{\Delta E_D}{2kT}\right)$$

gilt;

<u>Bereich 2</u>, in dem $n_o = N_D$ (vollständige Ionisation der Störstellen) und folglich

$$(30) \qquad \tau_w^n = \frac{1}{\gamma_{DL} N_D} = \text{const}$$

gilt.

Im Gebiet hoher Temperaturen, bei denen Eigenleitung auftritt (Bereich 3), ist

$$p_o = n_o = \sqrt{N_L N_V}\, e^{-\frac{\Delta E}{2kT}} = n_i \gg p_D = N_D \, ,$$

und unter Vernachlässigung der ersten Glieder im Nenner von (26) erhält man

$$(31) \qquad \tau_w^n = \frac{1}{\gamma_{VL} p_o} = \frac{1}{\gamma_{VL} n_i} = \frac{1}{\gamma_{VL}\sqrt{N_L N_V}} \exp\left(\frac{\Delta E}{2kT}\right) .$$

Im $\ln \tau / T^{-1}$- Diagramm (Abb. 3c) ergeben sich für die genannten drei Bereiche Geraden, deren Neigungen den Neigungen für die Konzentrationen n_o - mit umgekehrten Vorzeichen - entsprechen.

Hinsichtlich der Temperaturabhängigkeit von τ_w^p (Abb. 3c) kann man ebenfalls drei Bereiche unterscheiden: Bei niedrigen Temperaturen, wenn die Konzentration n_D der Elektronen in den Donatoren die Elektronenkonzentration n_o im Band wesentlich übertrifft (Bereich 1), ist $n_o \ll n_D \approx N_D$ und daher

$$(32) \qquad \tau_w^p = \frac{1}{\gamma_{VD} N_D} = \text{const}$$

Im Gebiet vollständiger Ionisation der Störstellen, d.h. für $n_D \approx 0$ und $n_o \approx N_D$, gilt (Bereich 2)

$$(33) \qquad \tau_w^p = \frac{1}{\gamma_{VL} n_o} = \frac{1}{\gamma_{VL} N_D} = \text{const} .$$

Schließlich ist im Eigenleitungsbereich (Bereich 3), d.h. für $n_o = n_i$,

$$(34) \qquad \tau_w^p = \frac{1}{\gamma_{VL} n_i} = \frac{1}{\gamma_{VL}\sqrt{N_L N_V}} \exp\left(\frac{\Delta E}{2kT}\right) = \tau_w^n$$

4. Photoleitung bei Grundgitteranregung, Rekombination über Rekombinationszentren und Vorhandensein von Hafttermen

Wir wollen kurz den Fall des Isolators ($n_o = 0$) betrachten. Das reaktionskinetische Modell ist in Abb. 4 dargestellt. Die Niveaus H sind Haftniveaus (d.h. Elektronen, die von diesen Niveaus aus dem L-Band eingefangen werden, werden praktisch immer wieder thermisch ins L-Band reemittiert). Die Rekombination der Elektronen des L-Bandes mit den Löchern des V-Bandes geht über gewisse Störterme vonstatten, und bezüglich dieses Prozesses spielt $\tau_{\Delta n}$ die Rolle der Lebensdauer (die wir als konstant annehmen werden) [2].

Andererseits gilt

$$\tau_W^n = \frac{n_0 + \Delta n}{a + Q} \approx \frac{\Delta n}{a + Q} \tag{35}$$

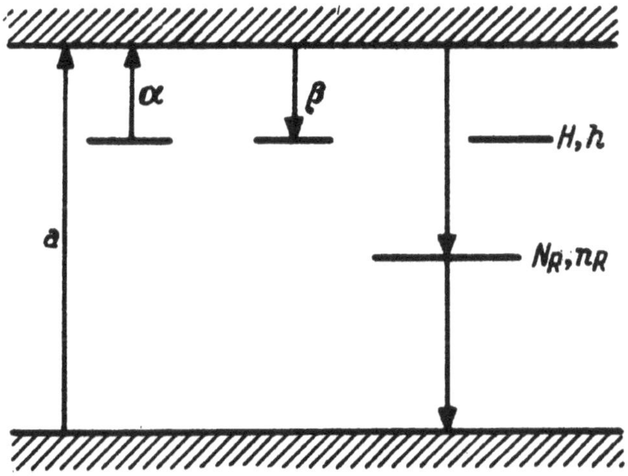

Abb. 4: Reaktionskinetisches Modell bei Vorhandensein von Hafttermen

Im Modell der Abb. 4 erhalten wir aus der Bedingung des Gleichgewichts zwischen Haftniveaus und L-Band

$$\Delta n\,(H - h) = h\,N_{LH} \tag{36}$$

$$a = \frac{\Delta n}{\tau_{\Delta n}} \tag{37}$$

$$\Delta n = a\,\tau_{\Delta n} \tag{38}$$

Zur Berechnung von $Q = \beta h N_{LH}$ bestimmen wir h aus (36):

$$h = \frac{\Delta n\,H}{\Delta n + N_{LH}} . \tag{39}$$

Damit ergibt sich

$$a = \frac{\beta \Delta n\ H\ N_{LH}}{\Delta n + N_{LH}} \tag{40}$$

Unter Berücksichtigung von (38) und (40) schreiben wir (35) in der Form

$$\tau_w^n = \tau_{\Delta n} \frac{1}{1 + \frac{\beta H \tau_{\Delta n}}{1 + \tau_{\Delta n} \frac{a}{N_{LH}}}} \quad . \tag{41}$$

Somit ist im betrachteten Fall $\tau_w \leq \tau_{\Delta n}$ 11). Wenn der Füllungsgrad der Rekombinationszentren klein ist (was, wie man zeigen kann, gleichbedeutend mit $\Delta n \ll N_{LH}$, d.h. mit $a\tau_{\Delta n} \ll N_{LH}$, ist), dann gilt

$$\tau_w^n = \tau_{\Delta n} \frac{1}{1 + \beta H \tau_{\Delta n}} \quad . \tag{42}$$

Aus (41) und (42) ist ersichtlich, daß bei Zunahme der Zahl H der Haftniveaus τ_w^n viel kleiner werden kann als $\tau_{\Delta n}$.

5. Das Anhaften als ein Prozeß unelastischer Streuung

Aus den betrachteten Fällen (deren Zahl man leicht vermehren kann) geht hervor, daß die wahre Lebensdauer der Stromträger in den Bändern im allgemeinen nicht mit der Größe $\tau_{\Delta n}$ übereinstimmt; sie kann sowohl größer als auch kleiner als $\tau_{\Delta n}$ sein.

Die Bedeutung von $\tau_{\Delta n}$ geht aus der Gleichung hervor, durch die man diese Größe einführt:

---

11) Wir bemerken, daß es sich hier eigentlich um einen Fall "starker Anregung" ($\Delta n \gg n_0$) handelt. Jedoch gilt hier im Gegensatz zu dem im Abschnitt 3 betrachteten Fall unter dieser Bedingung nicht $\tau_w = \tau_{\Delta n}$.

$$(43) \qquad \frac{d}{dt}\Delta n = a - \frac{\Delta n}{\tau_{\Delta n}} .$$

In dem durch diese Gleichung beschriebenen Relaxationsprozeß der Nichtgleichgewichtsträger spielt $\tau_{\Delta n}$ die Rolle einer Zeitkonstante, d.h. $\tau_{\Delta n}$ bestimmt die effektive Dauer des Relaxationsprozesses der überschüssigen Trägerkonzentration[12]. Diese Zeitkonstante stimmt natürlich nicht unbedingt mit der wahren Lebensdauer der Träger im Band überein. So besitzt $\tau_{\Delta n}$ streng genommen nicht die Bedeutung einer Lebensdauer, sondern die einer effektiven Zeit, in deren Verlauf ein aus dem Gleichgewicht abgewichenes System von Teilchen (von Stromträgern) wieder mit dem Kristall ins Gleichgewicht kommt, d.h. $\tau_{\Delta n}$ besitzt die Bedeutung einer "vollständigen Relaxationszeit". Zum Unterschied von der Relaxationszeit τ, die in die Beweglichkeit $\mu = \frac{e}{m}\langle\tau\rangle$ eingeht, und die die Zeit für die Dissipation der überschüssigen <u>kinetischen</u> Energie bestimmt, bestimmt $\tau_{\Delta n}$ die Zeit für die Dissipation der <u>gesamten</u> überschüssigen Energie.

$\tau_{\Delta n}$ tritt bei den meisten experimentell beobachteten Effekten in Erscheinung. So ist $\tau_{\Delta n}$ die Zeitkonstante der Nichtgleichgewichtsleitfähigkeit usw. In diesem Zusammenhang könnte es scheinen, daß die Einführung des

---

12) Aus (43) folgt

$$(44) \qquad \tau_{\Delta n} = \frac{\Delta n}{a - \frac{d}{dt}\Delta n} .$$

Daraus ergibt sich für den stationären Zustand ($\frac{d}{dt}\Delta n = 0$)

$$\tau_{\Delta n} = \frac{\Delta n_{st}}{a},$$

was mit (1) übereinstimmt. Wir bemerken, daß sich $\tau_{\Delta n}$ im allgemeinen Fall während des Relaxationsprozesses ändern kann. Dann versteht man unter in (43) und (44) den "augenblicklichen Wert" der Relaxationszeit.

Begriffs der wahren Lebensdauer τ_w , die in den üblichen Experimenten nicht offen in Erscheinung tritt, nur hinsichtlich einer Präzisierung der Terminologie einen Sinn hat. Es sind jedoch offensichtlich (zumindest im Prinzip) Erscheinungen möglich, bei denen τ_w als wesentlicher Parameter auftreten kann. Vergleichen wir z.B. die Werte von τ_w und $\tau_{\Delta n}$ für den in Abschnitt 3 betrachteten Fall und den Temperaturbereich (Abb. 3c) , in dem die Funktionen $\ln \tau_{\Delta n} - f(\frac{1}{T})$ und $\ln \tau_w - f(\frac{1}{T})$ ein Plateau besitzen (z.B. für die Temperatur, die in Abb. 3 durch eine vertikale punktierte Gerade gekennzeichnet ist). Auf dem Plateau ist

$$\tau_{\Delta n} = \tau_{po} = \frac{1}{\gamma_{VR} N_R}, \tag{45}$$

während (siehe (30))

$$\tau_w^n = \frac{1}{\gamma_{DL} N_D} \tag{46}$$

ist. Aus dem Vergleich von (45) und (46) ist ersichtlich, daß τ_w^n und $\tau_{\Delta n}$ durch im allgemeinen unabhängige Größen (N_R und N_D) bestimmt werden. Gewöhnlich ist $N_D \gg N_R$ und $\tau_{\Delta n} \gg \tau_w^n$. Wenn z.B. $N_D = 10^{18}$ cm^{-3} und $N_R = 10^{12}$cm^{-3} ist, so gilt (wenn sich γ_{DL} und γ_{VR} nicht zu sehr unterscheiden)

$$\frac{\tau_{\Delta n}}{\tau_w^n} = 10^6 .$$

Für $\tau_{\Delta n} = \tau_{po} = 10^{-5}$ s ergibt sich $\tau_w^n = 10^{-11}$ s. Diese Größe kann sich in einigen Fällen als kleiner erweisen, als die Zeit, die ein Stromträger mit großer kinetischer Energie (z.B. ein durch harte Strahlung befreiter Stromträger) braucht, um diese Energie an das Gitter abzugeben[13]. Die Energieabgabe braucht, mit anderen Worten, in diesem Falle nicht so vor sich zu gehen, wie das gewöhnlich angenommen wird, d.h. in Form einer Reihe aufeinanderfolgender Stöße der Stromträger mit Phononen, sondern kann in Form eines einmaligen Einfangs und nachfolgender schneller Reemission ins Band mit nunmehr bereits normaler (oder annähernd normaler) Energie erfolgen. Offensichtlich sind Situationen denkbar, in denen τ_w^n mit der Relaxationszeit (der freien Flugzeit der Träger) vergleichbar ist und folglich in gewissem Maße die Beweglichkeit bestimmt. Mit anderen Worten kann das Anhaften der Träger mit nachfolgender thermischer Reemission als neuer (vollständig unelastischer) Streumechanismus auftreten. Bei niedrigen Temperaturen, wenn die Streuung völlig durch Verunreinigungen bestimmt wird, wird der Anteil dieses Mechanismus bestimmt durch das Verhältnis der effektiven Einfangquerschnitte (Anhaftquerschnitte) dieser Verunreinigungen zu ihren Streuquerschnitten, d.h. zu den Querschnitten, die für andere Streumechanismen maßgebend sind (z.B. für die von CONWELL und WEISSKOPF [4] untersuchte Streuung an ionisierten Zentren oder die von ANSEL'M [5] untersuchte Streuung an neutralen Zentren).

Ein abschließendes Urteil über den Anteil des Anhaftens bei Streuprozessen erfordert eine genauere theoretische Betrachtung und auch die Durchführung entsprechender Experimente.

Zum Schluß dankt der Autor A.A. GRINBERG für interessante Diskussionen.

---

13) Wir ignorieren hier die mögliche Abhängigkeit des Einfangkoeffizienten von der Elektronenenergie.

Literatur:

[1] W. SHOCKLEY und W. READ, Phys. Rev. 87 (1952) 835

[2] S.M. RYVKIN, Halbleiter in Wissenschaft und Technik, hrsg. v. d. Akad. d. Wiss. d. UdSSR 1958, Kap. 22

[3] E.I. ADIROVIČ, G.M. GURO, V.F. KULEŠOV und V.A. ČUENKOV, Trudy FIAN 8 (1956) 127

[4] E. CONWELL und V.F. WEISSKOPF, Phys. Rev. 77 (1950) 388

[5] A.I. ANSEL'M, Žurnal Eksperimental'noj i Teoretičeskoj Fiziki 24 (1954) 83

[6] W.C. DUNLAP, Phys. Rev. 97 (1955) 614

Negativer Photoeffekt im Ausläufer der Absorption am Kupferoxydul

E. KLIER

Einleitung

Als negativen Photoeffekt bezeichnet man im engeren Sinne den Fall, daß die Leitfähigkeit durch Belichtung unter den Dunkelwert erniedrigt wird. Im breiteren Sinne werden darunter solche Fälle verstanden, in denen während der Belichtung die Zeitableitung der Leitfähigkeit vorübergehend einen negativen Wert annimmt, ohne daß der Gesamtbetrag der Leitfähigkeit unter den Dunkelwert sinken muß.

In der letzten Zeit wurde den negativen Effekten sowohl bei der Lumineszenz als auch bei der Photoleitfähigkeit viel Aufmerksamkeit gewidmet. Am Kupferoxydul wurde ein negativer Photoeffekt mehrmals beobachtet. Die erste Nachricht stammt von A.V. IOFFE und A.F. IOFFE aus dem Jahre 1937 [1]. Diese Autoren sowie später KRONGAUS und LAPIDEWSKI [2] untersuchten natürliche Kupritkristalle und fanden, daß unter bestimmten Bedingungen (Polarität, Feldstärke und Spektralbereich) ein normaler Photoeffekt in einen negativen umschlägt. Ich habe zuerst über Messungen einer Art des negativen Photoeffekts an künstlich hergestellten Kupferoxydulproben auf der letzten Festkörpertagung in Erfurt berichtet [3]. In diesem Jahre beschrieb J. PASTRŇÁK [4] einen negativen Effekt am Kupferoxydul bei Grundgitteranregung. Er stellte fest, daß ein normaler Effekt bei sehr hohen Feldstärken, besonders bei Belichtung eines engen Streifens an der negativen Elektrode, sich in einen negativen umwandelt.

In Fortsetzung der erwähnten Beobachtungen haben wir den negativen Photoeffekt im Gebiet des Ausläufers in Abhängigkeit von verschiedenen Bedingungen näher untersucht, insbesondere in Abhängigkeit

1) von der Wellenlänge des erregenden Lichtes,
2) von der Temperatur,
3) vom Sauerstoffgehalt,
4) von der Vorbehandlung durch Belichtung und Erwärmung.

Das Ziel der Untersuchung war, weitere Informationen über das Termspektrum zu gewinnen und den Einfluß der Abweichungen von der Stöchiometrie festzustellen.

Experimentelles

Die aus reinem Kupfer durch Oxydation hergestellten Proben wurden bei verschiedenen Sauerstoffdrücken ($5\cdot10^{-3}$ bis 150 mm Hg) bei Temperaturen von 960° bis 1030°C getempert. Die Elektroden wurden auf die geätzte Oberfläche aufgedampft, wobei die Spaltbreite 0,4 bis 1 mm betrug.

Die Meßapparatur bestand aus einem Glasmonochromator, Lichtunterbrecher für rechteckige Lichtimpulse und einem zerlegbaren Dewargefäß, in dem die Probe im evakuierten Raum (10^{-3}mm Hg) entweder gekühlt oder geheizt werden konnte. Der erreichbare Temperaturbereich betrug -180° bis +200°C. Die Probe wurde in Reihe mit einem Widerstand von 1 MΩ an eine Batterie mit 10 bis 100 V angeschlossen. Das Signal am Arbeitswiderstand wurde mit einem Breitbandverstärker (0,3 - 50000 Hz) und einem Gleichstromverstärker verstärkt und den vertikalen Ablenkplatten eines Kathodenstrahloszillographen zugeführt. Nach Bedarf wurde die Strahlintensität mit einem Impulsgenerator zwecks Zeitmarkierung moduliert.

Die Messung an einer Probe wurde jeweils bei zwei Zuständen derselben durchgeführt: 1) Die Probe wurde auf 150°C im Vorvakuum erwärmt und sehr langsam (0,6°C/min) abgekühlt. Diese Behandlung bringt die Probe in einen Gleichgewichtszustand mit niedriger Leitfähigkeit.
2) Die Probe wurde intensiv mit weißem Licht bei etwa +50°C belichtet und unter Belichtung schnell auf die

Meßtemperatur abgekühlt. Dadurch wird die Leitfähigkeit erhöht [5]. Wir bezeichnen den Zustand 1) als vorerwärmt, 2) als vorbelichtet.

Meßergebnisse

Das günstigste Temperaturgebiet für die Untersuchung des negativen Photoeffektes liegt zwischen -60°C und -70°C. Die Mannigfaltigkeit der Strom-Zeitkurven, die man bei dieser Temperatur und verschiedenen Wellenlängen bekommt, ist zuerst verwirrend. Die Relaxationskurven kann man angenähert in 5 Gruppen unterteilen, die in Abb. 1 angedeutet sind.

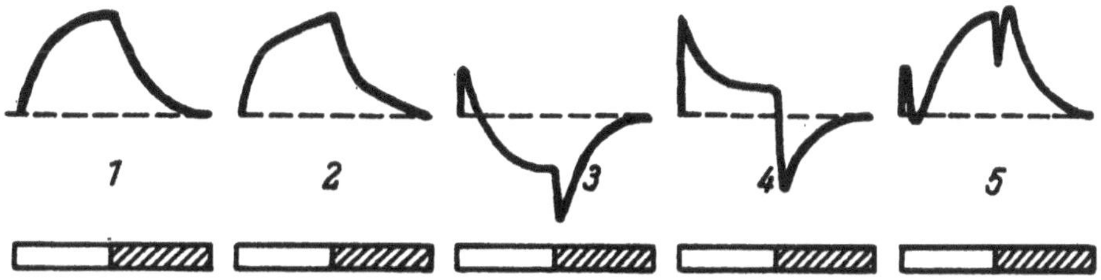

Abb. 1

Typen der Relaxationskurven

Falls man die Kurven als aus exponentiellen Kurven zusammengesetzt betrachtet, ist die Zusammensetzung der einzelnen Typen wie folgt:

Typ 1 einfache exponentielle Kurve

Typ 2 zwei positive exponentielle Kurven mit Relaxationszeiten $\tau_1 \ll \tau_2$

Typ 3 eine positive und eine negative exponentielle Kurve mit Relaxationszeiten $\tau_1 < \tau_2$ und Amplituden $A_1 < |A_2|$

Typ 4 desgl. wie Typ 3, jedoch $A_1 > |A_2|$

Typ 5 zwei positive exponentielle Kurven mit τ_1, τ_3, A_1, A_3 und eine negative mit τ_2, A_2, wo $\tau_1 < \tau_2 < \tau_3$ und $A_1, |A_2| < A_3$ gilt.

Die Typen 3 bis 5 bezeichnen wir als negativen Effekt.

Den Einfluß der Wellenlänge des erregenden Lichtes und der Vorbehandlung illustrieren die Abb. 2 bis 5.

Die Oszillogramme wurden bei $-63^{\circ}C$ mit einer Wiederholungsfrequenz von 20 Hz gewonnen. Die Abb. 2 und 3 gehören zu einer sauerstoffarmen, die Abb. 4 und 5 zu einer sauerstoffreichen Probe. Die Abb. 2 und 4 wurden bei dem Zustand 1) (vorerwärmt), die Abb. 3 und 5 bei dem Zustand 2) (vorbelichtet) der Proben gewonnen. Die recht kuriose Kurvenform im Gebiet 700 - 640 $m\mu$ wird verständlicher, wenn man verschiedene Frequenzen der Lichtimpulse benutzt, wie es die Abb. 6 darstellt. Man sieht, wie sich die träge positive Komponente mit wachsender Impulsbreite geltend macht. Wie aus den Abb. 2 bis 5 ersichtlich ist, kommt der negative Photoeffekt aller drei Typen nur im Bereich der Wellenlänge 635 $m\mu$ bis 1100 $m\mu$ vor. Das eigentliche Absinken des Stromes bei Belichtung unter den Dunkelwert (Typ 3) ist auf einen noch engeren Bereich zwischen 635 und 700 $m\mu$ beschränkt.

Je nach dem Sauerstoffgehalt wirkt sich die Vorbehandlung in verschiedener Weise aus. In sauerstoffarmen Proben verursacht das Vorerwärmen einen relativen Abfall der negativen Komponente gegenüber der raschen positiven Komponente. In sauerstoffreichen Proben dagegen wird die negative Komponente durch die Vorbelichtung erniedrigt bzw. unterdrückt (Abb. 5). Bei verschiedenem Ausgangsmaterial sind diese Abhängigkeiten quantitativ verschieden, aber qualitativ dieselben. Die negativen Effekte sind an frisch oxydierten Proben nur schwach vorhanden oder vollkommen abwesend, erscheinen aber an jedem Material nach Temperung bei niedrigen Sauerstoffdrücken (kleiner als 1 mm Hg). Der negative Photoeffekt ist auf einen Temperaturbereich zwischen etwa -150° und $-20^{\circ}C$ beschränkt (Abb. 7). Das Verschwinden des negativen Photoeffektes wird an der unteren Temperaturgrenze durch das ungleichmäßige Anwachsen der Relaxationszeiten der positiven (τ_1) und der negativen Komponenten (τ_2) verursacht (Abb. 8).

Oszillogramme des Photostromes bei —63° C, f = 20 Hz.

Die Ziffern bezeichnen die Wellenlängen in mμ

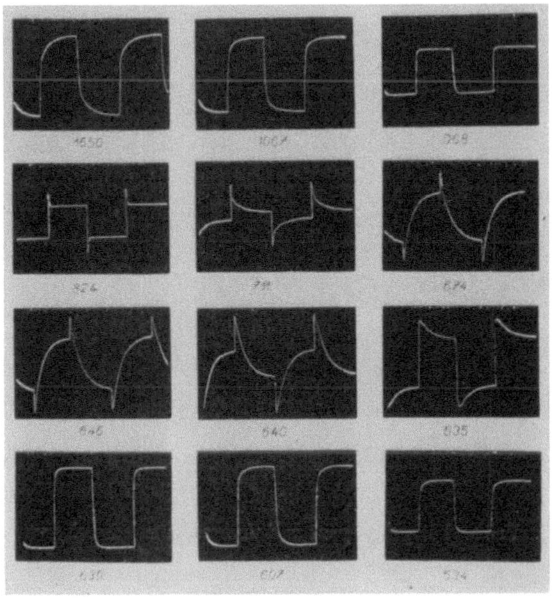

Abb. 2. Probe 14b, getempert bei $5 \cdot 10^{-3}$ mm Hg, vorerwärmt

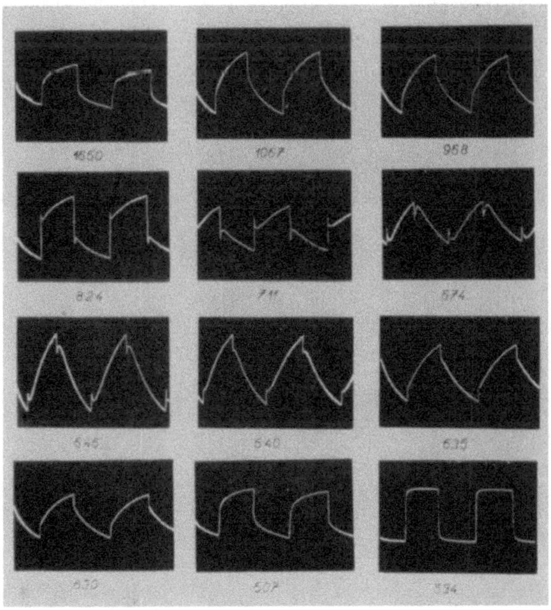

Abb. 3. Probe 14b, getempert bei $5 \cdot 10^{-3}$ mm Hg, vorbelichtet

Oszillogramme des Photostromes bei —63° C, f = 20 Hz.

Die Ziffern bezeichnen die Wellenlängen in mμ

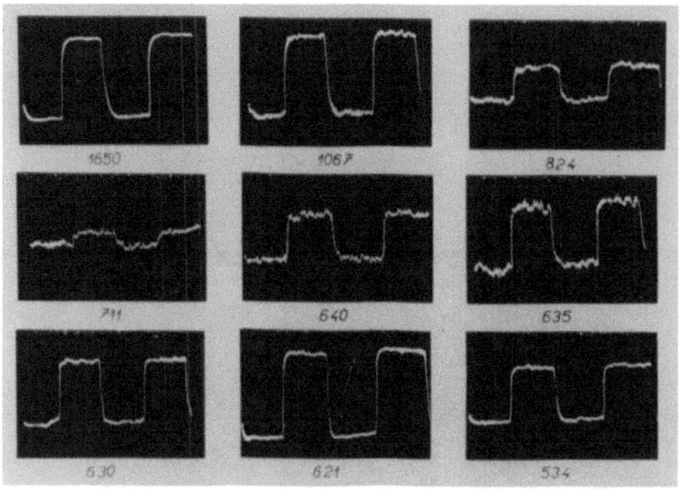

Abb. 4. Probe 14, getempert bei Atmosphärendruck, vorerwärmt

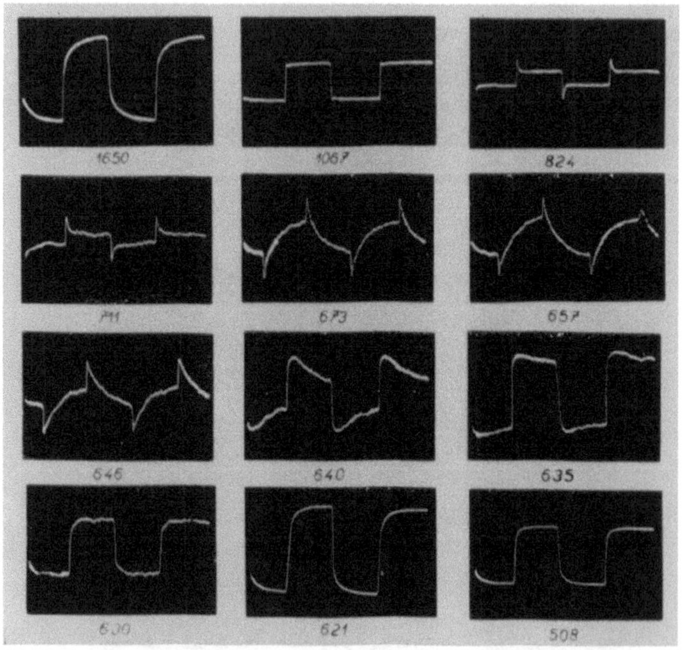

Abb. 5. Probe 14, getempert bei Atmosphärendruck vorbelichtet

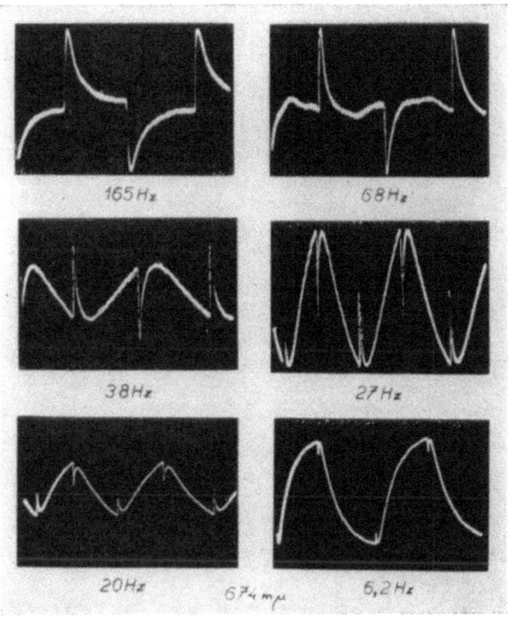

Abb. 6. Relaxationskurven bei —63° C, f = 6,2 bis 165 Hz, λ = 674 mμ, Probe getempert bei $5 \cdot 10^{-3}$ mm Hg, vorerwärmt

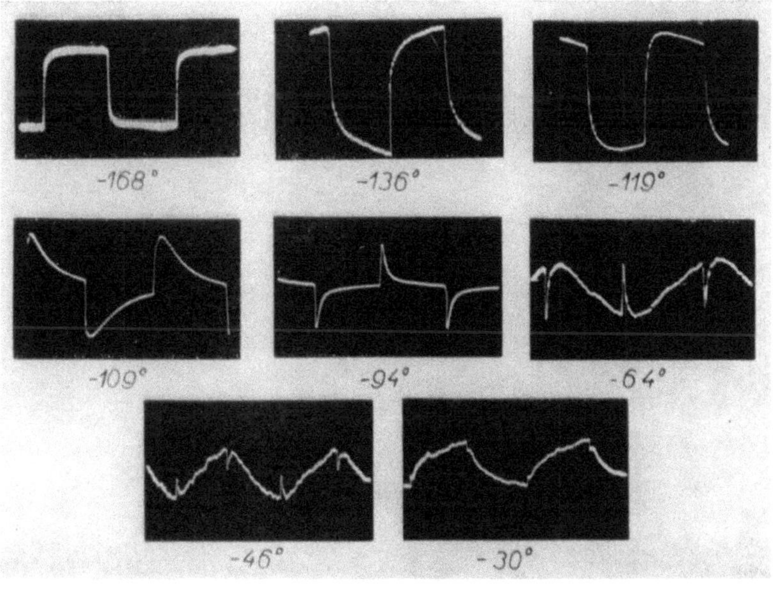

Abb. 7. Temperaturabhängigkeit der Relaxationskurven bei λ = 674 mμ, Zeitmarkierung 1000 Hz, Probe 14b, vorerwärmt

Als Nebenergebnis sei erwähnt, daß die träge positive Komponente in vorerwärmten Proben mit niedrigem Sauerstoffgehalt erscheint (Kurven der Typen 2 und 5).

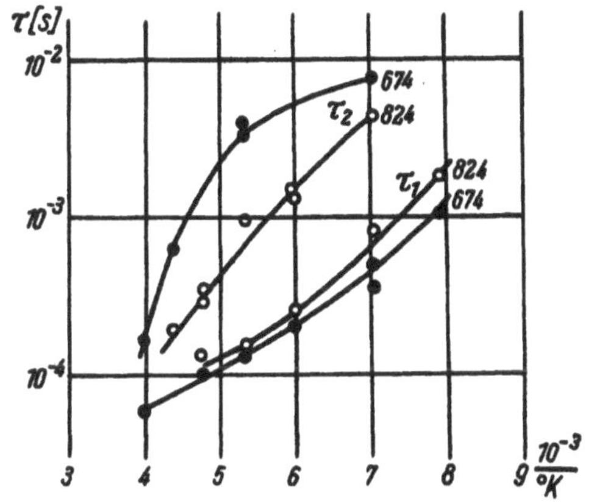

Abb. 8: Temperaturverlauf der Relaxationszeiten der positiven (τ_1) und negativen (τ_2) Komponente des Photostroms bei den Wellenlängen 674 und 824mμ. Probe 14b, vorerwärmt.

Weitere Untersuchungen des negativen Effektes ergaben zum Unterschied zu den Beobachtungen [1], [2] und [4], daß die Kurvenform von der Feldstärke, von der Belichtungsintensität bzw. der Lage der Lichtsonde unabhängig ist. Auch das Elektrodenmaterial und die Dicke der Proben spielen keine wesentliche Rolle. Dagegen wurde an unseren Proben das Auftreten des feldabhängigen negativen Photoeffektes bei -180°C bei Grundgittererregung nach [4] bestätigt.

<u>Diskussion</u>

Einige Schlußfolgerungen aus den angeführten Tatsachen sind offensichtlich:

1) Die Unabhängigkeit vom Feld und von der Belichtung der Elektroden beweist, daß es sich um einen Volumeneffekt handelt und nicht etwa um eine Auswirkung der Randschichten.

2) Die Unabhängigkeit von der Dicke zeigt, daß die Oberflächenrekombination eine untergeordnete Rolle spielt.

3) Da der Effekt nur im Ausläufer beobachtet wird, muß

als primäre Folge der Lichtabsorption die Freimachung nur einer Sorte der Stromträger angenommen werden.

4) Die Herabsetzung des Sauerstoffgehaltes fördert den negativen Photoeffekt.

5) Die photochemischen Reaktionen, die durch Behandlung unter 200°C (d.i. Vorbelichtung bzw. Vorerwärmung) zustande kommen, beeinflussen maßgebend die Rekombinationsvorgänge.

Unter diesen Umständen erscheint uns die von uns früher getroffene Wahl des elektronischen Modells nach STÖCKMANN [6] als gerechtfertigt. Nach dieser Auffassung werden durch das Licht die Minoritätsträger, in unserem Fall Elektronen, aus irgendwelchen Termen Z in das Leitungsband gehoben und rekombinieren schnell über Rekombinationszentren R mit den Löchern in dem Valenzband, so daß die gesamte Leitfähigkeit sinkt. Durch thermische Abspaltung der Löcher von Z-Zentren wird das Gleichgewicht und nach der Lichtunterbrechung der Anfangszustand erreicht. Der negative Effekt wird oft von einem positiven begleitet, der durch direkte Anregung der Elektronen aus dem Valenzband in die R-Terme verursacht wird. Für die Terme Z muß angenommen werden, daß sie einen viel kleineren Einfangquerschnitt für Löcher als für Elektronen besitzen.

Solche Eigenschaften kann man im Kupferoxydul den Leerstellen von Sauerstoffionen (V_0) zuschreiben. Diese Leerstellen können einfach oder doppelt positiv geladen auftreten. Die entsprechenden Terme kann man an den in Abb. 9 bezeichneten Stellen erwarten, worauf schon BLOEM [7] hingewiesen hat. Diese Vermutung wird durch die Abhängigkeit vom Temperungsdruck unterstützt.

Über die Natur der Rekombinationszentren kann man auch nur Vermutungen aussprechen. Wir nehmen an, daß diese durch Komplexe oder Agglomerate von Defekten gebildet werden können. Die möglichen Komplexe sind Doppelleerstellen von Kupfer- oder Sauerstoffionen, Paare von Defekten mit entgegengesetzten Ladungen (V_0^+ V_{Cu}^-), Komplexe mit Fremdionen und mehrzählige Gruppen von Defekten.

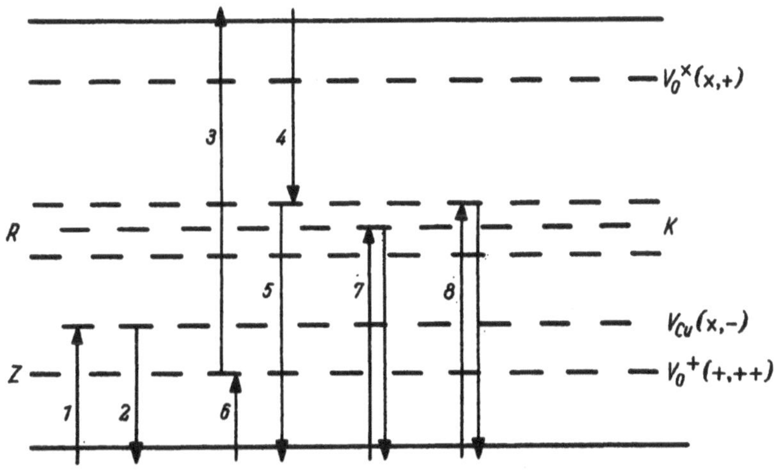

Abb. 9: Ein Vorschlag für Übergänge im Kupferoxydul. 1,2 - thermische Anregung der Dunkelleitfähigkeit; 3,4,5,6 - Zyklus des negativen Photoeffektes; 7,8 - Übergänge verantwortlich für positive Komponenten des Photoeffektes

Unsere bisherigen Vorstellungen und Versuche führen dazu, daß die Vorbelichtung zum Zerfall der Komplexe beiträgt und die Vorerwärmung das thermodynamische Gleichgewicht zwischen einzelnen Defekten und deren Agglomeraten wiederherstellt. Dieser Gedanke könnte auch zur Klärung des Verhaltens der negativen Komponente beim Vorerwärmen herangezogen werden.

In sauerstoffarmen Proben sind die Komplexe (V_0^+ V_{Cu}^-) maßgebend. Durch das Vorerwärmen wird die Anzahl der Z-Zentren zugunsten der R-Zentren (Komplexe) erniedrigt, was die beobachtete Änderung der beiden Komponenten des Photostroms verursacht.

In sauerstoffreichen Proben ist die Anzahl sowohl der Z-Zentren als auch der Rekombinationszentren R (Komplexe V_0^+ V_{Cu}^-) niedrig, und die letzteren können durch die Vorbelichtung praktisch verschwinden. Dadurch erklärt sich die Unterdrückung des negativen Effektes durch Vorbelichtung.

Das Verschwinden des negativen Photoeffektes bei hohen Temperaturen wird dadurch verursacht, daß die Bedingung der langsamen Abspaltung der Löcher von Z-Zentren nicht mehr erfüllt wird. Daß der negative Effekt auch bei tiefen Temperaturen verschwinden kann, folgt aus der Theorie von STÖCKMANN, falls sich die Fermigrenze oberhalb der Z-Terme befindet. Da in unseren Proben eine Kompensation nachgewiesen ist, muß man annehmen, daß die Fermigrenze nahe den Akzeptorenniveaus (V_{Cu}), also wahrscheinlich mehrere kT oberhalb der Z-Terme liegt.

Die spektrale Begrenzung des negativen Photoeffekts erklärt man einerseits durch Verschiedenheit der Erzeugung und Rekombination der Stromträger an der Oberfläche (im Eigenabsorptionsgebiet), andererseits dadurch, daß das langwellige Licht ($\lambda > 1000\ m\mu$) nicht genügend Energie hat, um die Elektronen aus Z-Zentren anzuregen.

Die Ursache des trägen positiven Photoeffektes in sauerstoffarmen Proben ist vorläufig nicht klar. Sie kann mit verschiedenen Einfangquerschnitten der verschiedenen Komplexe zusammenhängen.

Zusammenfassung

Am Kupferoxydul kann man unter definierten Bedingungen einen trägheitsarmen negativen Photoeffekt beobachten, der auf Grund eines Rekombinationsmechanismus gedeutet werden kann. Dessen Gesetzmäßigkeiten können dadurch mit anderen Beobachtungen der Leitfähigkeit in Einklang gebracht werden. Es wird dabei die Rolle der Anionen-Leerstellen hervorgehoben.

Literatur:

[1] A.V. IOFFE und A.F. IOFFE, Phys. Zeitschr. d. Sowjetunion 11 (1937) 241

[2] A.N. KRONGAUS und V.K. LJAPIDEVSKIJ, Žurnal Eksperimental'noj i Teoretičeskoj Fiziki 26 (1954) 115

[3] E. KLIER, Festkörperphysik und Physik der Leuchtstoffe, Berlin 1958, S. 98

[4] J. PASTRŇÁK, Dissertation, Phys.-Techn. Institut Leningrad 1959

[5] J. PASTRŇÁK und R. KUŽEL, Czech. J. Phys. 6 (1956) 217

[6] F. STÖCKMANN, Z. Phys. 143 (1955) 348

[7] J. BLOEM, Philips Res. Rep. 13 (1958) 167

Prag, Katheder für Festkörperphysik der
Mathematisch-Physikalischen Fakultät der Karls-Universität

Diskussion

TAUSEND: Alle angegebenen Ergebnisse lassen sich auch sehr gut als Oberflächeneffekte deuten. Eine Entscheidung zwischen Volumen- und Oberflächeneffekten könnte durch Variation der Gasatmosphäre (reduzierendes bzw. oxydierendes Gas) erfolgen.

KLIER: Obgleich man die Oberflächenrekombination nicht ausschließen kann, sprechen folgende Umstände dafür, daß der negative Photoeffekt im Kupferoxydul ein Volumeneffekt ist:

1) Er wird im Absorptionsausläufer beobachtet, wo der Absorptionskoeffizient nach unseren Messungen einen Wert von 2 bis 5 cm^{-1} besitzt, so daß praktisch homogene Anregung vorliegt.
2) Bei der kleinen Beweglichkeit und Diffusionslänge der Stromträger im Kupferoxydul müssen bei einer Dicke der Proben bis 1,5 mm und homogener Anregung die Vorgänge in der Tiefe maßgebend sein.
3) Ein indirekter Beweis besteht auch darin, daß zahlreiche, hier nicht angeführte Untersuchungen der Dunkelleitfähigkeit und Gleichrichterwirkung eindeutig zeigen, daß die reversiblen Übergänge zwischen den Zuständen 1) und 2) der Proben sich im Volumen abspielen, so daß deren Auswirkungen auf die Photoströme auch im Volumen zu suchen sind.

Eine Bemerkung zum Verlauf der Kinetik der Lumineszenz von AgCl - Einkristallen

K. VACEK

Zuerst möchte ich einige Worte über den Mechanismus der Lumineszenz des Silberchlorids sagen. Wie bekannt, ist diese Lumineszenz (blaue) eine Eigenschaft des reinen Kristalls und erscheint ungefähr bei - 180°C. Sie wird durch die Absorption der Strahlung im Gebiet des Ausläufers der Absorptionskante verursacht. Unsere Beobachtungen [1] haben gezeigt, daß die Quantenausbeute der Lumineszenz sehr niedrig ist, etwa $1{,}6 \cdot 10^{-3}$ %. Bei der Messung des Spektralverlaufs der Lumineszenz haben wir in [1] eine Reihe sehr feiner, scharfer Linien in der Emissionsbande gemessen, deren Lagen der Serienregel entsprachen, wie es z.B. GROSS [2] an Cu_2O-Kristallen bei Absorptionsmessungen gefunden hat.

Die eigene Lumineszenz der AgCl - Kristalle hat MATYÁŠ [3] mit der Annihilation des lokalisierten Exzitons an einer Kationenleerstelle (a-Zentrum) oder an einer Kationenleerstelle an einer Versetzungssprungstelle (b-Zentrum) erklärt. Seine Modellvorstellung ist die folgende: Durch die Absorption des Lichtes im Kristall entsteht entweder ein freies Elektron und ein Defektelektron oder ein Exziton. Im ersten Falle kann das Defektelektron entweder an der Kationenleerstelle oder an der Kationenleerstelle an der Versetzungssprungstelle (der sog. "incipient vacancy") eingefangen werden. So entstehen Gebilde, die wir V-Zentren oder "incipient" V-Zentren nennen können. Damit entsteht die Möglichkeit, daß ein Elektron infolge der Polarisation oder von COULOMBSCHEN Kräften zu diesen Zentren hingezogen werden kann. So entstehen komplexe Zentren, die man sich als lokalisierte Exzitonen an den Kationenleerstellen vorstellen kann. Ein solcher Zustand ist natürlich nicht stationär, und nach einer gewissen Zeit tritt eine Rekombination des Elektrons mit dem Defektelektron ein, wodurch eine Lumineszenzstrahlung entsteht. Im Falle, daß durch die Lichtabsorption ein Exziton entsteht, kann man sich sein Schicksal etwa folgendermaßen vorstellen: Das Exziton kann entweder dissoziieren und wieder das freie Elektron und Defektelektron entstehen lassen oder sich unmittelbar an die Kationenlücken binden.

Im Rahmen der Bestätigung des Modells von MATYÁŠ wurden die Abklingkurven der Lumineszenz [4] gemessen. Das Abklingen der Lumineszenz ist anfangs (für die Zeit $t \leq 2{,}5 \cdot 10^{-3}$s) hyperbolisch, später exponentiell. In der Tabelle I sind experimentell gefundene Werte für einen normalen und für einen gepreßten (46 kg/cm^2) Kristall angeführt.

T a b e l l e I

Zeit [s]	Hyperbolische Abhängigkeit $J_t = J_0 (1+at)^{-\alpha}$				Exponentielle Abhängigkeit $J_t = J_0 e^{-\frac{t}{\tau}}$	
	Normaler Kristall		Gepreßter Kristall		Norm. Kr.	Gepr. Kr.
	α	a	α	a	τ [s]	τ [s]
$t \leq 2{,}5 \cdot 10^{-3}$	0,22	$1{,}13 \cdot 10^3$	0,34	$7{,}3 \cdot 10^2$		
$t > 4 \cdot 10^{-3}$	/	/	/	/	$4{,}61 \cdot 10^{-5}$	$3{,}78 \cdot 10^{-5}$

Betrachten wir jetzt diese Ergebnisse näher. Wie man erwarten kann, müssen den zwei Typen der Zentren (a,b) auch zwei verschiedene Vorgänge entsprechen, was auch experimentell gefunden wurde. Dabei wurde der erste Teil der Abklingkurve (die hyperbolische Abhängigkeit) nach unseren früheren Messungen [4] den Vorgängen, die sich an den a-Zentren (lokalisiertes Exziton an der Kationenleerstelle) abspielen, zugeschrieben. Durch die Deformation wird die Anzahl der Ionenlücken erhöht. Dadurch erniedrigt sich natürlich die Lebensdauer des Elektrons und des Defektelektrons, und gleichzeitig sinkt auch die Wahrscheinlichkeit für den Einfang eines Elektrons in dem Zentrum. Aus unseren Meßergebnissen für die hyperbolische Abhängigkeit können wir unter Benutzung der Beziehungen von WIEGAND [5] und ADIROVIČ [6], d.h. $b_0/d = 2 \cdot 10^5$ und $L = \frac{1}{1+z\vartheta}$, die einzelnen Wahrscheinlichkeiten abschätzen. Dabei bedeuten b_0 die Wahrscheinlichkeit des strahlungslosen Überganges, d die Wahrscheinlichkeit des Lumineszenzüberganges, $L = J/J_0$, $z = J_0/\nu_1$, $\vartheta = t/\tau$, wobei J die Lumineszenzintensität[1] zur Zeit t, J_0 die Anfangslumineszenzintensität[1], ν_1 die Konzentration der Haftterme (Polaronenterme) und τ die Relaxationskonstante ist. In diesem Falle bekommen wir für die normalen Kristalle $d_n = 1{,}05 \cdot 10^{-8} cm^3 s^{-1}$, für die gepreßten Kristalle $d_p = 5 \cdot 10^{-7} cm^3 s^{-1}$.

Der zweite Teil der Abklingkurve (die exponentielle Abhängigkeit) wird vielleicht mit den Elektronenvorgängen am b-Zentrum zusammenhängen. In diesem Falle werden gleichzeitig ein Einfang und eine Rekombination eines Elektrons und eines Defektelektrons an einer Kationenleerstelle an der Versetzungssprungstelle eintreten, d.h. es wird ein pseudomonomolekularer Prozeß entstehen. Bei den gepreßten Kristallen wird die Anzahl der Versetzungen erhöht, und damit kann auch ein Teil der lokalisierten Exzitonen durch strahlungslose Übergänge an den Versetzun-

[1] Anmerkung der Redaktion: Hier muß es anstelle von Lumineszenzintensität offensichtlich Lichtsumme heißen (vgl. [6]).

gen vernichtet werden oder dissoziieren. Vor allem muß diese Dissoziation zur Erhöhung der Elektronenzahl im Leitfähigkeitsband führen, so daß nach [6] das Verhältnis $\frac{n}{\nu} = \frac{t_0}{\tau}$ (wobei n die Anzahl der Elektronen im Leitfähigkeitsband, ν die Anzahl der Elektronen in den Hafttermen und t_0 die Lebensdauer des Elektrons ist) im Falle der gepreßten Kristalle größer sein muß. Aus unseren Messungen folgt für die normalen Kristalle $n/\nu \approx 2,1 \cdot 10^{-3}$, für die gepreßten Kristalle $n/\nu \approx 2,6 \cdot 10^{-1}$ (t_0 ist aus der Arbeit von SÜPTITZ [7] übernommen worden).

Den ganzen Mechanismus der Lumineszenz kann man sich also folgendermaßen vorstellen: Während der Lichtanregung entstehen teils Elektronen und Defektelektronen, teils freie Exzitonen. Im ersten Falle bilden sich durch das Einfangen des Defektelektrons an einer Kationenleerstelle (oder Kationenleerstelle an einer Versetzungssprungstelle) Zentren mit einer Reihe von angeregten Zuständen. Die freien Elektronen des Leitfähigkeitsbandes bilden entweder die Polaronenzustände (P) oder werden in die angeregten Zustände der Zentren 1 - 6 oder 1' - 6' der Abb. 1 eingefangen. Durch die Phononwechselwirkung des lokalisierten Exzitons folgt dann eine Strahlungsannihilation ($L_1 - L_\infty$ oder $L_1' - L_\infty'$ in Abb. 1) des lokalisierten Exzitons. Im zweiten Falle geht der Mechanismus nach dem Einfangen des Exzitons ebenfalls wie im voranstehenden Falle.

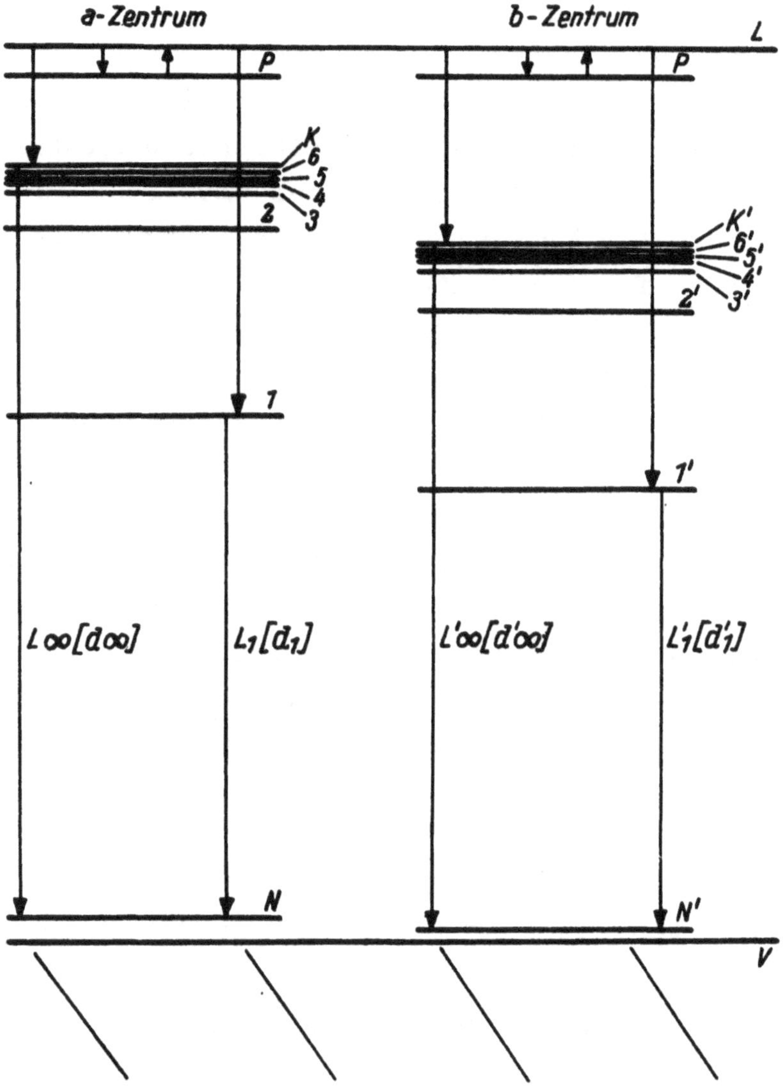

Abb. 1: Das Bändermodell des AgCl-Kristalls.
L: Leitfähigkeitsband; P: Polaronenterm;
1, ..., K und 1', ..., K': Terme der ersten oder zweiten Serie des lokalisierten Exzitons;
N, N': Terme, die dem gebundenen Defektelektron an der Kationenleerstelle entsprechen;
V: Valenzband; L_1, ..., L_∞ und L'_1, ..., L'_∞ : mögliche strahlende Übergänge, die für die Lumineszenz verantwortlich sind.

Literatur:

[1] K. VACEK, Czech. J. Phys. 10 (1960) 66

[2] E.F. GROSS, Nuovo Cimento X, 3 (1956) 672

[3] Z. MATYÁŠ, Halbleiter und Phosphore, Vorträge des Internationalen Kolloquiums 1956 in Garmisch-Partenkirchen, Braunschweig 1958, S. 426

[4] K. VACEK, Czech. J. Phys. 10 (1960), im Druck

[5] D.A. WIEGAND, Phys. Rev. 113 (1959) 52

[6] E.I. ADIROVIČ, Nekotorye Voprosy Ljuminescencii Kristallov, Moskau 1951, S. 171

[7] P. SÜPTITZ, Z. Phys. 153 (1958) 174

Prag, Physikalisches Institut der Karls-Universität

Diskussion

KOSWIG: Haben Sie versucht, experimentelle Hinweise dafür zu gewinnen, daß tatsächlich Silberlücken als Rekombinationszentren wirken, oder beruht Ihre Annahme auf der MATYAS'schen Rechnung?

VACEK: Wir haben das experimentell nicht geprüft; meiner Meinung nach sind bei unseren Untersuchungstemperaturen Silberlücken vorhanden.

STASIW: 1) Bekanntlich ist die Beweglichkeit der Löcher im AgCl um viele Größenordnungen geringer als die der Elektronen. Es ist deshalb schwer verständlich, daß die Löcher schneller als die Elektronen an die Rekombinationszentren kommen.

2) Zur Deutung der angegebenen experimentellen Ergebnisse ist es völlig ausreichend, eine Entstehung und strahlende Rekombination lediglich von an Silberlücken lokalisierten Exzitonen anzunehmen.

KOSWIG: Der Begriff "Lumineszenz des reinen Kristalls" ist insofern mit Vorsicht zu gebrauchen, als auch bei reinen Kristallen die Lumineszenz nicht nur als Effekt des idealen Gitters aufgefaßt werden darf, sondern durch Realstrukturen, insbesondere Versetzungen, verursacht sein kann.

Elektronenprozesse in verfärbten NaCl-Kristallen mit Cadmium

A. BOHUN, J. DOLEJŠÍ, M. KADERKA, J. KANTŮREK, I. KUNZLOVÁ, M. LÉBL und J. TRNKA

1. Einleitung

Das Studium des Lumineszenzmechanismus ebenso wie des Elektronenemissions- oder Verfärbungsmechanismus der Ionenkristalle, besonders der Alkalihalogenide, weist immer mehr darauf hin, daß man bei der Klärung dieser Erscheinungen nicht mit einfachen thermisch oder optisch angeregten Elektronen- evtl. Defektelektronenprozessen auskommt. Unsere Versuchsergebnisse sowie auch die anderer Autoren [1, 2]deuten an, daß noch weitere primäre Kristalldefekte eine wesentliche Rolle spielen (vgl. z.B. [3]). Hierauf wurde von BOHUN in seinem Referat auf der Tagung über Exoelektronenemission in Innsbruck im Jahre 1956 hingewiesen [4]. Als ein recht anschauliches Beispiel der Wechselwirkung von Elektronen und Defektelektronen mit Vakanzen und zweiwertigen Ionen sind dort NaCl-Kristalle mit Ca betrachtet worden. Es handelt sich bei den zweiwertigen Ionen um Elemente aus der Hauptuntergruppe der II. Gruppe des periodischen Systems: Ca, Sr und Ba. Zu eingehenderen Versuchen mit den Elementen der Nebenuntergruppe: Zn, Cd und Hg hat uns schon damals eine Arbeit von ETZEL[5] geführt. Dieser Autor hat nämlich beim Studium der Verfärbung der NaCl-Kristalle mit Ca und Cd gezeigt, daß diese zwei Elemente sich ganz unterschiedlich verhalten. Die Anwesenheit von Ca verursacht ein starkes Anwachsen der F-Zentrenkonzentration, während Cd ohne wesentlichen Einfluß darauf ist. In unseren weiteren Arbeiten haben wir mit unserem Team den Einfluß von Ca und Sr auf die Elektronen- und Photonenemission und auf die Verfärbung der NaCl- und KCl-Kristalle verfolgt.

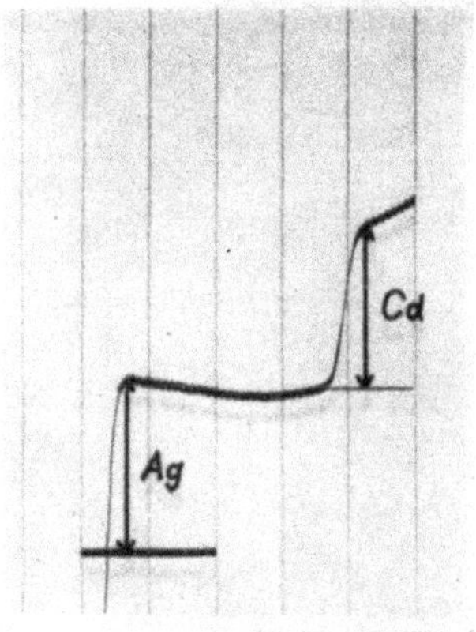

Abb. 1. Polarographische Aufnahme bei NaCl: (Cd + Ag)

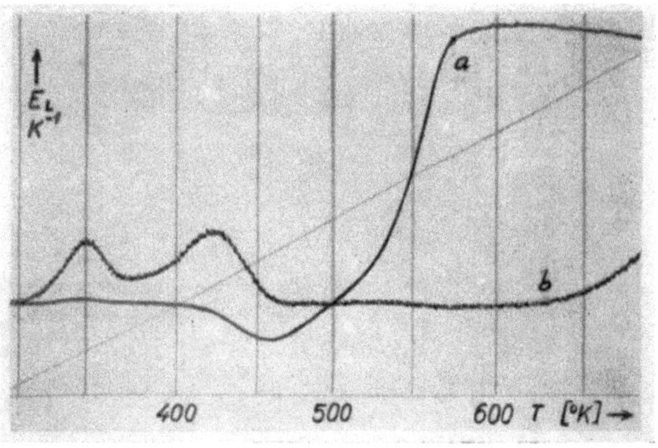

Abb. 3. Thermodurchlässigkeits- und Thermolumineszensverläufe bei NaCl mit 10^{-4} Cd/Na (10 Min. Röntgenbestrahlung) Eingestrahlte Wellenlänge $\lambda = 2780$ Å

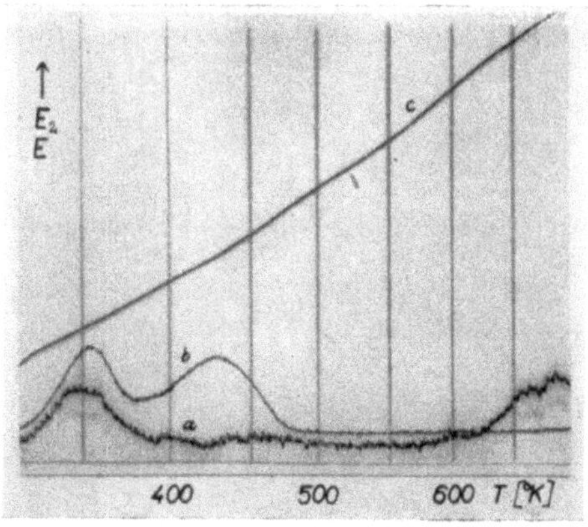

Abb. 4. Thermoemission (Kurve *a*) und Thermolumineszenz (Kurve *b*) bei NaCl mit 10^{-4} Cd/Na; Kurve *c* — Temperaturverlauf. (E, E_L — Thermoemissions- und Thermolumineszenzintensität in willkürlichen Einheiten).

In diesem Referat möchten wir über einige von uns erzielte experimentelle Erkenntnisse berichten, und zwar auf welche Weise einige optische und elektrische Eigenschaften der NaCl-Kristalle durch Cd beeinflußt werden. Weiter möchten wir an diesem verhältnismäßig einfachen Fall zeigen, daß es bei der Interpretation der Versuchsergebnisse nötig ist, auch die Wechselwirkungen mehrerer Sorten von primären Kristalldefekten, vor allem von Elektronen und Defektelektronen, Vakanzen (besonders von Na) und zweiwertigen Beimengungen zu betrachten.

2. Verwendete Stoffe

Die Ausgangssubstanzen von NaCl und $CdCl_2$ p.a. sind auf chemischem Wege gereinigt worden. Der Spektralanalyse nach enthielten die NaCl:Cd-Kristalle Spuren von folgenden Verunreinigungen: Cu, Ca, Mg, Al, Si und Fe.

Die gemessenen Proben wurden aus Kristallen gespaltet, die an Luft nach der Kyropoulos-Methode gezüchtet wurden. Bei den NaCl-Kristallen mit Cd wurde das Cadmium-Chlorid in gewünschter Konzentration zur Schmelze zugegeben. Der Gehalt von Cd in den gemessenen Proben wurde polarographisch bestimmt (Abb. 1). Die Konzentrationsverhältnisse ergaben sich etwa wie folgt: Bei 1 % $CdCl_2$ in der Schmelze wurde in den Kristall durchschnittlich 10^{-3} Cd/Na eingebaut; bei 0,1 % ca. 10^{-4} und bei 0,01 % etwa 10^{-5} Cd/Na. Die Konzentration von Cd in der gemessenen Probe ist beim betreffenden Versuchsergebnis angegeben.

Die ultramikroskopischen Untersuchungen haben gezeigt, daß die Kristalle mindestens bis zur Konzentration 10^{-4} Cd keine Koloidteilchen dieses Elements im wesentlichen Maße enthalten. Im Gegensatz dazu konnte man in den KCl-Kristallen ein beträchtliches Zusammenflocken von Cd auf den Berührungsflächen der Kristallite schon bei niedrigeren Cd-Konzentrationen beobachten.

Die Verfärbung der Kristalle haben wir auf verschiedene Weise durchgeführt: a) durch Röntgenbestrahlung (50 kV, Berylliumfenster, Entfernung Kristall-Austrittsfenster 4 cm, Dosisleistung etwa 10^5 r/min; die Bestrahlungszeit ist beim Versuchsergebnis angegeben). Die Bestrahlung wurde wie üblich im Dunkeln und bei Zimmertemperatur durchgeführt; b) durch Elektronenbeschuß (etwa 10 keV, 100 µA/cm²); c) durch eine Gasentladung; d) additiv im Natriumdampf; e) in kombinierter Weise (additiv und photochemisch).

3. Versuchsergebnisse

3.1 Absorption mit Thermoabsorption und Thermolumineszenz [6]

Die Absorptionsmessungen im Gebiet von 10000 bis 2100 Å haben gezeigt, daß die NaCl-Kristalle mit Cd im ganzen uns zugänglichen UV-Gebiet optisch durchlässig sind. Anders gesagt, die Cd-Ionen, die hier als zweiwertig vorausgesetzt werden (vgl. z.B.[7]), rufen keine Zusatzabsorption in diesem Gebiet hervor.

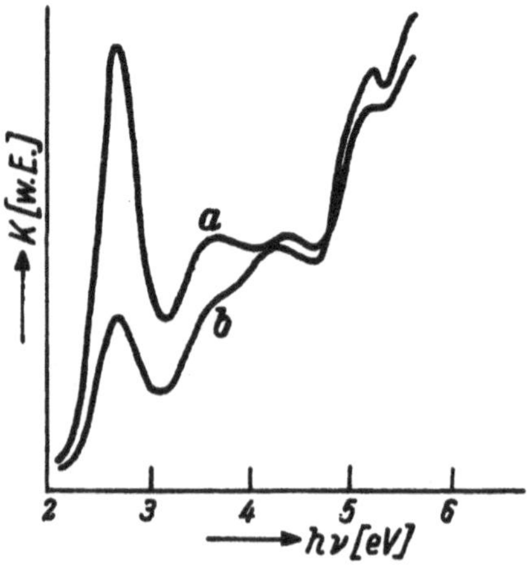

Abb. 2: Absorptionskurven bei NaCl mit 10^{-4} Cd/Na
(K = Absorptionskoeffizient)
Kurve a: nach 10 min Röntgenbestrahlung
Kurve b: derselbe Kristall nach 48 Stunden
(im Dunkeln bei Zimmertemperatur aufbewahrt)

Die NaCl-Kristalle mit 10^{-4} Cd, 10 min mit Röntgenlicht bestrahlt, hatten den Absorptionsverlauf, der aus der Abb. 2 (Kurve a) ersichtlich ist. Außer den gut ausgeprägten Absorptionsbanden der F-Zentren bei 4650 Å und der M-Zentren bei 7200 Å sind noch im UV die Absorptionsbanden bei 3540 Å (V_1-Zentren?) und bei 2480 Å erschienen. Zwischen den zwei letztgenannten Maxima liegt ein erhöhtes Plateau, wo ein sehr gut ausgeprägtes Maximum bei 2880 Å erscheint, falls die Kristalle nach der Röntgenbestrahlung 48 Stunden im Dunkeln bei Zimmertemperatur gelassen, durch Einstrahlen in die F-Bande gebleicht oder auf 450°K erhitzt worden sind (s. Abb. 2, Kurve b). In allen diesen drei Fällen hat sich die Absorptionsbande bei 3540 Å erniedrigt. Nach der Erhitzung des Kristalls auf 450°K ist auch das Maximum bei 2500 Å kleiner geworden.

Bei den Kristallen, die über 750°K erhitzt worden sind, sind alle genannten zusätzlichen Absorptionsbanden verschwunden einschließlich der durch Cd verursachten Banden bei 2500 und 2900 Å. Es ist nur ein langsamer Absorptionsanstieg in Richtung 2000 Å geblieben.

Das Ergebnis der Thermoabsorptionsmessungen bei gleichzeitiger Aufnahme der integralen Thermolumineszenz (TL) bei den Kristallen mit 10^{-4} Cd (10 min mit Röntgenlicht bestrahlt) gibt die Abb. 3. Der Kristall wurde dabei gleichmäßig mit einer Geschwindigkeit von 1,6°/s erwärmt und gleichzeitig mit der Wellenlänge 2780 Å, d.h. aus der Absorptionsbande bei 2900 Å, belichtet. Besonders bemerkenswert ist hier, daß im Temperaturgebiet des zweiten TL-Maximums die Absorption zunächst anwächst (die Durchlässigkeit nimmt ab) und bei 470°K (Ende der TL) anfängt, wieder abzufallen. Im Gegensatz dazu haben die Thermoabsorptionskurven für die Wellenlängen der F- und V_1-Zentren ihre Umkehrpunkte bei der Temperatur des zweiten TL-Maximums, was mit den Versuchsergebnissen von ZAITOV und KARK [8] übereinstimmt.

3.2 Thermoemission und Thermolumineszenz

Die Verläufe dieser beiden Erscheinungen bei der Probe mit 10^{-4} Cd, die 10 min mit Röntgenlicht bestrahlt worden war, sind durch die Kurven a und b in der Abb. 4 dargestellt. Die Erwärmungsgeschwindigkeit war etwa $2^{o}/s$. Zur Frage der tatsächlichen Oberflächentemperatur soll auf die Arbeit [9] hingewiesen werden, in der die betreffenden Korrekturen publiziert worden sind. Dieselbe Probe mit Röntgenlicht bestrahlt und von neuem erhitzt - also zum zweiten Mal gemessen - zeigt beide Erscheinungen schwächer, und das zweite TL-Maximum ist zu niedrigeren Temperaturen verschoben. Aus der Abb. 4 ist ersichtlich, daß die Thermoemission TE (Kurve a) im Temperaturgebiet des zweiten TL-Maximums (Kurve b) meistens nur einen allmählichen Abfall ohne ein ausgeprägteres Maximum hat. Ein je nach der Probe verschiedenartig ausgeprägtes TE-Maximum erscheint erst oberhalb $630^{o}K$, während die "reinen" Kristalle ihr intensivstes TE-Maximum - bei stärkerer Röntgenbestrahlung auch das TL-Maximum - um $570^{o}K$ haben, das den F-Zentren zugehört. Bei den Kristallen mit Cd wächst das TE-Maximum um $570^{o}K$ um so mehr, je kleiner die Cd-Konzentration ist.

Allgemein kann man sagen, daß bei den NaCl-Kristallen mit Cd, ebenso wie bei denen mit anderen zweiwertigen Beimengungen, sich die TE mit steigender Konzentration erniedrigt, bis sie nur noch schwer indizierbar ist. Bei solchen Fällen ist die Anwendung der TE-Methode wesentlich beschränkt.

Die additiv verfärbten Kristalle zeigen lediglich TE (ohne TL). Ihre Maxima liegen bei denselben Temperaturen wie bei den stark röntgenbestrahlten Kristallen.

3.3 Thermoemission und Photoemission

Auf den Abb. 5 und 6 sind die Verläufe der Thermo- plus Photoemission (TE + PhE) bei photochemisch verfärbten NaCl-Kristallen mit 10^{-4} Cd eingezeichnet (bestrahlt mit Philora durch Filter UG 5). Beim Versuch 5 wurde der

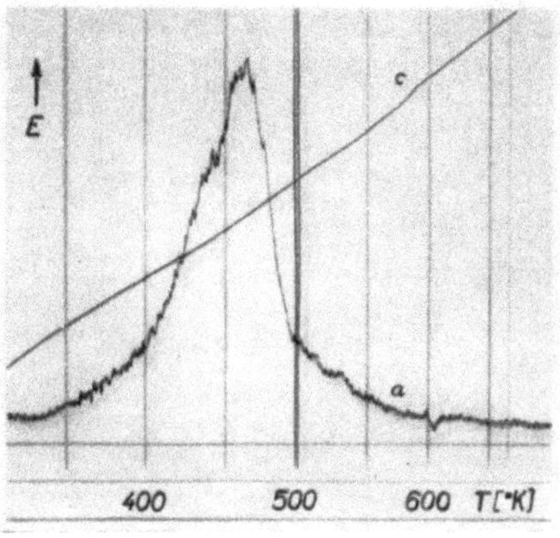

Abb. 5. Kurve *a*: Thermo- plus Photoemission bei NaCl mit 10^{-4} Cd/Na Filter UG5, ununterbrochene Bestrahlung

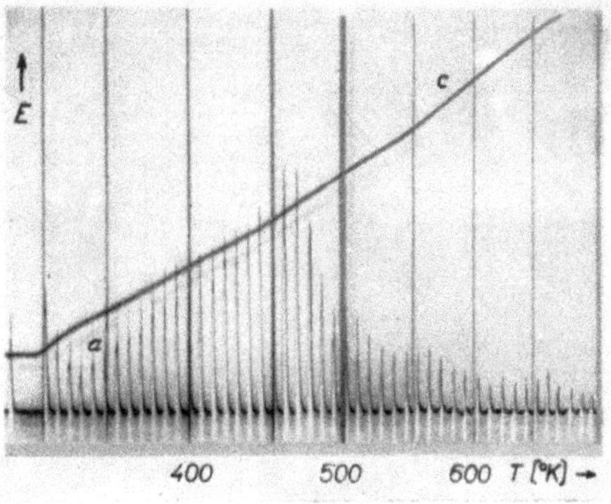

Abb. 6. Kurve *a*: Thermo- plus Photoemission bei NaCl mit 10^{-4} Cd/Na Filter UG5, unterbrochene Bestrahlung
Kurve *c*: Temperaturverlauf

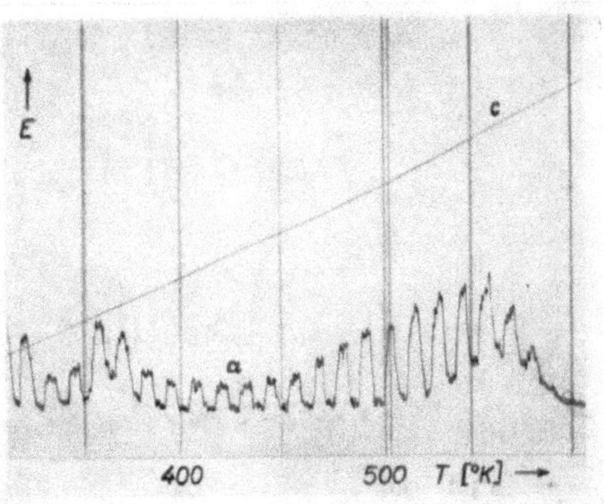

Abb.7. Kurve *a*: Thermo- plus Photoemission bei „reinem" NaCl (zweite Messung an diesem Kristall, unterbrochene Bestrahlung) Metallinterferenzfilter 4620 Å, Metallfadenlampe 100 W, Entfernung 20 cm)
Kurve *c*: Temperaturverlauf

Kristall während der gleichmäßigen Erwärmung ständig bestrahlt. Im Versuch 6 dauerte die UV-Bestrahlung 1 s und die Dunkelpause 3 s. Aus den Abbildungen ist ersichtlich, daß die in den meisten Fällen ausgeprägten Emissionsmaxima beide um 470°K liegen. Die "reinen" NaCl-Kristalle haben das höchste Maximum - ebenfalls bei UV-Bestrahlung - bis oberhalb 500°K.

Abb. 7 zeigt den Verlauf der TE + PhE bei einem röntgenverfärbten "reinen" NaCl-Kristall. In diesem Fall wurde der Kristall in der F-Bande (durch ein Filter BG 12, und mit einer Metallfadenlampe als Lichtquelle) bestrahlt (4 s Bestrahlung, 4 s Dunkelpause).

3.4 Spektralanalyse der Lumineszenz [6]

In der TL der NaCl-Kristalle mit verschiedenen Cd-Konzentrationen (10 min mit Röntgenstrahlen bestrahlt) wurden spektographisch folgende Emissionsbanden festgestellt (Abb. 8) : eine Bande bei 5550 ± 30 Å, eine gelbe Bande bei 5880 ± 30 Å, die am intensivsten ist (bei den in der F-Bande bestrahlten Kristallen liegen die Emissionsbanden bei kürzeren Wellenlängen, und zwar bei 5515 und 5800 Å) und endlich eine breitere rote Bande bei 6230 ± 50 Å (bei den kurz (5 min) gebleichten Kristallen liegen die Maxima bei 6060 und 6450 Å). Das Ausheizen des Kristalls auf 450°K hatte keinen Einfluß auf die Lage der Emissionsmaxima.

Vorläufige Versuche über das Auftreten der einzelnen Emissionsbanden in den verschiedenen TL-Maxima - bis jetzt nur mit Hilfe von Filtern durchgeführt - haben gezeigt, daß das zweite TL-Maximum mehr aus den Banden größerer Wellenlängen zusammengesetzt ist, dagegen das erste Maximum aus Banden kleinerer Wellenlängen. Versuche zur genaueren Feststellung dieser Verläufe sind noch im Gange.

In der Röntgenolumineszenz bei Zimmertemperatur sind im wesentlichen die gleichen Emissionsbanden gefunden worden wie in der TL, sie sind aber ein wenig zu größeren Wellenlängen verschoben. Die Kristalle fluoreszieren gelb mit einem Stich ins Rosa. Mit Hilfe eines Bildwandlers ist noch eine Emissionsbande bei 8500 Å gefunden worden (ähnlich bei NaCl-Kristallen mit Ca).

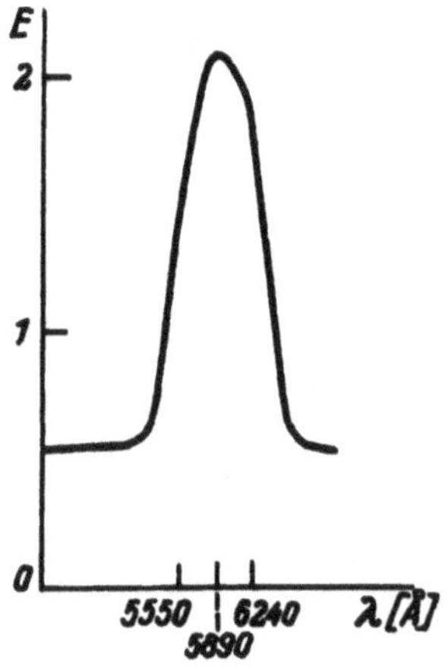

Abb. 8: Photometrische Kurven des Thermolumineszenzspektrums eines röntgenbestrahlten NaCl-Kristalls mit 10^{-4} Cd/Na

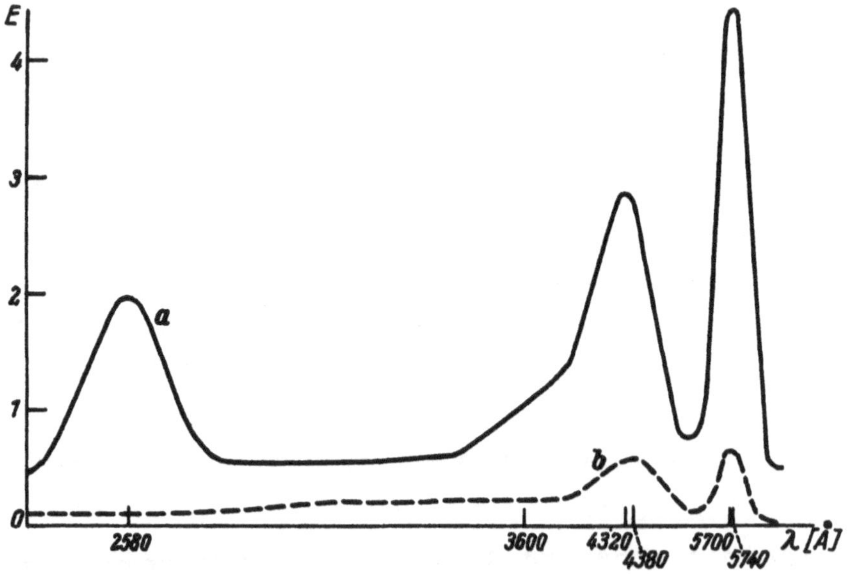

Abb. 9: Photometrische Kurven des Thermolumineszenzspektrums eines röntgenbestrahlten NaCl-Kristalls mit zwei Beimengungen (Cd + Cu oder Cd + Ag).
Kurve a: erste Messung,
Kurve b: zweite Messung am gleichen Kristall

Bemerkenswert sind noch die Versuchsergebnisse der Analyse der TL bei NaCl-Kristallen mit zwei Beimengungen: Cd mit Cu oder Ag (Abb. 9).

Während bei den zum ersten Mal gemessenen Kristallen (außer anderen) sehr intensiven UV-Emissionsbanden 3660 Å (Cu) und 2500 Å (Ag) auftreten, verschwinden die genannten Banden bei den zum zweiten Mal gemessenen (d.h. vor der Röntgenbestrahlung auf 700°K erwärmten) Kristallen.

3.5 Dielektrische Verluste

Bei den nicht erwärmten und unverfärbten NaCl- Kristallen mit größerer Konzentration von Cd (10^{-4} oder mehr) ist ein Frequenzmaximum der dielektrischen Verluste ($tg\,\delta$) bei 850 Hz und etwa 380°K gefunden worden. Die Erwärmungsgeschwindigkeit war klein, etwa 2°/min.

Bei den Kristallen, die zuerst auf 700°K erwärmt worden waren, ist dieses Maximum nicht beobachtet worden.

4. Diskussion der Versuchsergebnisse

Weil die von uns geplanten Versuche an NaCl-Kristallen mit Cd bei weitem noch nicht abgeschlossen sind, möchten wir aus den oben angeführten Versuchen keine endgültigen Schlüsse ziehen. Doch halten wir es für zweckmäßig, einige Bemerkungen anzufügen.

Aus den Verläufen der besprochenen Erscheinungen geht klar hervor, daß Cd auf alle einen wesentlichen Einfluß ausübt.

4.1 Weil das Cd^{++} weder im Sichtbaren noch im nahen UV zu bemerken ist, könnte man mit großer Wahrscheinlichkeit das 2500 Å-Absorptionsband dem Cd^{+} zuschreiben (vgl. auch [8]). Aus dem Verhalten des weiteren durch Cd verursachten Absorptionsmaximums bei 2900 Å könnte man weiter schließen, daß dieses dem Cd^{x} zugehört. Da aber die additiv verfärbten Kristalle keine Lumineszenz haben, muß noch die Rolle der V-Zentren und die wahrscheinlich sehr enge räumliche Anordnung von allen genannten Kristalldefekten näher studiert werden.

Zur Klassifikation der Elektronenübergänge in den einzelnen Absorptionsbanden möchten wir nur bemerken, daß die Autoren aus der KLEMENT'schen Schule in Tartu [8] die Absorptionsbande bei 2500 Å dem Elektronenübergang $n^2 S_{1/2} \rightarrow (n+1)^2 P_{1/2, 3/2}$ an Cd^+- Ionen zuschreiben. Die Absorptionsbande um 2900 Å (nach den genannten Autoren bei 2800 Å) wurde von ihnen ebenfalls beobachtet (l.c.); sie haben sich aber über die Natur dieser Bande nicht geäußert.

Was die Absorptionsbande bei 3500 Å betrifft, wird sie von diesen Autoren einem Elektronenzentrum zugeschrieben. Unsere Messungen zeigen dagegen, daß es sich um ein Defektelektronenzentrum handelt (V_1(?)). Dazu möchten wir noch bemerken, daß in diesem Wellenlängenbereich die NaCl-Kristalle mit Ca eine ausgeprägte Absorptionsbande haben.

4.2 Die Untersuchungen über den Einfluß einer Erwärmung verfärbter NaCl:Cd-Kristalle auf 450°K zeigen, daß schon zwischen 400° und 500°K - im Gebiet des zweiten TL-Maximums - die Ionisation der F-Zentren auftritt, während sie bei "reinen" NaCl-Kristallen erst oberhalb 550°K zustande kommt. Das kann man dadurch erklären, daß es im genannten Temperaturbereich zur Wechselwirkung der Zentren mit den Cd^{++}- Ionen und Vakanzen von Na^+ infolge der erhöhten Diffusion [4] kommt. Dabei könnten vorwiegend die Cd^+- Ionen entstehen bei gleichzeitiger Lichtemission und sehr schwacher Elektronenemission. Die eben genannten Autoren sprechen in ähnlichen Fällen von Ionenprozessen [2] .

4.3 Es erscheint uns. daß der Fall NaCl:Cd und verschiedene Verfärbungsarten dieser Kristalle einen weiteren Anlaß zur Diskussion der bekannten Lumineszenzmechanismen von RIEHL-SCHÖN auf der einen Seite und von FRANCK [10] auf der anderen Seite geben könnten; eine weitere Ionisation des schon zweiwertigen Cd scheint uns nämlich wenig wahrscheinlich zu sein (vgl. auch [2c]).

Literatur:

[1] Y. HAVEN, Defects in Crystalline Solids, Report of the Conference of Bristol 1954, London 1955, S. 261

[2] C.B. LUŠČIK u.a., Trudy IFA Tartu 7 (1958), 8 (1958) und 10 (1959)

[3] F. SEITZ, Imperfections in Nearly Perfect Crystals, 1950, S. 3

[4] A. BOHUN, Acta Phys. Austr. 10 (1957) 353

[5] H.W. ETZEL, Phys. Rev. 87 (1952) 906

[6] J. DOLEJŠÍ, J. KANTŮREK, A. BOHUN und J. TRNKA, Czech. J. Phys. 8 (1958) 548

[7] A.B. LIDIARD, Hdb. Phys., Bd. 20 (1957), S. 312

[8] F.N. ZAITOV und V.J. KARK, Trudy IFA 6 (1957) 82

[9] A. BOHUN, Czech. J. Phys. 10 (1960), im Druck

[10] J. FRANCK, Ann. Phys. (6) 3 (1948) 62

Prag, Institut für Technische Physik der Tschechoslowakischen Akademie der Wissenschaften

Diskussion

SCHÖN: Das RIEHL-SCHÖN'sche Modell sollte sich ursprünglich nur auf photoleitende Phosphore, z.B. Sulfidphosphore beziehen. Es würde mich sehr wundern, wenn es auch im vorliegenden Fall zur Beschreibung der Vorgänge geeignet wäre.

<u>STASIW:</u> Ein Cd-Zusatz hat den erwarteten Einfluß auf die F-Bande im KCl; im Gegensatz hierzu findet man bei Ca-Zusatz eine Zunahme der F-Zentren-Konzentration.

Langzeitiges Anklingen der Photoleitung als Methode zur Parameterbestimmung

K.W. BÖER und H. WANTOSCH

1. Einleitung

In zwei vorangegangenen Arbeiten [1,2] konnte gezeigt werden, daß bei entsprechender Wahl der Anregungsbedingungen Anklingkurven der Photoleitung erhalten werden können, die Wendepunkte enthalten.

Dieses Verhalten kann mit dem üblichen einfachen reaktionskinetischen Modell (Abb. 1) verstanden werden.

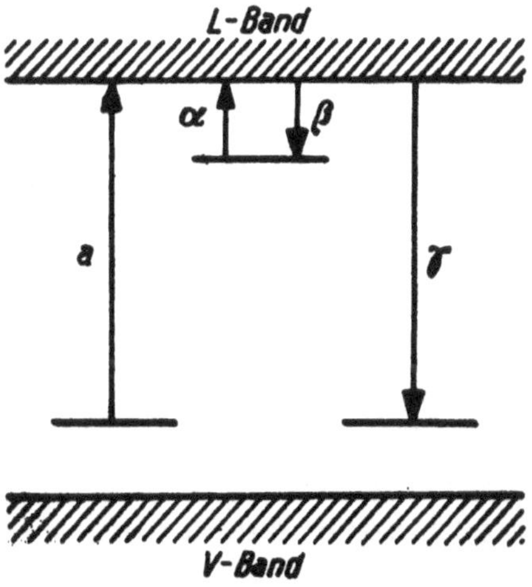

Abb. 1

Hierin wird eine optische Anregung von Elektronen aus dem Valenzband bzw. Aktivatortermen direkt in das Leitungsband und ein Anhaften der Elektronen an Hafttermen bzw. eine Rekombination mit ionisierten Aktivatoren angenommen.

Solche Anklingkurven mit Wendepunkten geben durch eine relativ einfache mathematische Analyse Aufschluß über die Konzentration H besonders ausgeprägter Hafttermgruppen sowie die entsprechenden Anhaftkoeffizienten β.

(1) $$H = \alpha \tau_p$$

$$\beta = \frac{1}{n_p \tau}$$

Hierbei ist a die Zahl der pro s und cm^3 durch Lichtanregung in das Leitungsband beförderten Elektronen, n_p die Elektronenkonzentration an einem Wendepunkt und τ_p der Zeitpunkt des Beginns des deutlichen Wiederanstieges nach Beendigung eines Plateaus einer solchen typischen Anklingkurve (Abb. 2).

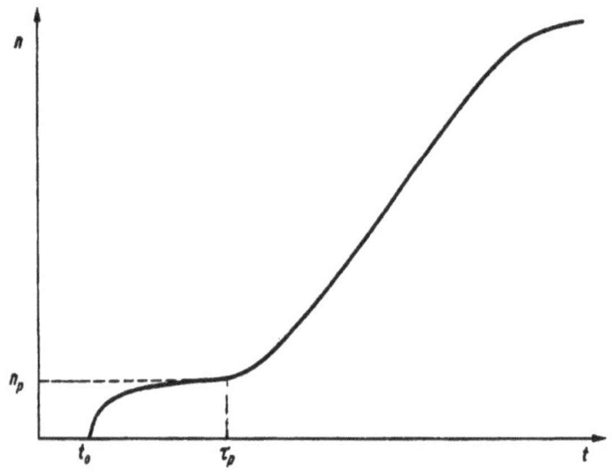

Abb. 2

Derartige Untersuchungen wurden an verschieden dotierten Kristallen (z.B. mit Cu, Co, Ni) durchgeführt und die Parameter H und β bestimmt [3].

Im Verlauf dieser Untersuchungen wurden erstmalig auch nichtmonotone Anklingkurven der Photoleitung gefunden, die nicht durch photochemische Reaktionen bedingt sind. Die hier zu besprechenden Untersuchungen sollten zu entscheiden gestatten, wann der Verlauf des Anklingens der Photoleitung im wesentlichen durch das in [1] und [2] genannte Modell beschrieben wird und wann andere Einflüsse eine einfache Auswertung nach Gl. (1) verhindern.

2. Experimentelle Anordnung

Die untersuchten CdS-Einkristalle wurden im Hochvakuum bei 250°C mit Aluminiumelektroden bedampft, deren geometrische Anordnung aus Abb. 3 ersichtlich ist [4]. Der Prüfling war in einem kühl- und heizbaren Rezipienten im Vakuum ($p \leq 10^{-5}$ Torr) so angebracht, daß er unter weitgehender Ausschaltung von Streulicht im Ausläufer mit Hilfe einer HBO 200 belichtet werden konnte. Durch einen Monochromator wurde die Hg-Linie 546 mμ zur Anregung des Kristalls ausgewählt.

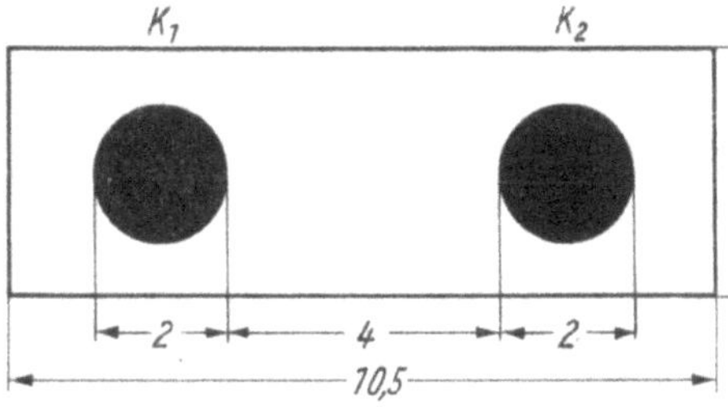

Abb. 3

Durch einen direkt vor dem untersuchten Kristall in der Öffnung eines lichtdichten Kastens angeordneten zweiten CdS-Kristall wurde störendes Streulicht im Grundgitter hinreichend absorbiert.

Der Potentialverlauf zwischen den Kontakten K_1 und K_2 wurde durch Abtasten mit einer Potentialsonde und Messung mit einem Elektrometer für jeden untersuchten Kristall bestimmt.

Der zeitliche Verlauf des Stroms wurde im Anfangsteil mit Hilfe eines von uns entwickelten, galvanisch gekoppelten Gleichstrommeßverstärkers bestimmt, dessen Empfindlichkeit $2 \cdot 10^{-12}$ A bei einer Zeitauflösung von 0,1 s beträgt.

3. Experimentelle Ergebnisse

Es wird das Ergebnis der experimentellen Untersuchungen zweier CdS-Einkristalle beschrieben, das repräsentativ für zwei Gruppen von Kristallen ist.

Es wurde zunächst das langzeitige Anklingen der Photoleitung untersucht. Vor der Aufnahme der Anklingkurve ist es, um Plateaus in diesen Kurven zu erhalten, notwendig, die Haftterme möglichst weitgehend von Elektronen zu entleeren. Um definiert reproduzierbare Verhältnisse für die Anklingkurven zu erhalten, wurden die Kristalle vor der Lichtanregung im Dunkeln folgender Vorbehandlung unterworfen:

1) Aufnahme einer Glowkurve (Aufheizen von -170° bis $50^{\circ}C$ in etwa 15 min)
2) Tempern bei $50^{\circ}C$ [1] für 5 min
3) Abkühlen auf $-170^{\circ}C$ in etwa 15 min
4) Anschließend 5 min warten bei $-170^{\circ}C$ bis zum Beginn der Lichteinstrahlung.

Das Einhalten dieser Vorbehandlung gewährleistet einen stets gleichen Ausgangszustand für die folgenden Untersuchungen und liefert reproduzierbare Ergebnisse. In Abb. 4 ist eine Schar von Anklingkurven wiedergegeben, die am Kristall 1 gemessen wurde. Scharparameter ist die an den Kristall gelegte Spannung. Einige Kurven zeigen am Beginn des Anklingvorganges einen nichtmonotonen Kurvenverlauf. Der Photostrom wächst nach Einschalten der Belichtung zunächst an, durchläuft ein Maximum, geht in den meisten Fällen durch 0 und wird negativ, fließt also jetzt entgegen der angelegten Spannung; nach Durchlaufen eines erneuten Maximums kehrt er wieder sein Vorzeichen um und erreicht erst dann in der erwarteten Weise ein Plateau. Mit wachsender an den Kristall angelegter Spannung verschiebt sich dieser nichtmonotone Bereich immer mehr zu kürzeren Zeiten und verschwindet schließlich ganz.

Die Stromspannungscharakteristiken, die aus dieser Kurvenschar gezeichnet werden können, zeigen ganz erhebliche Abweichungen vom Ohmschen Gesetz. Besonders charakteristisch ist das Auftreten einer Stromsättigung im Bereich des Plateaus, die in Abb. 5 wiedergegeben ist.

1) Die Temperatur von $50^{\circ}C$ wurde nicht überschritten, um eine Veränderung der Realstruktur zu vermeiden.

In Abb. 6 ist eine Schar von Anklingkurven wiedergegeben, die am Kristall 2 gemessen wurde. Scharparameter ist ebenfalls die angelegte Spannung.

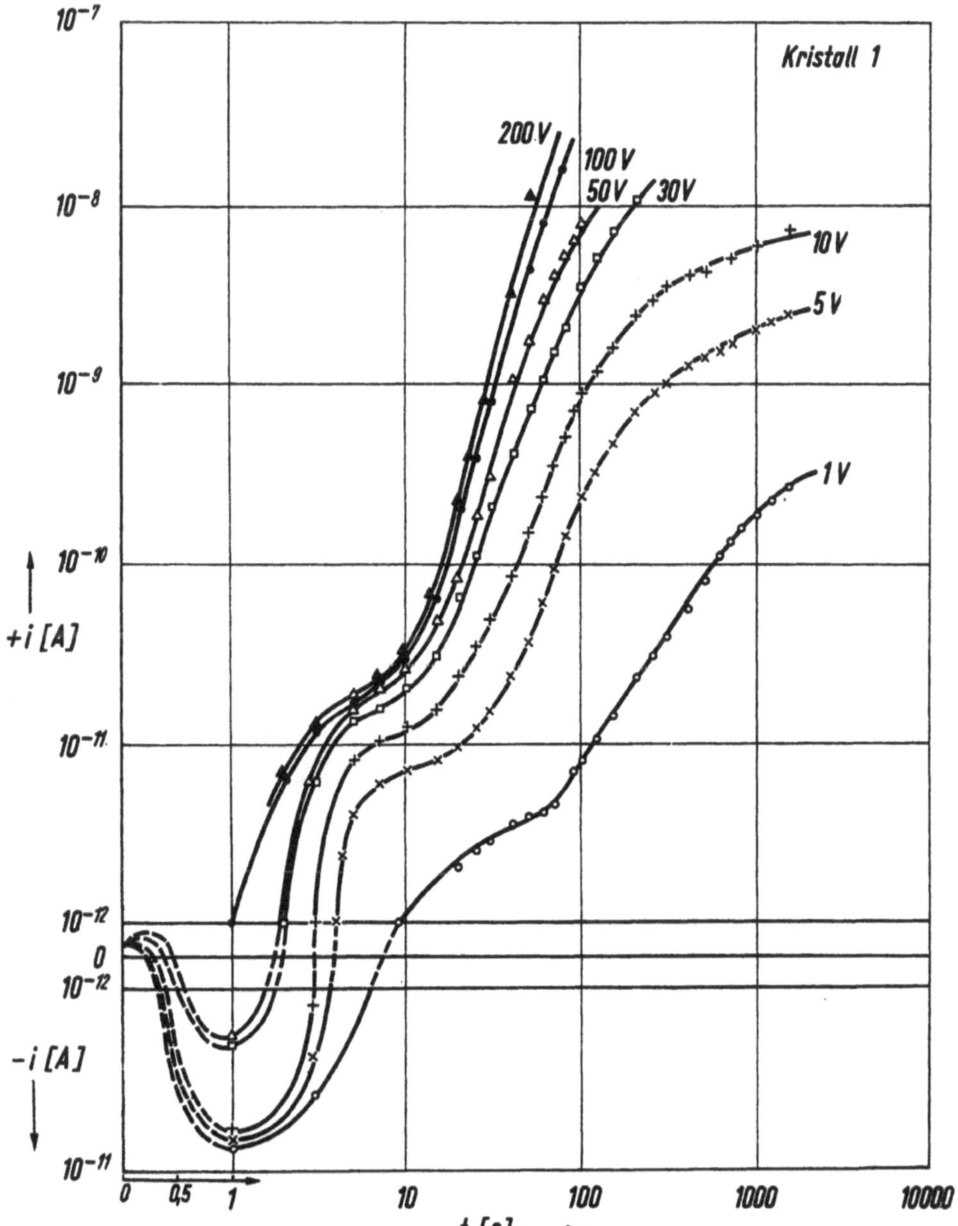

Abb. 4

Alle Meßkurven verlaufen monoton mit der Zeit. Die Kurven

erfüllen praktisch während ihres gesamten Verlaufs das Ohmsche Gesetz. Eine Stromspannungscharakteristik, wie sie sich aus der in Abb. 6 gezeichneten Kurvenschar ergibt, ist ebenfalls in Abb. 5 eingetragen.

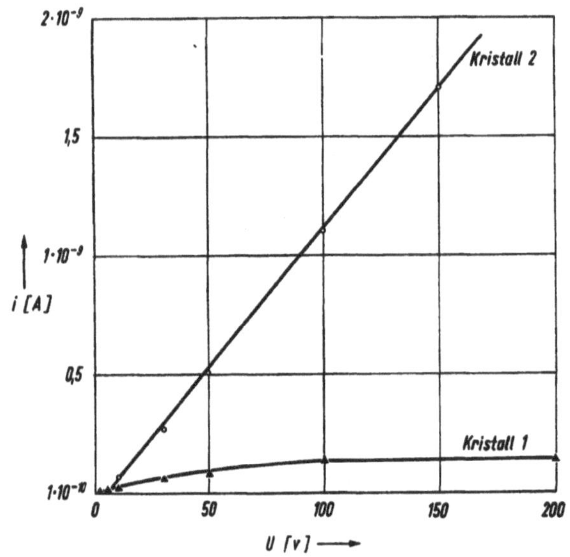

Abb. 5

Da das nichtohmsche Verhalten der Stromspannungscharakteristik sowie die Stromumkehr bei den Anklingkurven vermuten lassen, daß das durch das einfache Modell nicht zu erklärende Verhalten des ersten Kristalls durch Kontaktrandschichten oder Übergangsschichten unterschiedlich leitender Bereiche im Innern des Kristalls bedingt wird, wurde der Potentialverlauf im Innern des Kristalls mit Potentialsonden abgetastet. Für die beiden in ihrem Verhalten typischen CdS-Einkristalle ist der nach dieser Methode erhaltene Potentialverlauf in Abb. 7 wiedergegeben. Kristall 1 zeigt neben geringfügigen Potentialverzerrungen an den Elektroden [2] einen Knick im

2) Vermutlich sind diese Potentialverzerrungen allein auf die Geometrie der Elektrodenanordnung zurückzuführen (die Äquipotentialflächen werden vor der Elektrode um 90° gekippt).

Potentialverlauf, der auf eine Inhomogenität im Innern schließen läßt.

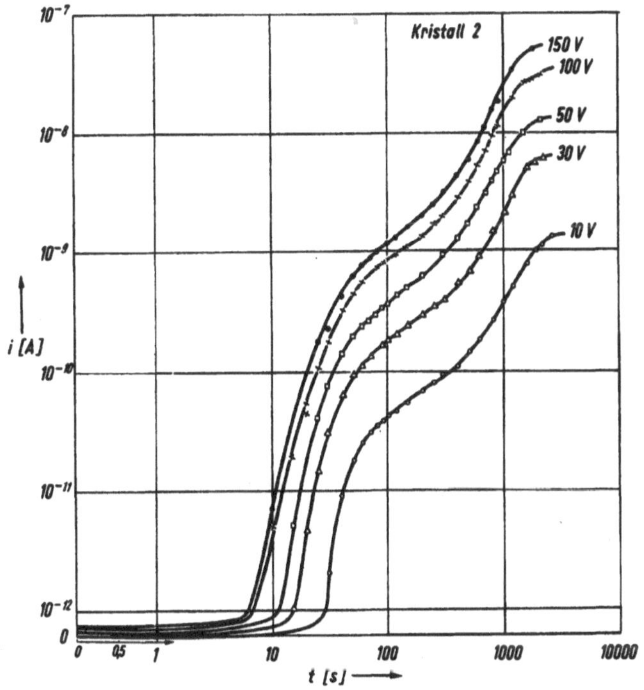

Abb. 6

Kristall 2 weist an den Elektroden ähnliche Potentialverzerrungen wie Kristall 1 auf, hat aber im Innern einen geradlinigen Potentialverlauf.

Schließlich wurden Stromspannungscharakteristiken bei stationärer Photoleitung und räumlich homogener Anregung im Ausläufer gemessen. Kristalle, die einen monotonen Verlauf der Anklingkurve zeigten, besaßen weitgehend Ohmsche Stromspannungscharakteristiken. Alle Kristalle, bei denen sich ein nichtmonotoner Verlauf der Anklingkurven ergab, zeigten unterhalb von 10^{-2}V besonders starke Abweichungen vom Ohmschen Gesetz. Sie besaßen stets eine Photo-EMK in der Größenordnung einiger Millivolt.

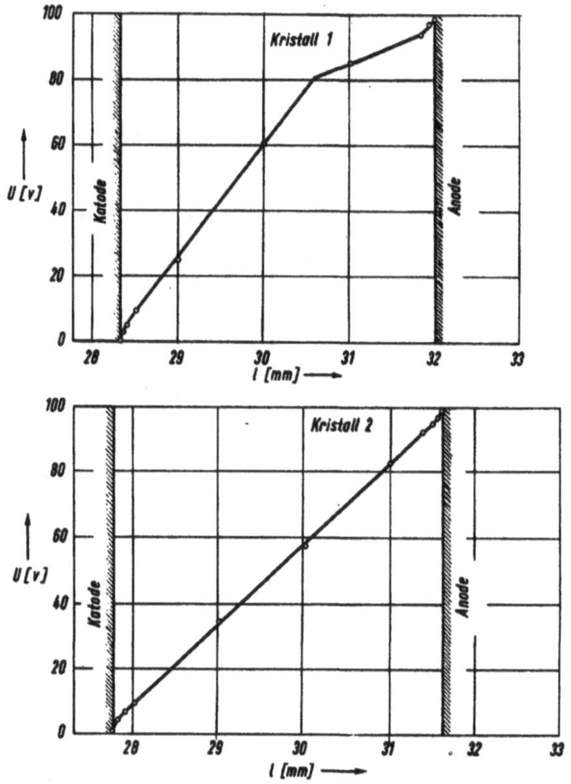

Abb. 7

4. Diskussion

Nach den in [1] angestellten Überlegungen kommen Anklingkurven mit ausgeprägten Plateaus dadurch zustande, daß sich zwischen dem Anregungs- und Anhaftvorgang zunächst ein quasistationäres Gleichgewicht einstellen kann, das die Konzentration der Leitungselektronen im Gebiet des Plateaus im wesentlichen bestimmt. Mit Fortdauer der Anregung werden immer mehr Haftterme gefüllt und fallen daher für den Anhaftvorgang aus. Die Lebensdauer der Leitungselektronen kann daher wachsen. Der Photostrom nimmt zu, bis sich schließlich infolge der immer stärker wirkenden Rekombination mit ionisierten Aktivatoren ein neues Gleichgewicht einstellt und der stationäre Photostrom erreicht wird.

Die Konzentration der Leitungselektronen nimmt, wie in [1] gezeigt wurde, monoton mit der Zeit zu. Nichtmonotone Anklingkurven, wie sie für einen typischen Fall die Abb. 8 zeigt, lassen sich in diesem Modell nicht verstehen (vgl. [5]).

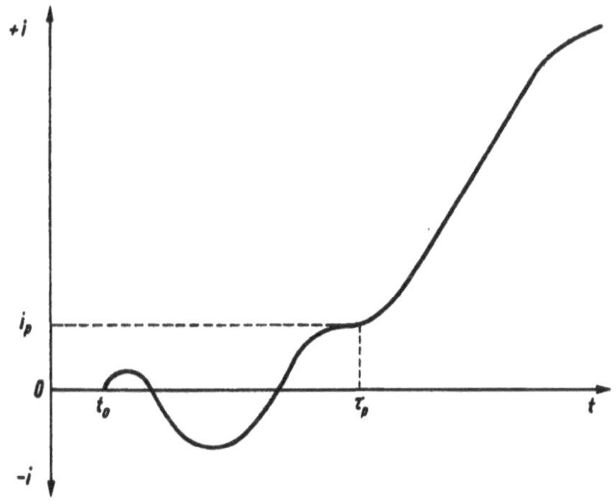

Abb. 8

Für den räumlich homogenen Fall, also unter Vernachlässigung von Raumladungen, sollte zudem die Photoleitfähigkeit, d.h. also auch zu jedem Zeitpunkt der Anklingkurve, unabhängig von der angelegten Spannung sein. Die Tatsache, daß das bei Kristallen des Typus 1 nicht der Fall ist, läßt darauf schließen, daß hier offensichtlich Raumladungseffekte einen wesentlichen Einfluß ausüben. Bei Kristallen des Typus 2 ist ein solcher Einfluß nicht deutlich nachzuweisen.

Solche Raumladungen können durch Kontaktrandschichten oder innere Übergangsschichten zwischen Bereichen unterschiedlicher Leitfähigkeit im Innern des Kristalls verursacht werden. Untersuchungen der Potentialverteilung ergaben jedoch, daß sich die Kontakte der Kristalle des Typus 1 nicht wesentlich von den Kontakten der Kristalle des Typus 2 unterscheiden. In beiden Fällen konnten keine Verarmungsrandschichten vor den Elektroden festgestellt werden. Bei den Kristallen des Typus 1 treten hingegen im Innern deutliche Knicke im Potentialverlauf auf. Dies läßt darauf schließen, daß diese Kristalle aus Bereichen unterschiedlicher Leitfähigkeit bestehen. Die hier auftretenden Raumladungsgebiete beeinflussen offenbar in entscheidender Weise den Verlauf des Anklingens und dürften den nichtmonotonen Verlauf am Anfang der Anklingkurven veranlassen.

Es ist also offenbar nicht ausreichend, CdS-Einkristalle sperrschichtfrei zu kontaktieren, sondern man ist genötigt, anschließend solche von ihnen auszuwählen, die keine merklichen Raumladungen im Innern besitzen. Nur diese Kristalle sollten daher der in [1] und [2] beschriebenen Methode zur Parameterbestimmung unterworfen werden. Für sie bestehen keine Bedenken, die Anklingkurven zur Bestimmung von β und H auszuwerten.

Zusammenfassung

Es wird gezeigt, daß das langzeitige Anklingen der Photoleitung bei schwacher Anregung im Ausläufer wesentlich von Kontaktrandschichten oder inneren Übergangsschichten beeinflußt werden kann. Durch Abtasten des Potentialverlaufs zwischen den Elektroden können diese Randschichten oder Übergangsschichten qualitativ nachgewiesen werden. Um aus den Meßkurven des langzeitigen Anklingens die Konzentration ausgeprägter Hafttermgruppen und deren Anhaftkoeffizienten für den Elektroneneinfang berechnen zu können, müssen Kristalle mit starken Kontaktrandschichten oder nichtgeradlinigem Verlauf des Potentials zwischen den Kontakten von der Auswertung ausgeschlossen werden. Der Einfluß derartiger Kontaktrandschichten oder innerer Übergangsschichten auf den Verlauf des Anklingens der Photoleitung wird diskutiert.

Literatur:

[1] K.W. BÖER und H. VOGEL, Ann. Phys. 17 (1955) 10

[2] K.W. BÖER und H. WANTOSCH, Ann. Phys. 2 (1959) 406

[3] H. HESS, Diplomarbeit Humboldt-Universität Berlin (1959)

[4] K.W. BÖER und K. LUBITZ, Z. Naturf. 15a (1960) 91

[5] K.W. BÖER und H. VOGEL, Z. Phys. Chem. 206 (1956) 1

Berlin, IV. Physikalisches Institut der Humboldt-Universität und Physikalisch-Technisches Institut der Deutschen Akademie der Wissenschaften, Bereich elektrischer Durchschlag

Diskussion:

BÖER: Das Auftreten nichtmonotoner Verläufe der Abklingkurven des Photostroms zwingt zu besonders sorgfältiger Beachtung der Kontaktierungsprobleme. Ein Aufdampfen von Aluminium nach der Art herkömmlicher Goldbedampfungen ergibt bei einer Potentialabtastung längs des Kristalls starke Potentialsprünge in unmittelbarer Nähe der Elektroden und starke Gleichrichtereffekte. Wird jedoch die Bedampfung mit Aluminium bei einer Kristalltemperatur von 250°C vorgenommen, so treten in vielen Fällen überhaupt keine Verarmungsrandschichten auf. Gleichzeitig verschwinden Gleichrichtereffekte völlig.

Wir vermuten, daß bei Bedampfung bei Zimmertemperatur die Wasser- und Sauerstoff-Adsorptionsschichten auf dem Kristall mit dem aufgedampften Aluminium zusammen eine Art Schutzschicht bilden, welche ein Eindringen von Aluminium in die Kristalloberfläche verhindert. Bei einer Kristalltemperatur von 250°C bei der Bedampfung wird diese Schutzschicht soweit zerstört, daß eine Eindiffusion von Aluminiumatomen in Oberflächenbereiche möglich wird. Hier sollten sie ebenso wie Indium- und Gallium-Atome als Donatoren wirken, welche die sperrschichtfreie Kontaktierung verursachen.

Der besondere Vorteil dieser Aluminiumelektrodierung besteht darin, daß derartig kontaktierte Kristalle wesentlich höheren Temperaturen (bis zu 350°C) ohne Leitfähigkeitsänderungen ausgesetzt werden können als mit Indium oder Gallium kontaktierte Kristalle.

Umfangreiche experimentelle Untersuchungen dieser Fragen wurden im wesentlichen von Herrn LUBITZ durchgeführt.

RUPPEL: Sind die beobachteten photovolta'schen Ströme stationär ?

WANTOSCH: Sie sind stets stationär.

MÜLLER: Sind die inneren Inhomogenitäten durch hohe Belichtungsintensitäten "zuschüttbar" ?

BÖER: Derartige Intensitätsabhängigkeitsmessungen wurden bisher nicht durchgeführt.

BROSER: Wie sehen die benutzten Kristalle optisch aus ? Bestehen zwischen optisch feststellbaren Störungen, Riefen und dgl. und den sich in der Abtastcharakteristik zeigenden Inhomogenitäten Zusammenhänge ?

BÖER: Unsere Kristalle zeigen bei Betrachtung mit unbewaffnetem Auge keine Störungen und Riefen; bei Betrachtung im Mikroskop sind dagegen stets feine Riefen festzustellen. Eine Korrelation zwischen solchen Riefen und den gemessenen Inhomogenitäten konnte nicht festgestellt werden.

BROSER: Da die bei der Aufnahme der Abtastcharakteristiken benutzte Lichtintensität aus meßtechnischen Gründen sicher wesentlich größer als im Falle der Beobachtung des nichtmonotonen Stromverlaufs war, kann man für diesen Effekt eine Wirkung der Kontakte nicht mit Sicherheit ausschließen.

BÖER: Diese Befürchtung dürfte unbegründet sein, denn man sollte erwarten, daß Verarmungsrandschichten bei stärkerer Belichtung einen größeren Einfluß haben als bei geringer Belichtung.

BROSER: Haben Sie nur mit Aluminiumkontakten gearbeitet ?

BÖER: Es wurden sowohl Aluminiumkontakte als auch Indium- und Goldkontakte benutzt. Die Goldkontakte wurden durch die bekannte Beglimmungsvorbehandlung sperrschichtarm gemacht, völlig sperrschichtfreie Goldkontakte konnten wir auf diesem Wege nicht herstellen.

WANTOSCH: Weil goldkontaktiere Kristalle fast ausschließlich den nichtmonotonen Verlauf des Anklingens des Photostroms zeigten, wurden von Herrn HESS [1] weitgehend Indiumkontakte verwendet.

RUPPEL: Wenn man zur Kontaktierung Metalle mit hoher Austrittsarbeit verwendet, z. B. Gold, vorher beglimmt und dann trotzdem keine Verarmungsrandschicht erhält, dann besteht nur die Möglichkeit, daß eine Art unvollständiger p-n-Übergang mit starker Rekombination vorliegt, der eine Gleichrichtung verhindert und so ein OHM'sches Verhalten vortäuscht.

BROSER: Ein solcher Übergang kann den Anklingverlauf noch dadurch stören, daß er sich zeitlich ändert.

UNGER: Ich glaube nicht, daß die Vernachlässigung der Reemission und der Rekombination, wie sie Herr WANTOSCH zur Auswertung seiner Anklingkurven benötigt, zulässig ist.

BÖER: Herr OBERLÄNDER hat bei uns den Einfluß dieser Vernachlässigungen genauer untersucht. Es zeigte sich dabei, daß die Kurven des exakten Systems mit denen des genäherten bis zu einem jenseits des Plateau-Endes befindlichen Punkt zusammenfielen, d. h. erst ein Stück nach dem Durchlaufen des Plateaus beginen die vernachlässigten Größen physikalisch wirksam zu werden.

SCHÖN: Die gemessenen Anklingkurven zeigen, daß man es hier mit zwei völlig verschiedenen Relaxationszeiten zu tun hat. Das bedeutet im wesentlichen, daß zu Beginn der Messung das System der Elektronen und Löcher völlig entkoppelt ist.

Literatur:

[1] H. HESS, Diplomarbeit Berlin 1959

Elektrisch stimulierte Ströme in CdS-Einkristallen

ST. KANEV

Einleitung

Die Akkumulierung von Strahlungsenergie in lichtempfindlichen Halbleitern und ihre Auslösung durch elektrische Felder haben schon GUDDEN und POHL [1] beobachtet, die an einigen Kristallphosphoren elektrisch stimulierte Lumineszenz beobachtet haben. Im Jahre 1954 fanden BÖER und KÜMMEL [2], daß bei allmählicher ununterbrochener Vergrößerung der an einen vorbelichteten Kristall angelegten Spannung die Leitfähigkeit desselben allmählich wächst, was nicht beobachtet wird, wenn der Kristall nicht vorbelichtet wurde. Das bedeutet, daß dieser Strom durch die mittels der Wirkung des elektrischen Feldes aus den Haftstellen ausgelösten Stromträger verursacht wird.

Wir haben bei unseren Untersuchungen folgendes festgestellt: Legt man an einen Kristall, der eine gewisse Zeit mit anregender Strahlung belichtet wird, zu einem gewissen Zeitpunkt nach Ausschalten der Anregung eine elektrische Spannung an, so fließt durch den Kristall ein kurz dauernder Strom, nach dessen maximalem Wert man die im Kristall absorbierte Strahlungsdosis beurteilen kann.

Die experimentellen Ergebnisse zeigten, daß dieser kurzdauernde Strom, der elektrisch stimulierter Strom genannt wurde, eine Erscheinung in CdS-Einkristallen ist, die durch Prozesse in den Elektronenhaftstellen bedingt ist. Auf Grund der gewonnenen Abhängigkeiten des elektrisch stimulierten Stroms von der im Kristall absorbierten Dosis, von der Art der Bestrahlung, der angelegten Spannung, der Temperatur usw. wird die Möglichkeit zur praktischen Ausnutzung dieser Erscheinung in der Dosimetrie, der Photometrie usw. gezeigt.

In dieser Arbeit wird über einige grundlegende Eigenschaften der elektrisch stimulierten Ströme berichtet. Ferner werden einige experimentelle Ergebnisse mitgeteilt, die zur Deutung der Prozesse in den untersuchten Kristallen beitragen können.

Meßmethode

Die benutzten Kristalle wurden nach dem Verfahren von FRERICHS [3] hergestellt. Ihre Dicke variierte zwischen 0,01 und 0,1 mm. Die Kristalle wurden mit Silikonlack auf Glimmer mit einem passenden Loch in der Mitte geklebt. Auf die beiden Seiten des Kristalls wurden durch Kathodenzerstäubung Goldelektroden aufgebracht, von denen eine halbdurchlässig war. Die so erhaltenen Photowiderstände besaßen eine große Empfindlichkeit und zeigten im allgemeinen starke Gleichrichtereigenschaften. Die meisten von ihnen zeigten auch starke elektrisch stimulierte Ströme. Die Stärke dieses elektrisch stimulierten Stroms wurde mittels eines Galvanometers oder eines Mikroamperemeters gemessen, die in Reihe mit dem Kristall und der Spannungsquelle geschaltet waren.

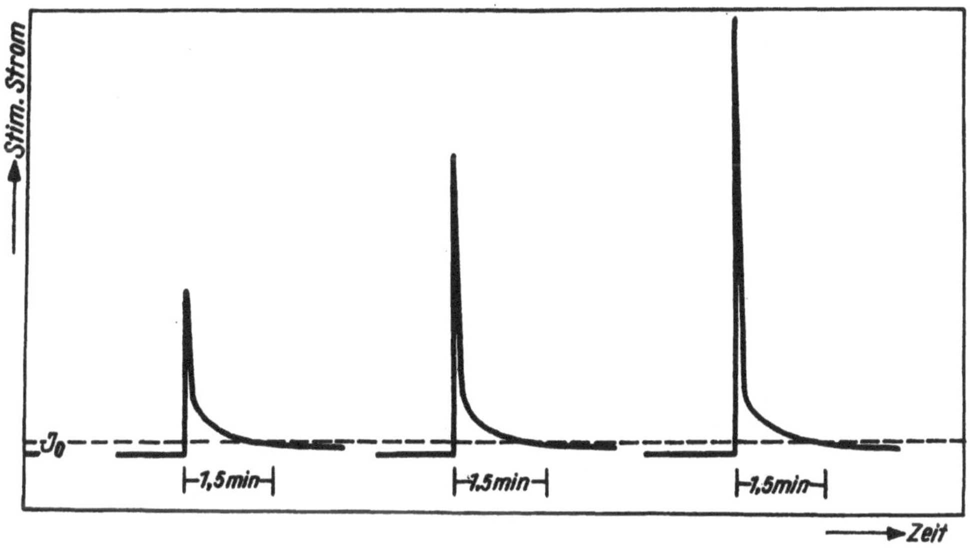

Abb. 1: Kinetik des elektrisch stimulierten Stroms bei drei verschiedenen Dosen

Abb. 1 zeigt den zeitlichen Verlauf des elektrisch stimulierten Stroms für drei verschiedene Dosen, der mit dem Galvanometer auf Photopapier registriert wurde. Wie man sieht, erfolgt das Ansteigen des Stroms auf seinen Höchstwert wesentlich schneller als das Abklingen desselben. Einige Minuten nach Anlegen der Spannung erreicht der stimulierte Strom bei seinem Abklingen stets den gleichen Wert, der von der zuvor eingestrahlten Dosis unabhängig ist.

Da der höchste Wert des Stromes am leichtesten zu messen ist, beurteilen wir die Größe der absorbierten Strahlungsdosis nach diesem Wert. Wir wollen im folgenden, wenn vom elektrisch stimulierten Strom die Rede ist, stets den Spitzenwert desselben verstehen.

Die Anregung des Kristalls erfolgte in den meisten Fällen im Bereich der Grundgitterabsorption. Nach Vorversuchen sind die für Licht erhaltenen Ergebnisse auch für die energiereicheren Strahlungen, für die das CdS empfindlich ist, gültig.

Meßergebnisse

1. Abhängigkeit des elektrisch stimulierten Stroms von der absorbierten Dosis und der angelegten Spannung

Der elektrisch stimulierte Strom wächst in gewissen Grenzen linear mit der Dosis. Bei größeren Dosen zeigt er eine Sättigung, wobei das Einsetzen der Sättigung vom betreffenden Kristall abhängt. In der Abb. 2 (Kurve 1) ist diese Abhängigkeit für einen Kristall wiedergegeben, der mit schwachen Lichtintensitäten (etwa 0,01 Lux) bestrahlt wurde. Die Dosis wurde durch Änderung der Vorbelichtungsdauer variiert. Zum Vergleich ist die Kurve des Photoeffektes (Kurve 2) angegeben. Man sieht, daß der elektrisch stimulierte Strom seinen Sättigungswert wesentlich später erreicht als der Photostrom seinen stationären Wert, außerdem ist er um ein Mehrfaches größer. Das zeigt, daß die stimulierten Strö-

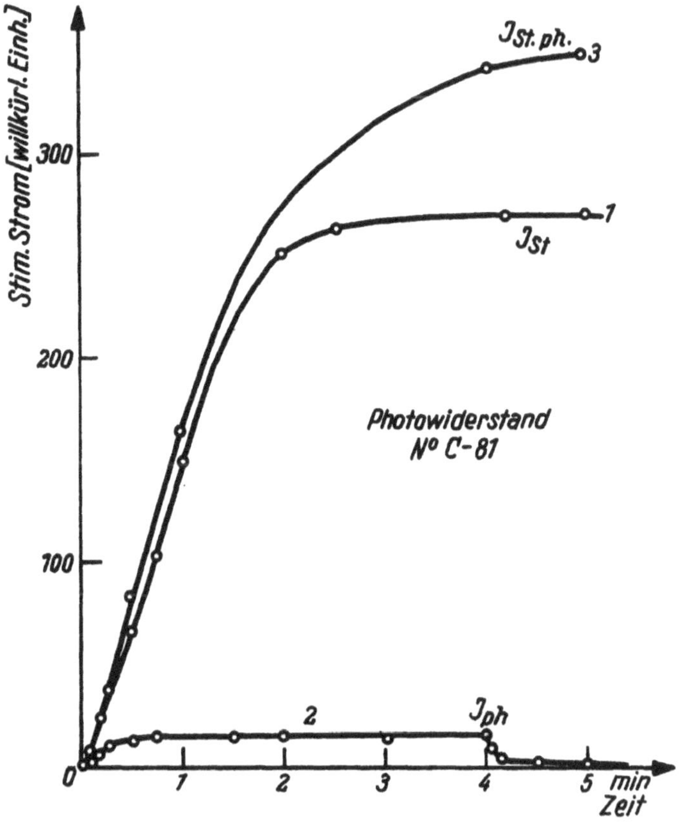

Abb. 2: Kurve 1: Abhängigkeit des elektrisch stimulierten Stromes von der Bestrahlungszeit, d. h. von der Dosis der absorbierten Lichtenergie.
Kurve 2: Größe und Kinetik des Photostromes bei derselben Intensität der Bestrahlung.
Kurve 3: Ebenso wie Kurve 1, die Spannung wurde jedoch ohne Ausschalten der Bestrahlung angelegt.

me zur Messung schwacher Lichtintensitäten geeigneter sind als Photoströme. Man kann mit empfindlichen Photowiderständen Intensitäten unter 0,001 Lux messen. Da die Messung der Strahlungsintensität in diesem Falle auf die Messung der vom Kristall absorbierten Dosis beruht, könnte man meinen, es sei möglich, beliebig kleine Intensitäten zu messen, wenn man nur genügend lange einstrahlt. Das ist aber nicht so; denn Kristalle, die lange Zeit ohne angelegte Spannung lagen, zeigen einen schwachen elektrisch stimulierten Strom, ohne vorbelichtet worden zu sein. Für die verschiedenen Kristalle ist die Stärke dieser stimulierten Ströme verschieden. Dieser Strom, der von der Temperatur, der Stabilität der Kontakte usw. abhängig ist, bestimmt den Schwellenwert der Empfindlichkeit des Kristalls (der in der Größenordnung von 0,0005 Lux liegt). Der elektrisch stimulierte Strom wird eine gewisse Zeit, nachdem der Kristall die Dosis absorbiert hat, gemessen. Wird jedoch die elektrische Spannung angelegt, während noch eingestrahlt wird, so verschiebt sich die Kurve des so erzeugten stimulierten Stromes nach oben (Kurve 3).

Während der Maximalwert des Photostromes von der Intensität der Einstrahlung abhängt, hängt der Maximalwert des elektrisch stimulierten Stromes unter gewissen Bedingungen nur vom Produkt der Intensität und der Zeitdauer der Einstrahlung, d. h. von der Dosis, ab.

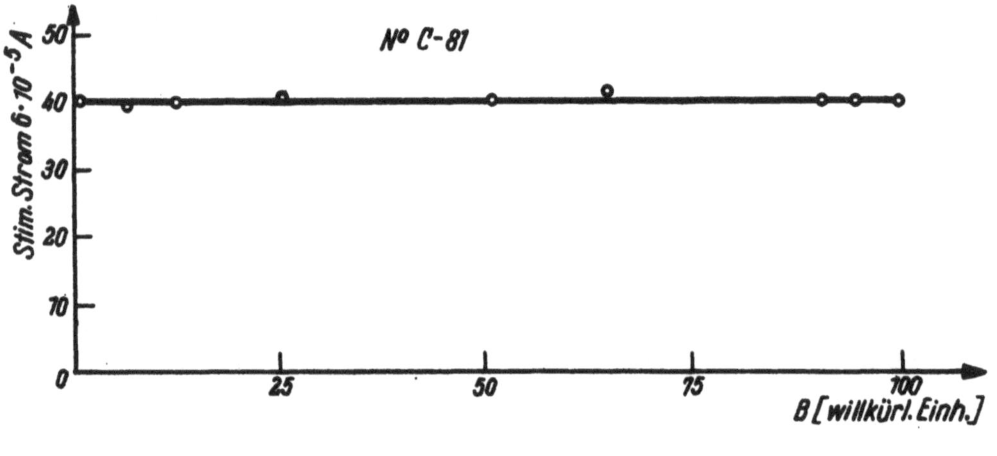

Abb. 3: Abhängigkeit des elektrisch stimulierten Stromes von der Intensität B der Belichtung bei konstanter Dosis (Bt = const).

Abb. 3 zeigt, daß die Vergrößerung der Intensität auf das 120-fache bei entsprechender Verminderung der Einstrahlungsdauer, d. h. bei konstanter Dosis, den stimulierten Strom konstant läßt.

Die Größe des stimulierten Stromes hängt nicht nur von der Dosis ab, sondern auch von der an dem Kristall angelegten Spannung. Mit Vergrößerung der Spannung verschieben sich die Kurven, die die Abhängigkeit des stimulierten Stromes von der Dosis wiedergeben, nach oben.

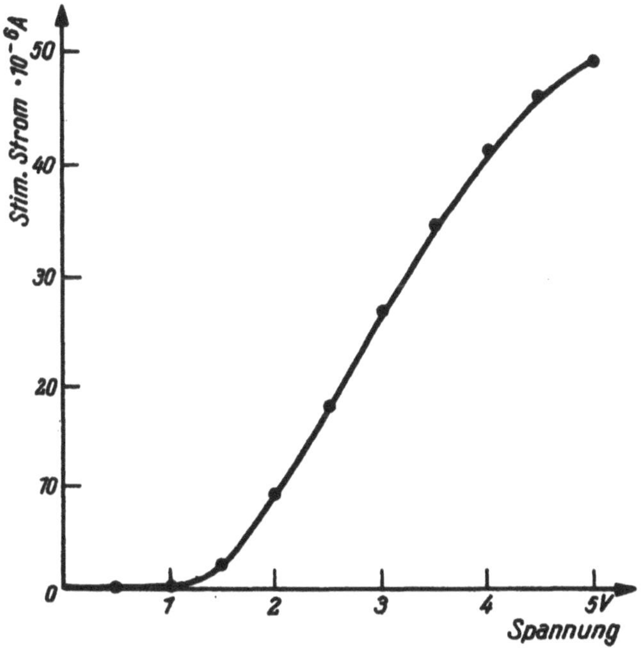

Abb. 4: Abhängigkeit des elektrisch stimulierten Stromes von der Spannung (Kristalldicke 0,02 mm).

Abb. 4 gibt die Abhängigkeit des bei bestimmter Dosis erzeugten stimulierten Stromes von der Spannung wieder und zeigt, daß der stimulierte Strom von einer gewissen Spannung an eine Sättigung zu zeigen beginnt.

2. Spontaner Verlust eines Teiles der akkumulierten Dosis

Vergleicht man in der Abb. 2 die Kurven 3 und 1 miteinander, so sieht man, daß die Stärke des stimulierten Stromes abnimmt, wenn zwischen dem Ausschalten der Belichtung und dem Anlegen der Spannung ein gewisses Zeitintervall liegt. Die Kurven der Abb. 5 zeigen, daß der elektrisch stimulierte Strom für verschiedene Dosen von diesem Zeitintervall abhängt. Während der Verlust bei großen Dosen groß ist (Kurven 5 und 6), verschwindet er fast bei den kleineren Dosen (Kurven 1 und 2).

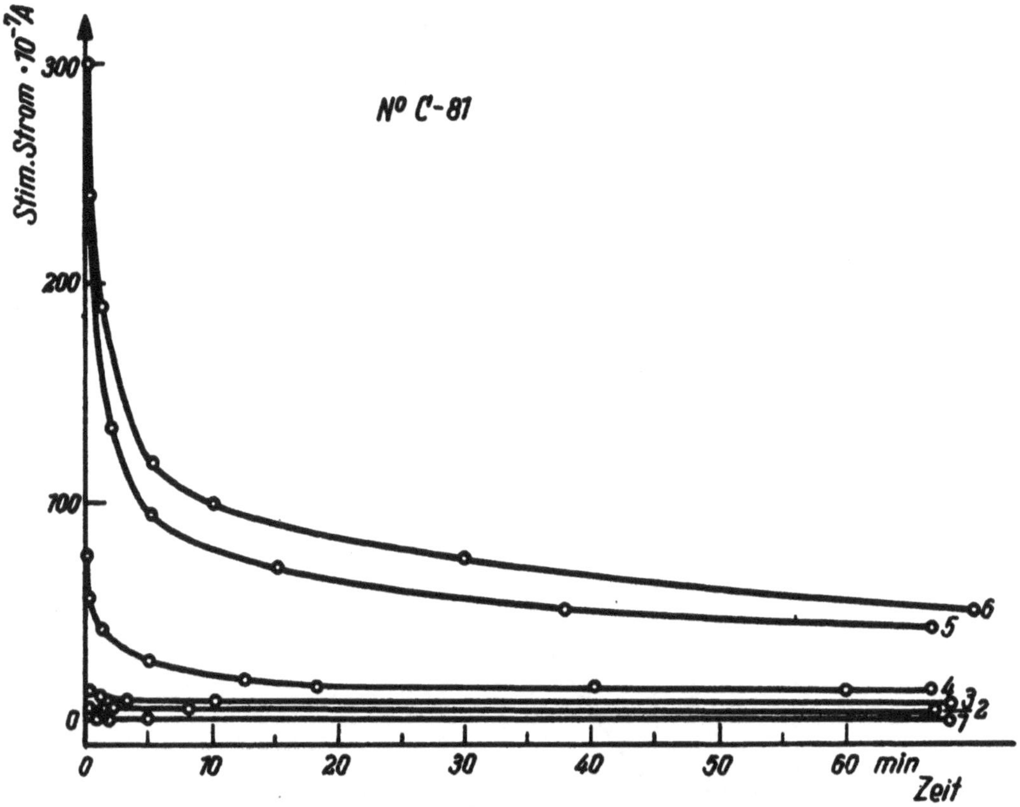

Abb. 5: Elektrisch stimulierter Strom in Abhängigkeit von der Zeit zwischen dem Ausschalten der Bestrahlung und der Messung bei einigen verschiedenen Dosen (einer größeren Dosis entspricht eine höhere Nummer).

Die Eigenschaft der Photowiderstände, mit der Zeit einen Teil der akkumulierten Energie zu verlieren, ist für die Benutzung der stimulierten Ströme zu dosimetrischen Zwecken störend. Es wurden daher Methoden zur Beseitigung dieses Einflusses auf die Meßwerte gesucht. Es zeigte sich, daß die dem Leitungsband nahegelegenen Haftstellen entleert werden, wenn man vor Anlegen der Arbeitsspannung an den Kristall eine gewisse Zeit lang eine niedrigere Spannung anlegt. Dadurch wird die langsame thermische Entleerung dieser Haftstellen vermieden. Es werden so Standardausgangsbedingungen für die Messung von Dosen erreicht, die von der Temperatur und der Zeit zwischen der Einstrahlung und der Messung der Dosis unabhängig sind. Abb. 6 zeigt, wie die Kurven, die den zeitlichen Verlauf der stimulierten

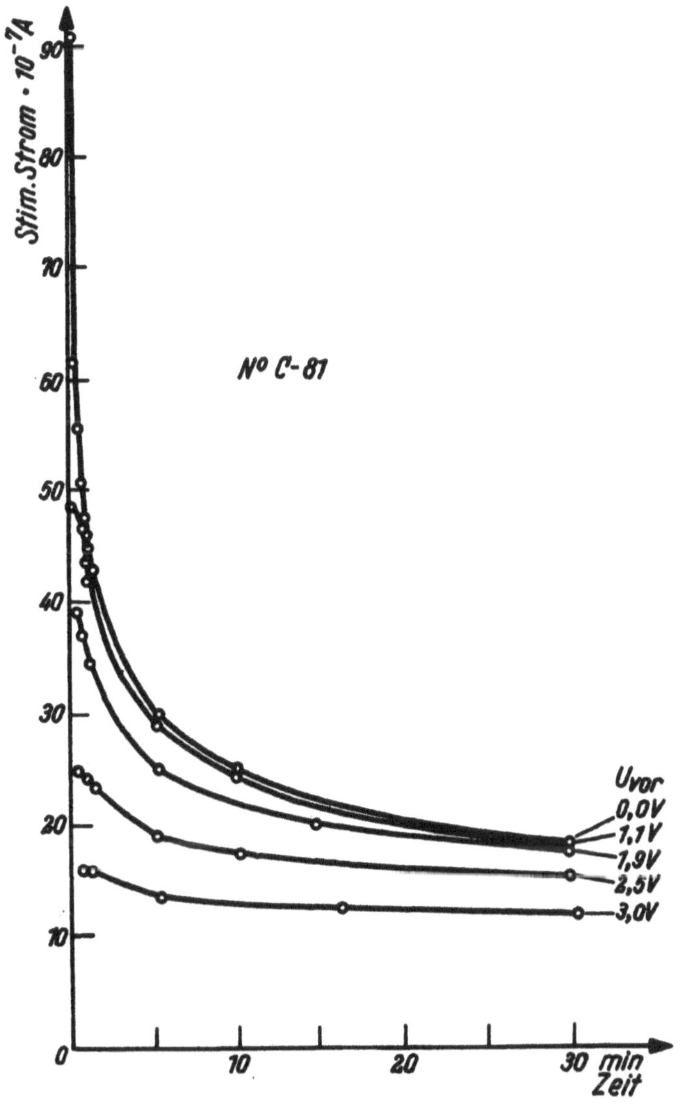

Abb. 6: Elektrisch stimulierter Strom in Abhängigkeit von der Zeit zwischen dem Ausschalten der Belichtung und dem Anlegen der Arbeitsspannung (4 V). Messung bei verschiedenen Spannungen, die vor dem Einschalten der Arbeitsspannung angelegt wurden.

Ströme in Abhängigkeit von der Zeit zwischen der Belichtung und der Messung wiedergeben, bei zuvor angelegten kleineren Spannungen einen geraden Verlauf zeigen und nach unten verschoben werden. Wegen der Verschiebung der Kurven nach unten wird hierbei jedoch die Empfindlichkeit verkleinert.

Weitere experimentelle Untersuchungen zeigten, daß der Einfluß der Verluste mittels einer anderen Methode fast gänzlich vermieden werden kann, nämlich durch Verhinderung der selbständigen thermischen Entleerung der Haftstellen.

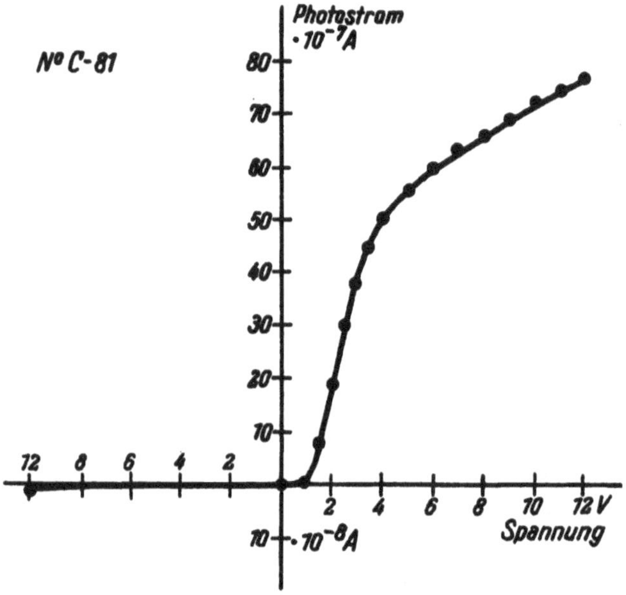

Abb. 7: Stromspannungs-Charakteristik eines beleuchteten Kristalls mit gleichrichtenden Eigenschaften (Beleuchtungsintensität 0,02 Lux).

Diese Methode ist bei Photowiderständen mit starken Gleichrichtereigenschaften anwendbar (Abb. 7). Während der Bestrahlung, oder besser, unmittelbar nach ihrer Abschaltung wird eine Spannung in Sperrichtung an den Kristall gelegt. Bei der Messung des stimulierten Stromes wird die Feldrichtung umgekehrt. Abb. 8 zeigt die Kurven, die dieses illustrieren. Bei großen Dosen zeigen sich noch gewisse Verluste, bei kleineren Dosen werden die Verluste im Bereich der linearen Abhängigkeit des stimulierten Stromes von der Dosis fast vollständig vermieden (Kurve 6). Das ist für die Praxis besonders wichtig, da in der Dosimetrie im allgemeinen kleine Dosen zu messen sind.

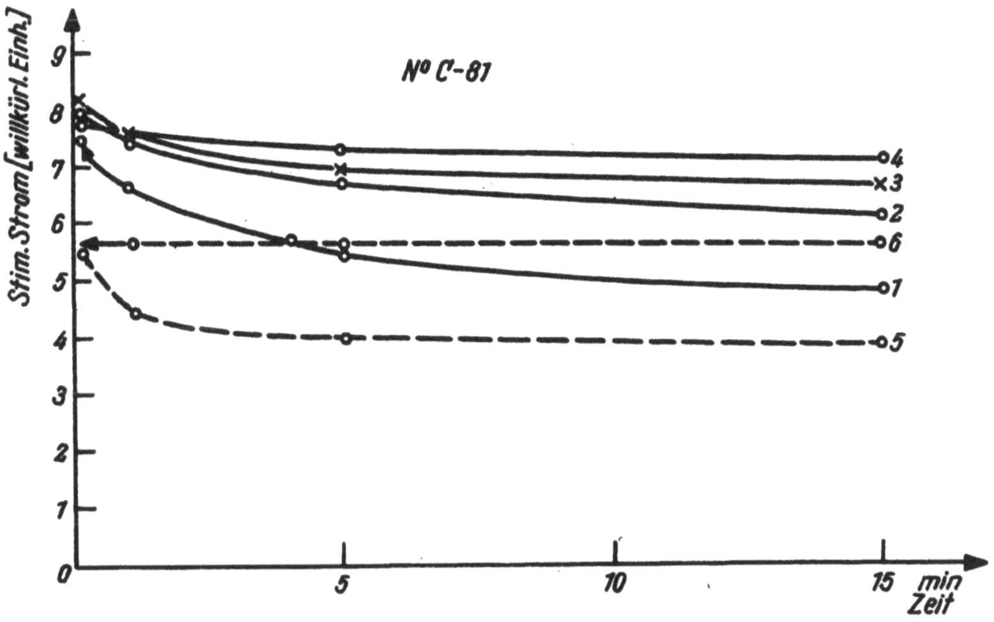

Abb. 8: Elektrisch stimulierter Strom in Abhängigkeit von der Zeit zwischen dem Ausschalten der Belichtung und dem Anlegen der Arbeitsspannung. Messung bei einigen vorher in Sperrichtung angelegten höheren Spannungen. Kurve 1: ohne Spannung in Sperrichtung; Kurve 2 und 3: 10 V bzw. 15 V (während der Belichtung); Kurve 5 und 6 : entsprechend den Kurven 1 und 4 , aber bei kleiner Anregungsdosis (Arbeitsspannung 5 V).

3. Temperaturabhängigkeit des elektrisch stimulierten Stromes

Bei gleichmäßiger Vergrößerung der an den Kristall angelegten Spannung wächst die Stärke des Stromes monoton an, wenn der Kristall zuvor eine gewisse Dosis absorbiert hatte. Bei den benutzten Spannungen kann eine Gruppierung der Elektronenhaftterme nicht festgestellt werden. Diese Kurven, die von BÖER und KÜMMEL [2] bei der Temperatur der flüssigen Luft aufgenommen wurden, behalten ihren Charakter auch bei Zimmertemperatur, wobei sie eine gewisse Abhängigkeit von der Temperatur zeigen (Abb. 9).

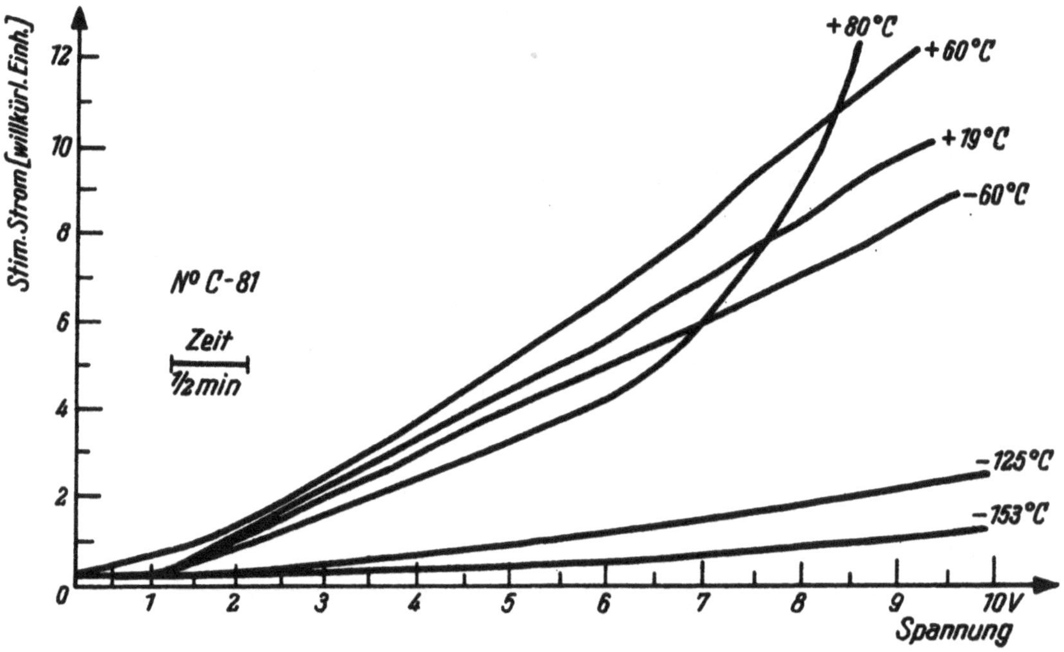

Abb. 9: Der elektrisch stimulierte Strom in Abhängigkeit von der Spannung (zeitlich linear anwachsend) bei verschiedenen Temperaturen.

Die Temperaturabhängigkeit des elektrisch stimulierten Stromes zeigt einen komplizierten Verlauf. Bei einigen Kristallen haben die gefundenen Kurven nur zwei Maxima (Abb. 10a), bei anderen ist die Struktur komplizierter (Abb. 10b). Unsere Kristalle können nach Lage der Hauptmaxima fast sämtlich in zwei Gruppen eingeteilt werden. Die eine Gruppe von Kristallen zeigt zwischen -20°C und -80°C und zwischen +70°C und +90°C, die andere zwischen -60°C und -80°C und zwischen +20°C und +30°C Maxima. In den Abbildungen 10a und b sind die Kurven der elektrisch stimulierten Ströme mit denen der thermisch stimulierten Ströme für die gleichen Kristalle wiedergegeben. Die vorhandene Übereinstimmung der Maxima spricht für den engen Zusammenhang zwischen den Prozessen im Kristallgitter, die die thermisch und die elektrisch stimulierten Ströme bedingen.

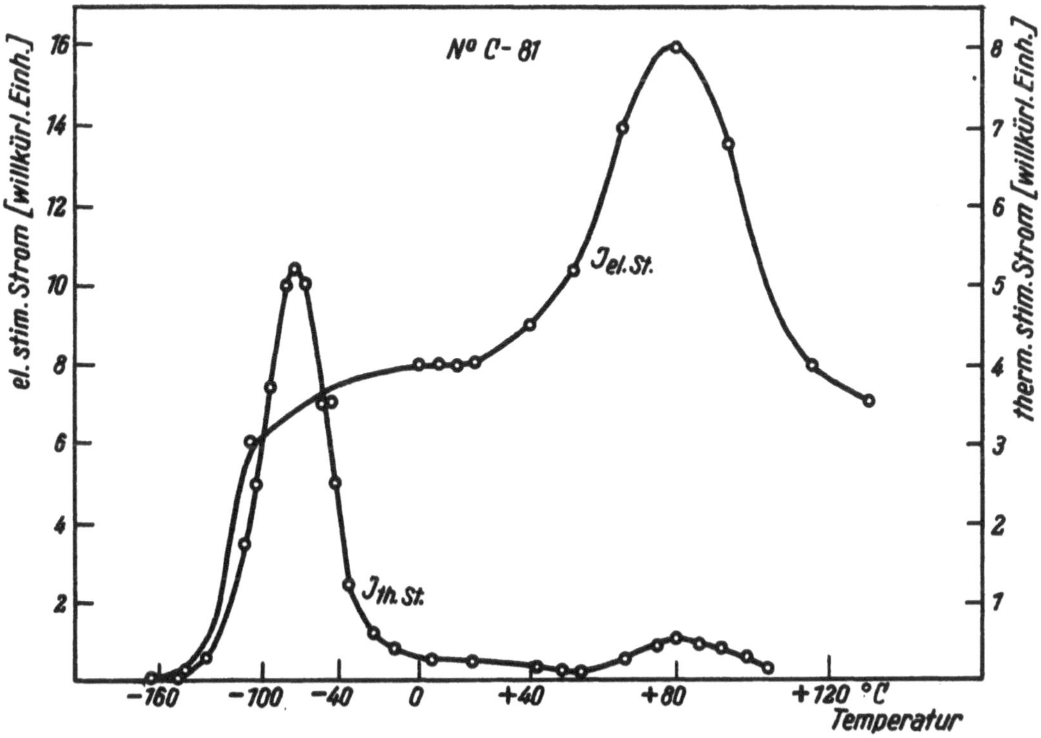

Abb. 10a: Abhängigkeit des elektrisch stimulierten Stromes von der Temperatur und thermisch stimulierter Strom für eine Gruppe von Kristallen.

4. Andere experimentelle Ergebnisse

Zur Aufklärung der Natur dieser Erscheinungen wurden einige weitere Experimente durchgeführt. Wenn an einem Kristall nach der Messung des elektrisch stimulierten Stromes nochmals eine elektrische Spannung angelegt wird, ohne daß der Kristall eine neue Strahlungsdosis absorbiert hat, so ist fast kein elektrisch stimulierter Strom zu beobachten. Wird aber eine entgegengesetzt gerichtete Spannung angelegt, so tritt von neuem ein elektrisch stimulierter Strom auf, dessen Spitzenwert im allgemeinen kleiner ist als der des ursprünglich beobachteten elektrisch stimulierten Stromes. Dieses nochmalige Auftreten eines elektrisch stimulierten Stromes könnte entweder durch Polarisationserscheinungen oder durch die Wirkung der Sperrschichten des Kristalls bedingt sein.

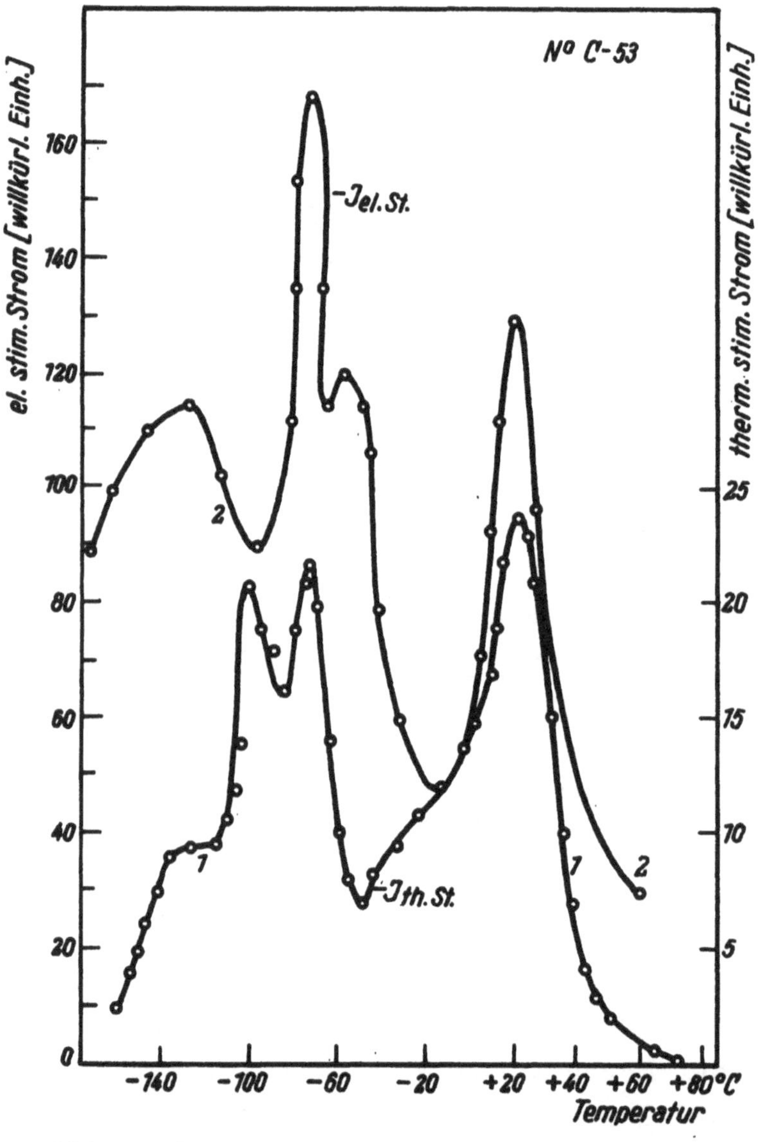

Abb. 10b: Abhängigkeit des elektrisch stimulierten Stromes von der Temperatur und thermisch stimulierter Strom für eine andere Gruppe von Kristallen.

Es wurden Untersuchungen mit Wechselspannungen einer Frequenz von etwa 9,2 MHz durchgeführt. Auch hierbei traten elektrisch stimulierte Ströme mit annähernd gleichem zeitlichen Verlauf wie bei den Gleichfeldern auf. Gleichzeitige Messungen mit Gleich- und HF-Feld zeigten, daß zwischen dem durch Gleich- und dem durch HF-Feld stimulierten Strom ein Zusammenhang besteht. Das gleichzeitige Anlegen beider Spannungen erhöht die Spitze des stimulierten

Stromes. Daraus kann man schließen, daß Polarisationserscheinungen für die Kinetik der Gleichfeld-stimulierten Ströme keine wesentliche Rolle spielen.

An pulverförmigen Kristallphosphoren aus CdS, ZnS und ZnCdS wurden weder bei Gleich- noch bei HF-Feld elektrisch stimulierte Ströme festgestellt. Auch bei CdS-Spaltzellen wurde dieser Effekt nicht gefunden. Einen ähnlichen Effekt wie die durch Kathodenzerstäubung mit Elektroden versehenen Kristalle zeigen diejenigen, auf die Goldelektroden aufgedampft wurden. Unsere Untersuchungen über die elektrisch stimulierten Ströme geben die Möglichkeit, das langsame Erreichen des stationären Wertes der Photoleitung bei den benutzten Röntgen- und Gammadosimetern zu vermeiden. Dieses langsame Anklingen stört besonders bei der Messung schwacher Strahlungsintensitäten.

Wird an den Kristall eine Spannung angelegt, nachdem er vorbelichtet wurde, so wird, wie schon erwähnt, ein stimulierter Photostrom erzeugt (Abb. 11, Kurve 1). Sein stationärer Wert wird erreicht, nachdem er zunächst die durch den elektrisch stimulierten Strom bedingte Spitze durchlaufen hat. Die Höhe dieser Spitze nimmt mit Verkleinerung des Zeitintervalls zwischen dem Beginn der Belichtung und dem Anlegen der Spannung ab (Kurven 1 und 2). Wird dieses Intervall weiter verkleinert, so verschwindet die Spitze (Kurve 3). Danach beginnt der Photostrom träge anzuklingen (Kurven 4 bis 7). Bei Kurve 3 ist das Intervall zwischen dem Beginn der Belichtung und dem Anlegen der Spannung umein Mehrfaches kleiner als die Zeit, die zur Erreichung des stationären Wertes des Photostromes bei Kurve 7 erforderlich ist.

Diese Erscheinung, die durch Überlagerung des stimulierten Stromes und des Photostromes bedingt ist, wird wahrscheinlich durch die anregende Wirkung der angelegten Spannung auf die Elektronenhaftstellen bedingt.

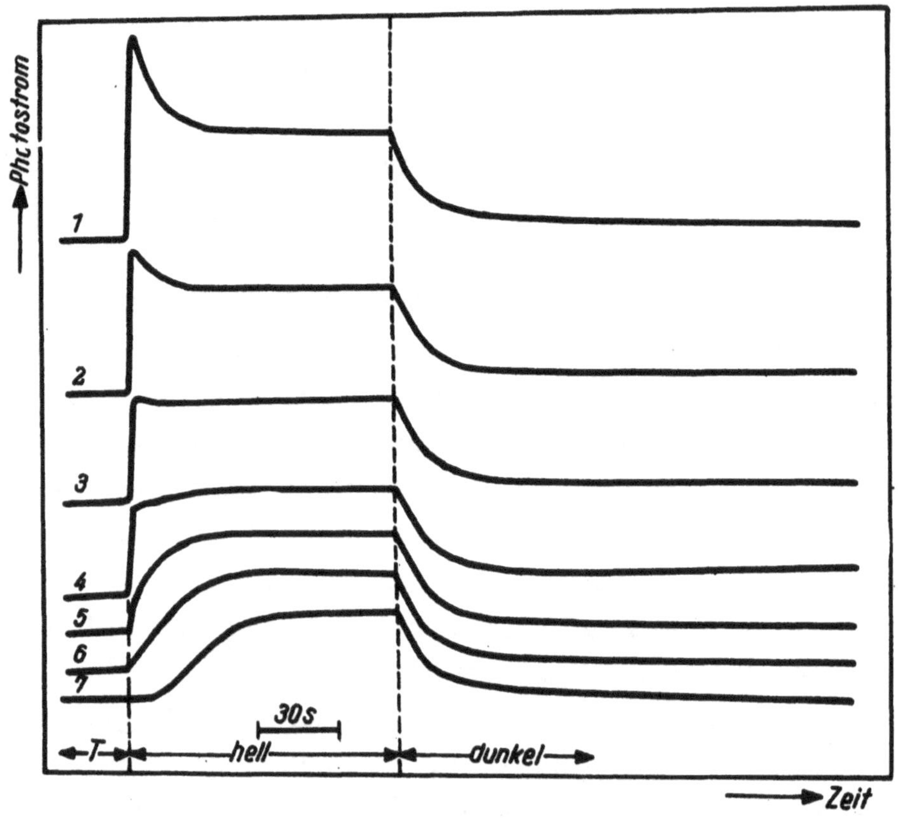

Abb. 11: Kinetik des Photoeffektes bei Belichtung mit schwacher Lichtintensität; mit wachsender Kurvennummer Verminderung des Zeitintervalls zwischen dem Einschalten der Belichtung und dem Anlegen der Spannung.

5. Messung von Gammastrahlendosen

Zur Bestrahlung der Kristalle mit Gammastrahlen wurden Co^{60}-Quellen mit Aktivitäten von 2 und 10,9 g Äquivalent Radium benutzt. Abb. 12 zeigt die Abhängigkeit des elektrisch stimulierten Stromes von der Dosis für einen Kristall bei zwei verschiedenen Intensitäten (0,01 r/h und 0,6 r/h). Bei Wahl eines geeigneten Zeitmaßstabs für beide Kurven erkennt man, daß zwischen den beiden Kurven eine gute Übereinstimmung besteht, so daß man praktisch mit genügender Genauigkeit den elektrisch stimulierten Strom als proportional zur absorbierten Dosis annehmen kann (unabhängig von der Intensität). Man sieht ebenfalls, daß man durch Vergrößerung der Empfindlichkeit des Galvanometers auf 10^{-8} A pro Skalenteil mit diesem Kristall

Dosen bis zu einigen Milliröntgen messen kann.

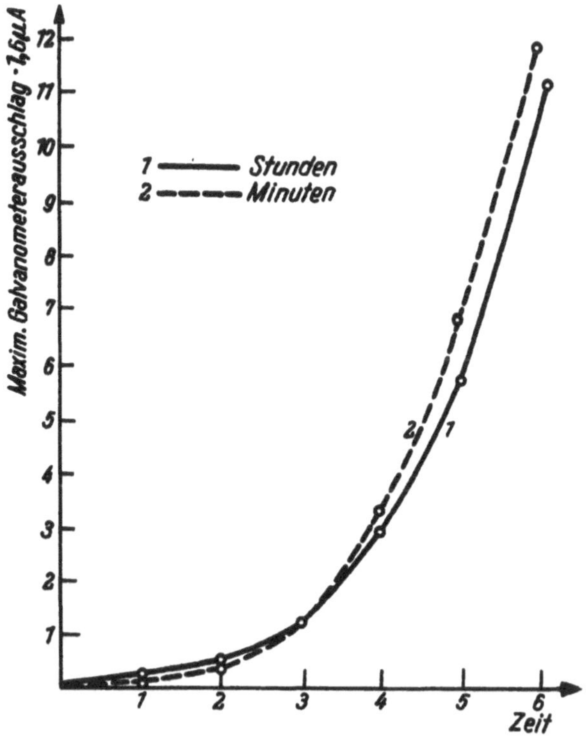

Abb. 12: Abhängigkeit des elektrisch stimulierten Stromes von der Gammastrahlendosis bei verschiedenen Intensitäten (0,01 r/h (1) und 0,6 r/h (2)).

Der elektrisch stimulierte Strom erreicht für diesen Kristall die Sättigung bei Vergrößerung der Dosis auf etwa 1 r (Abb. 13).

Alle geprüften Kristalle zeigen zwar nach Gammabestrahlung elektrisch stimulierte Ströme; sie waren aber nicht alle zu dosimetrischen Messungen geeignet. Zu dosimetrischen Messungen muß man solche Kristalle auswählen, bei denen die elektrisch stimulierten Ströme ohne Bestrahlung genügend schwach sind. Außerdem klingen die elektrisch stimulierten Ströme verschiedener Kristalle in verschiedenen Zeiten ab. Deswegen muß man für jeden Kristall außer der entsprechenden Arbeitsspannung noch die entsprechende Zeit, während der zur Erreichung des Ausgangszustandes eine Spannung angelegt wird, bestimmen.

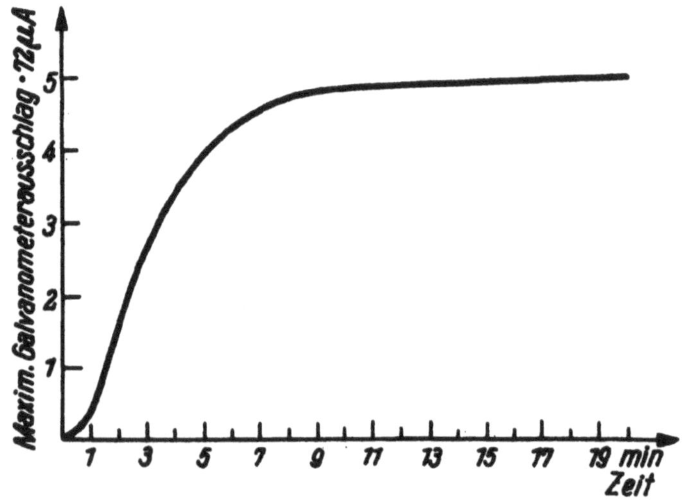

Abb. 13: Abhängigkeit des elektrisch stimulierten Stromes von der Änderung der Dosis (Intensität = 3,6 r/h).

Die Ausführungen zeigen, daß die elektrisch stimulierten Ströme in CdS-Einkristallen zum Bau von Gammadosimetern mit großer Empfindlichkeit benutzt werden können. (Ihre Empfindlichkeit ist größer als die der bis jetzt bekannten Dosimeter, bei denen zur Anzeige die Änderung der Leitfähigkeit benutzt wird.)

Dosimeter der beschriebenen Art können hinsichtlich der Empfindlichkeit und Einfachheit mit den allgemein üblichen Dosimetern verglichen werden.

Literatur:

[1] B. GUDDEN und R.W. POHL, Z. Phys. 10 (1923) 170; Z. Phys. 21 (1924) 1; Phys. Z. 23 (1922) 417

[2] K.W. BÖER und U. KÜMMEL, Z. Phys. Chem. 200 (1952) 193

[3] R. FRERICHS, Phys. Rev. 72 (1947) 594

Diskussion

SCHÖN: Wie groß ist die Speicherfähigkeit und die Nachweisempfindlichkeit Ihrer Proben ?

KANEV: Die Speicherfähigkeit beträgt je nach Kristallindividuum, Temperatur und Spannung ein bis einige Tage,

die Nachweisempfindlichkeit einige Milliröntgen.
MÜLLER: Wie kann man die Verminderung des Fadings bei Sperrbelastung bei stark gleichrichtenden Zellen erklären?
KANEV: Es ist stets möglich, Modelle anzugeben, die einige Erscheinungen zu beschreiben gestatten. Es ist aber sehr schwierig, ein Modell anzugeben, in dem alle gemessenen Erscheinungen enthalten sind. Zur Erklärung des Fadings könnte man z.B. annehmen, daß eine Polarisation auftritt, d.h. daß sich die wirksamen Haftterme unter der Wirkung des äußeren Feldes etwas nach unten verschieben.

Methode zur qualitativen Diskussion der Lösungskurven von Differentialgleichungssystemen

S. OBERLÄNDER

In der Reaktionskinetik begegnen wir immer wieder folgendem Problem:

Auf der einen Seite hat man einen experimentell gefundenen Effekt, auf der anderen Seite ein aus irgendwelchen physikalischen Erwägungen aufgestelltes reaktionskinetisches Modell und - diesem zugeordnet - ein Differentialgleichungssystem. Man möchte feststellen, ob der experimentell gefundene Effekt mit dem aufgestellten Modell gedeutet werden kann. Die Frage ist von großer Bedeutung, denn wenn sie bejaht werden kann, wird man versuchen, nicht direkt meßbare Größen der Versuchssubstanz wie z.B. Termkonzentrationen, Übergangswahrscheinlichkeiten, Einfangquerschnitte und dgl. durch Vergleich von Meßkurven mit Lösungskurven des Differentialgleichungssystems zu bestimmen und später dann sogar Reaktionsverläufe vorauszuberechnen. Wenn sie verneint werden muß, ist das aufgestellte Modell ungeeignet und ist also auch nicht wert, daß weitere Arbeitszeit für seine Untersuchung investiert wird.

Welche Methoden gibt es, die Anwendbarkeit eines Modells zu prüfen? - In einer groben Klassifizierung kann man wohl sagen, daß es im wesentlichen zwei Wege gibt.

Der eine Weg ist folgender: Man schätzt die in den Reaktionsgleichungen auftretenden Parameterwerte oder probiert einfach irgendwelche Parameterkombinationen, rechnet damit Lösungskurven des Differentialgleichungssystems aus und vergleicht diese mit entsprechenden Meßkurven. Dieser Weg hat auf den ersten Blick etwas Bestechendes, denn er führt unmittelbar zu Lösungskurven. Er ist aber doch sehr fragwürdig, denn man weiß zunächst meist viel zu wenig über die Parameter, als daß man hoffen dürfte, durch bloßes Probieren auch nur angenähert eine Übersicht über alle möglichen Lösungskurvenverläufe zu erhalten. Außerdem ist der Aufwand sehr groß, da die Gleichungssysteme meist nichtlinear sind und jedes einzelne Beispiel oft sehr zeitraubende numerische Integrationen erfordert.

Man hat deshalb schon oft versucht, einen anderen Weg zu beschreiten: den der qualitativen Diskussion von Lösungskurven. Bei einer ersten Diskussion über die Eignung eines reaktionskinetischen Modells genügt es ja vollkommen, zu prüfen, ob das Gleichungssystem erwartete Definitäten, erwartete obere bzw. untere Schranken oder experimentell gefundene Monotonien bzw. Nichtmonotonien und dgl. liefert.

Mathematisch ist als klassische Methode zur qualitativen Diskussion die Isoklinen-Methode bekannt. Sie ist auch bei reaktionskinetischen Untersuchungen schon verschiedentlich mit Erfolg angewandt worden (siehe z.B. [1]). Im allgemeinen reicht die Isoklinen-Methode jedoch nicht aus, denn sie ist - von einigen Ausnahmen abgesehen - praktisch nur dann anwendbar, wenn die unabhängige Variable im Gleichungssystem nicht explizit auftritt und wenn es sich um nicht mehr als zwei Gleichungen handelt. Außerdem muß man auch bei ihrer Anwendung noch Kurven ausrechnen, nämlich die Isoklinen.

Eine vor einigen Jahren von BÖER und VOGEL publizierte Methode [2] - zuweilen Schachbrett-Methode genannt - kommt ohne numerische Rechnung aus, ist aber ebenfalls praktisch nur auf Systeme mit höchstens zwei Gleichungen anwendbar und außerdem - wieder abgesehen von einigen Ausnahmen - auch auf solche Fälle beschränkt, in denen die unabhängige Variable nicht explizit auftritt.

Der Zweck dieses Vortrages ist es, von der Existenz einer neuen Methode zu berichten, die hinsichtlich des Auftretens der unabhängigen Variablen und hinsichtlich der Anzahl der Gleichungen keine Einschränkungen kennt. Diese Methode sei im Hinblick auf gewisse in ihr auftretende logistische Beziehungen Prämissionsmethode genannt.

Das Prinzip der Prämissionsmethode sei an einem ganz elementaren Beispiel erklärt.

Es gilt:

Wenn $y(t)$ eine für $t \geq t_0$ stetig differenzierbare Funktion und $y(t_0) > 0$ ist, und wenn für $t > t_0$ aus $y(t) = 0$ folgt, daß $y'(t) > 0$ ist, so ist $y(t) > 0$ für $t \geq t_0$.

Das leuchtet unmittelbar ein und kann mathematisch exakt bewiesen werden, indem man zunächst nachweist, daß es unter den rechts von t_0 gelegenen Nullstellen einer auf einem abgeschlossenen, links durch t_0 begrenzten Intervall stetig differenzierbaren Funktion $y(t)$ eine kleinste geben muß (falls es überhaupt welche gibt). Dann kann man zeigen, daß an dieser Stelle die Ableitung von $y(t)$ nicht das gleiche Vorzeichen haben kann, wie $y(t_0)$, woraus schließlich der behauptete Satz folgt.

Angewandt auf eine einfache Differentialgleichung wie

$$y' = f(t,y)$$

hat der behauptete Satz folgenden Sinn:

Wenn als Anfangswert ein $y_0 = y(t_0) > 0$ vorgegeben und wenn $f(t,0) > 0$ für $t > t_0$ ist, so gilt für die durch t_0, y_0 festgelegte Lösungskurve der Differentialgleichung $y(t) > 0$ für $t \geq t_0$ (Existenz, Eindeutigkeit, Stetigkeit von f usw. vorausgesetzt).

Man kann auf diesem Prinzip eine Methode zur qualitativen Diskussion der Lösungskurven von Differentialgleichungssystemen aufbauen, wenn man die hier für eine Differentialgleichung angedeuteten Überlegungen auf Systeme mit beliebig (endlich) vielen Differentialgleichungen verallgemeinert.

Hat man das System

$$\dot{x}_i = f_i\,(x_1, \ldots, x_n, t) \qquad i = 1, \ldots, n,$$

so gelangt man ohne weiteres zu dem Satz:

Wenn als Anfangspunkt zur Zeit t_o ein Punkt $x_{10}, \ldots, x_{no}$ mit beispielsweise $x_{10} > 0$ vorgegeben und wenn $f_1(0, x_2, \ldots, x_n, t) > 0$ für $t > t_o$ ist, so ist die durch $t_o, x_{10}, \ldots, x_{no}$ festgelegte Lösungskomponente $x_1(t) > 0$ für $t \geq t_o$.

Diese triviale Verallgemeinerung genügt jedoch allein nicht, denn praktisch wird das Vorzeichen von f_1 nur in den seltensten Fällen entscheidbar sein, solange über $x_2, \ldots, x_n$ nichts bekannt ist. Das Wesentliche der Prämissionsmethode besteht darin, daß man bei der Abschätzung von f_1 nicht nur über x_1, sondern gleichzeitig über mehrere Komponenten Annahmen zugrunde legen darf, wobei hier das Wort "Annahme" nicht im Sinne einer Näherung, sondern als Prämisse im Sinne einer logischen "Wenn-So-Beziehung" zu verstehen ist.

Ohne auf die mathematischen Überlegungen und Beweise im einzelnen einzugehen, sei angegeben, zu welchem allgemeinen Hauptsatz diese Untersuchungen schließlich geführt haben.

Hauptsatz

Gegeben seien n für $t \geq t_o$ stetig differenzierbare Funktionen

$$x_1(t), \ldots, x_n(t)$$

und n für $t \geq t_o$ stetig differenzierbare Funktionen

$$y_1(t), \ldots, y_n(t).$$

Es sei

$$\begin{aligned} x_1(t_o) &> y_1(t_o) \\ &\vdots \\ x_n(t_o) &> y_n(t_o). \end{aligned}$$

p sei eine beliebige positive ganze Zahl mit $1 \leq p < n$.
Für jedes $k = p + 1, p + 2, \ldots, n$ gelte bei $t > t_0$

$$x_k(t) = y_k(t) \quad \text{und} \quad \begin{bmatrix} x_1(t) > y_1(t) \\ \vdots \quad\quad \vdots \\ x_p(t) > y_p(t) \end{bmatrix} \longrightarrow x_k'(t) > y_k'(t)$$

Für jedes $j = 1, 2, \ldots, p$ gelte bei $t > t_0$

$$x_j(t) = y_j(t) \quad \text{und} \quad \begin{bmatrix} x_{p+1}(t) \geq y_{p+1}(t) \\ \vdots \quad\quad \vdots \\ x_n(t) \geq y_n(t) \end{bmatrix} \longrightarrow x_j'(t) > y_j'(t)$$

Dann ist

$$\begin{matrix} x_1(t) > y_1(t) \\ \vdots \quad\quad \vdots \\ x_n(t) > y_n(t) \end{matrix} \qquad \text{für alle } t \geq t_0.$$

(In der Zeile für die Indizes $j = 1, 2, \ldots, p$ dürfen jeweils diejenigen Verteilungen von " $\geq$ " ausgeschlossen werden, für die auf irgendeine Weise nachgewiesen werden kann, daß sie nicht gleichzeitig mit $x_j(t) = y_j(t)$ gelten können. Schließlich gilt der Satz auch, wenn alle zwischen x und y bzw. x' und y' auftretenden Ungleichheitszeichen umgekehrt werden.)

An einem Beispiel aus der Reaktionskinetik sei erläutert, in welcher Weise sich dieser Satz als Methode zur qualitativen Diskussion von Differentialgleichungssystemen anwenden läßt.

Gegeben sei ein Hafttermmodell mit m Haftgruppen der in Abb. 1 gezeigten Art. Diesem Modell entspricht das folgende System von m + 1 Differentialgleichungen:

$$\dot{n} = a + \sum_{i=1}^{m} \alpha_i h_i - n \sum_{i=1}^{m} \beta_i (H_i - h_i) - \gamma n \left(n + \sum_{i=1}^{m} h_i\right)$$

$$\dot{h}_i = -\alpha_i h_i + n \beta_i (H_i - h_i) , \qquad i = 1, \ldots, m.$$

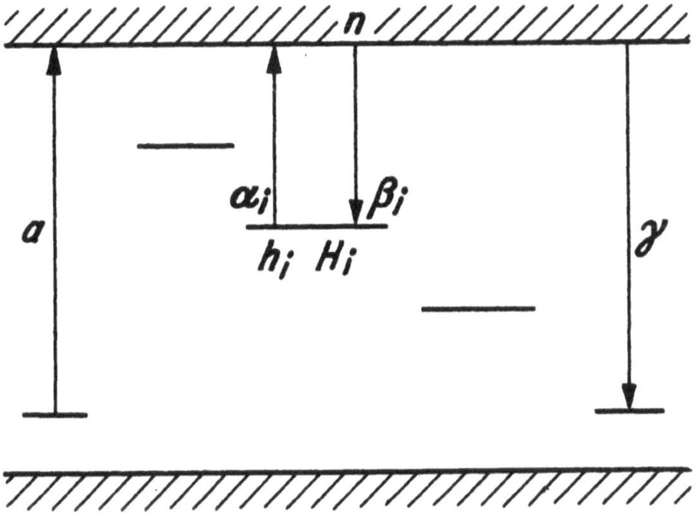

Abb. 1

Für die Anfangsbedingungen

$$0 < n(0) < \sqrt{\frac{a + \sum \alpha_i H_i}{\gamma}} , \qquad 0 < h_i(0) < H_i$$

und die Voraussetzungen

$$\beta_i > \gamma , \qquad \dot{n}(0) > 0 , \qquad \dot{h}_i(0) > 0 \qquad i = 1, \ldots, m$$

wollen wir beweisen, daß die Lösungsfunktionen für $t \geq 0$ positiv definit, beschränkt, monoton wachsend und also im Unendlichen stationär sind. Es werden alle zum Beweis erforderlichen Rechnungen aufgeschrieben, so daß der Aufwand beurteilt werden kann.

1) Definitätsbeweis

Es gilt:

$$h_i = 0 \quad \text{und} \quad n > 0 \longrightarrow \dot{h}_i = n\beta_i H_i > 0$$

$$n = 0 \quad \text{und} \quad \begin{bmatrix} h_1 \geq 0 \\ \vdots \\ h_m \geq 0 \end{bmatrix} \longrightarrow \dot{n} = a + \sum_{i=1}^{m} \alpha_i H_i > 0.$$

Nach dem Hauptsatz ist damit bewiesen, daß für $t \geq 0$

$$n(t) > 0 \quad \text{und} \quad h_i(t) > 0 \quad \text{für } i = 1,\ldots,m.$$

2) Beschränktheitsbeweis

Es gilt:

$$n = \sqrt{\frac{a + \sum \alpha_i H_i}{\gamma}} \quad \text{und} \quad \begin{bmatrix} h_1 < H_1 \\ \vdots \\ h_m < H_m \end{bmatrix} \longrightarrow \dot{n} = -\sum_{i=1}^{m} (H_i - h_i)(\alpha_i + n\beta_i) - \gamma n \sum_{i=1}^{m} h_i < 0$$

$$h_i = H_i \quad \text{und} \quad n \leq \sqrt{\frac{a + \sum \alpha_i H_i}{\gamma}} \longrightarrow \dot{h}_i = -\alpha_i h_i < 0 .$$

Nach dem Hauptsatz ist damit bewiesen, daß für $t \geq 0$

$$n(t) < \sqrt{\frac{a + \sum \alpha_i H_i}{\gamma}} \quad \text{und} \quad h_i(t) < H_i \quad \text{für } i = 1, \ldots, m.$$

Bis hierher sind noch keine interessanten physikalischen Aussagen gewonnen, denn für das zugrunde gelegte Modell erscheinen die erhaltenen Resultate trivial. Wären aber beispielsweise in dem Ausgangssystem irgendwelche Größen näherungsweise vernachlässigt worden, wie das oft geschieht (z.B. $n \ll h$), so wären diese Resultate keineswegs trivial, denn ein durch Näherungsannahmen verfälschtes Differentialgleichungssystem braucht keine positiv definiten Lösungsfunktionen zu liefern, auch wenn die entsprechenden Größen im Kristall positiv definit sind. Derartige Untersuchungen haben dann im Sinne einer Feststellung der Gültig-

keitsgrenzen irgendwelcher Näherungen durchaus praktische Bedeutung. Beispiele hierfür existieren; es würde aber in diesem Rahmen zu weit führen, näher auf sie einzugehen.
Wir erhalten nun aber auch in dem hier betrachteten Beispiel ein physikalisch keineswegs triviales Ergebnis, wenn wir beweisen, daß die Lösungsfunktionen unter den gegebenen Voraussetzungen monoton wachsen. Das heißt dann nämlich, daß das Modell unter den hier gegebenen Voraussetzungen grundsätzlich keine nichtmonotonen Verläufe erklären kann.
Es könnte der Eindruck entstanden sein, daß sich Monotoniefragen mit der Prämissionsmethode gar nicht klären lassen, denn man wird bemerkt haben, daß mit dieser Methode nur obere und untere Schranken nachgewiesen werden können. Das reicht aber völlig aus, denn was ist ein Monotoniebeweis von beispielsweise n anderes als der Nachweis, daß 0 eine Schranke von $\dot n$ ist. Alle im Zusammenhang mit qualitativen Diskussionen interessierenden Probleme können auf den Nachweis von Schranken reduziert werden.
Um die Monotonie unserer Lösungsfunktionen nachzuweisen, brauchen wir also nur die Gleichungen zu differenzieren und können dann wieder die Prämissionsmethode anwenden.

$$\ddot{n} = \sum_{i=1}^{m} \alpha_i \dot{h}_i - \dot{n} \sum_{i=1}^{m} \beta_i (H_i - h_i) + n \sum_{i=1}^{m} \beta_i \dot{h}_i - \gamma n \left(\dot{n} + \sum_{i=1}^{m} \dot{h}_i\right) - \gamma \dot{n} \left(n + \sum_{i=1}^{m} h_i\right)$$

$$\ddot{h}_i = -\alpha_i \dot{h}_i + \dot{n} \beta_i (H_i - h_i) - n \beta_i \dot{h}_i \,, \qquad i = 1, \ldots, m$$

3) <u>Monotoniebeweis</u>

Es gilt:

$$\dot{h}_i = 0 \quad \text{und} \quad \dot{n} > 0 \quad \longrightarrow \ddot{h}_i = \dot{n}\beta_i(H_i - h_i) > 0$$

$$\dot{n} = 0 \quad \text{und} \quad \begin{bmatrix} \dot{h}_i \geq 0 \\ \vdots \\ \dot{h}_m \geq 0 \end{bmatrix} \longrightarrow \ddot{n} = \sum_{i=1}^{m} \alpha_i \dot{h}_i + n \sum_{i=1}^{m} \dot{h}_i(\beta_i - \gamma) > 0,$$

letzteres, wenn der Fall, daß in der unteren Zeile alle $\dot{h}_i = 0$ sind, ausgeschlossen werden darf. Das ist aber in der Tat möglich, denn würden alle $\dot{h}_i$ und $\dot{n}$ gleichzeitig verschwinden, so müßte wegen der Eindeutigkeit der Lösungskurven des differenzierten Systemes u.a. $\dot{n} \equiv 0$ sein, im Widerspruch zu der Voraussetzung $\dot{n}(0) > 0$.

Nach dem Hauptsatz ist damit bewiesen, daß für $t \geq 0$

$$\dot{n}(t) > 0 \qquad \text{und} \qquad \dot{h}_i(t) > 0$$

für $i = 1,\ldots,m$.

Die Prämissionsmethode ist in vielen anderen Fällen, z.B. auch bei Fehlerabschätzungen für Lösungskurven eines genäherten Gleichungssystems, mit Erfolg angewandt worden. Eine Publikation über die genauen mathematischen Formulierungen und Beweise sowie eine weitere mit zahlreichen Anwendungsbeispielen sind in Vorbereitung.

<u>Literatur</u>:

[1] E.I. ADIROVIČ, Doklady Akademii Nauk SSSR 61 (1948) 467

[2] K.W. BÖER und H. VOGEL, Z. Phys. Chem. 206 (1956) 1 - 40

Berlin, Institut für Angewandte Mathematik und Mechanik der Deutschen Akademie der Wissenschaften

Models for the Mechanism of Irradiation-Induced Reversible Changes in Certain Organic Compounds

R. HEILIGMAN

1. Introduction

When solutions of certain organic compounds, cooled to low temperatures, are irradiated with light of suitable wavelengths their absorption spectrum is found to undergo a pronounced change. This change is reversible: the solution can be completely re-converted into its original state (and, if desired, subjected to this cycle over and over again) simply by allowing the temperature of the solution to rise above a temperature T_r 1). In many cases this reversal can be achieved also while maintaining the low temperature throughout the cycle: by subjecting the solution to irradiation with light of a different wavelength - a wavelength that is usually longer than that used in the irradiation which induced the change in the original solution. The effective light is in each case of a wavelength that corresponds to a region of absorption by the solution. The solutions are, as a rule, colourless when in their original state (characteristic absorption occurring in the ultraviolet range), whereas they are mostly intensely coloured in their changed state. The phenomenon was first studied in detail by Y. HIRSHBERG [1], who showed also its relation to the phenomenon of thermochromism. He named it photochromism. The compounds the solutions of which possess this property

---

1) T_r is not an exact point on the temperature scale but a certain range (a different one for each compound). The rate of reversal increases with rise of temperature. But when warming to a much higher range of temperature, T_c, conversion to the coloured state again is brought about. The latter phenomenon is called thermochromism.

are referred to as photochromic compounds. A survey of chemical compounds, by HIRSHBERG, E. FISCHER and co-workers, showed that photochromic compounds are characterized by specific features of their chemical structure, particularly by the presence of ring systems held together by chains of conjugated double bonds, and by a readiness to form chemical isomers.

Phenomenologically, there may appear to exist some analogy between the described reversible spectral changes in photochromic systems and the absorption spectrum changes in simple ionic crystals (such as alkali halides) brought about by photo-colouring, optical bleaching and thermal annealing. However, it is not possible to use similar models to explain the phenomena in the photochromic solutions and in the crystals. In those crystalline phototropic substances the colour changes are commonly associated with the creation and annihilation of colour centres and other lattice defects; but photochromic systems, although they may often, at the low temperature at which the phenomenon of photochromism operates, attain the consistency of a rigid glass, are equally often completely fluid solutions - so that the concept of lattice defects cannot apply. Furthermore, in the solid phototropic substances the whole bulk of the material is involved in the reversible changes; whereas in the photochromic systems the property of photochromy is specific for the solute only, and resident principally in the molecules of the photochromic compound. It is therefore obvious that, when attempting to construct a model to elucidate the nature and mechanism of the processes in photochromic systems, chemical knowledge and experience will have to be used employing chemical concepts and nomenclature.

2. Analysis of the Process. An Example

The absorption spectrum changes during the irradiation of photochromic solutions proceed in such a way as to maintain isosbestic points (see, for instance, at 225 mμ in Fig. 1 A or at 370 mμ in Fig. 1 C, where the curves marked 1', 3', 5' etc. represent the absorption spectrum after subsequent short doses of irradiation).

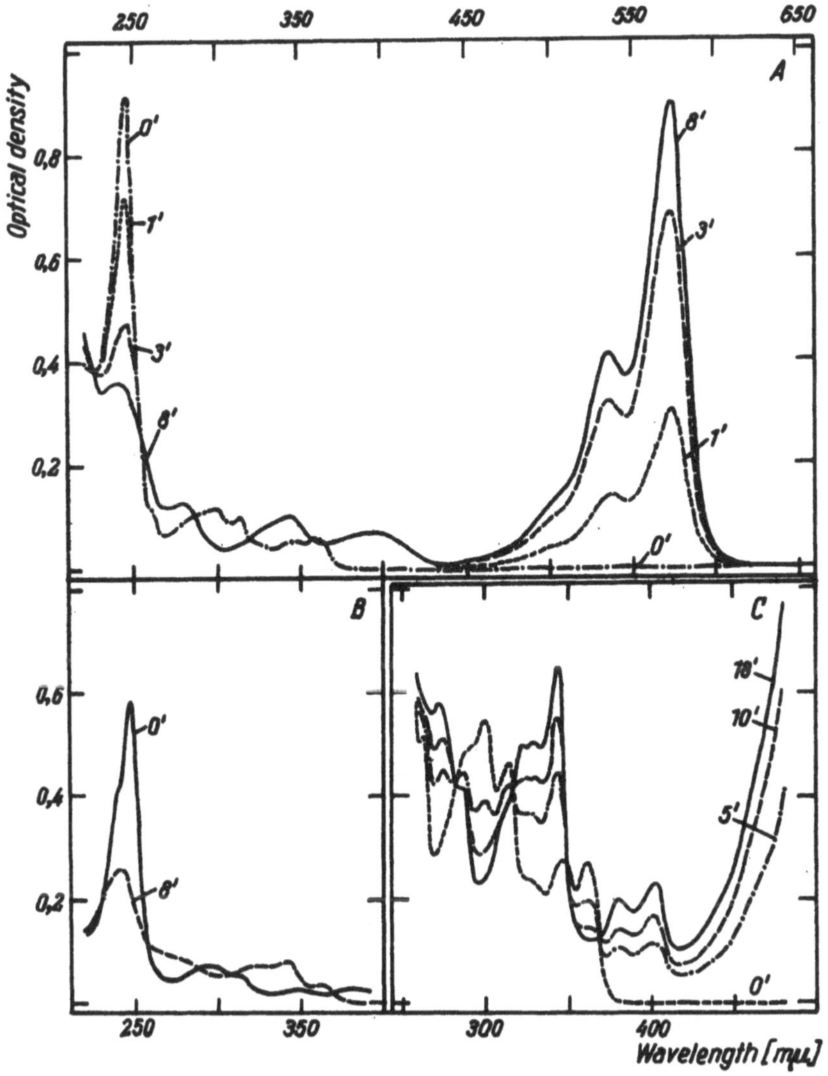

Fig. 1

This indicates that the original solute, S_0, is converted - obeying throughout the reaction a constant stoichiometric ratio - into a differently coloured solute, S_c. If the stoichiometric ratio is 1:1 and no other molecules are formed or participate, S_0 and S_c are isomers. In some cases several chemical variants of S_c may exist, and be formed simultaneously in various fractions of the total yield, so that the product of the irradiation is $n_1S_{c_1} + n_2S_{c_2} + n_3S_{c_3} + \dots$

The following are, then, the processes that may take place in a photochromic system:

I { Below the temperature range T_r where thermal processes can be disregarded because they proceed immeasurably slowly: } $S_o \underset{h\nu_r}{\overset{h\nu_c}{\rightleftharpoons}} S_c$, $\nu_r < \nu_c$

II At T_r and above; dark process: $\{S_o \rightleftharpoons S_c - \Delta H,\ \Delta H > 0,\}$ where ΔH denotes the difference of internal energy.

III { At temperatures which, in examples known (where the variants of S_c differ only a little between themselves), can be even as low as $-160^\circ C$, lower than T_r: } $S_{c_1} \overset{k_1}{\rightleftharpoons} S_{c_2} \overset{k_2}{\rightleftharpoons} S_{c_3} \overset{k_3}{\rightleftharpoons} \dots$ (dark thermal equilibrium) k_1, k_2, ...denote the equilibrium constants which depend on, besides temperature, the environmental conditions such as nature of solvent.

To discuss these processes in detail one concrete example shall be discussed here, where S_o and S_c represent two isomeric modifications of a photochromic compound. The modification that corresponds to S_o has the chemical structure of a spiropyran; the one that corresponds to S_c is, by chemical evidence, a merocyanine dye:

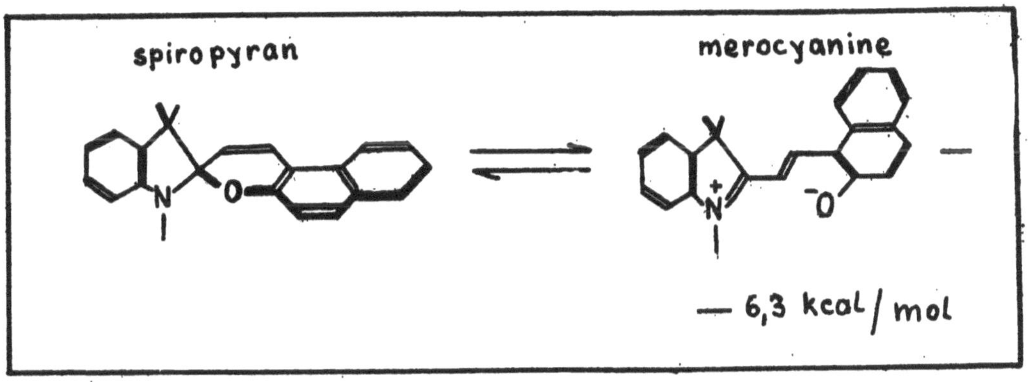

In the configuration of a spiropyran the compound does not absorb light in the visible range, has an intense absorption band in the ultraviolet range (see curve 0' in Fig. 1) at 245 mμ. If the spiropyran is irradiated, at -80°C to -90°C, with light of a wavelength at which it is transformed to the intensely coloured merocyanine (curve 8' in Fig. 1). Photoisomerization in the reverse direction is brought about by irradiation with light of 435 to 578 mμ.

The significant changes of the molecule's structure can only be seen by perceiving the steric picture of the chemical formulae: two ring systems make up the molecule in either of its modifications, but the way these two ring systems are linked together is different in the spiropyran and in the merocyanine. In the spiropyran the two ring systems - each of which is planar by itself, but not co-planar with its partner - corners of a tetrahedron, the two ring systems in the molecule are so oriented that their planes intersect at right angles. In the merocyanine the orientation of the two ring systems in the molecule is imposed by the conjugation of the double bond in the central position with both ring systems. Consequently the two ring systems are co-planar (i.e. all atoms in the molecule, except the methyl groups in the N-ring, lie in one plane), whereas in the spiropyran the planes of the two ring systems are turned towards each other by an angle of $\pi/2$. The rectangular orientation enables closure of the ligand between the common carbon atom and the oxygen atom, while in the planar compound this ligand is partially ionic. The bond order of the central double bond, calculated by quantum mechanical methods for a hypothetical molecule with a simple chemical structure incorporating the relevant features of the merocyanine structure [2][2], is 0.783 in the ground state.

The rotation of the planes of the two ring systems in the molecule towards each other characterizes the reversible transition of spiropyran to merocyanine. Φ, the angle of rotational displacement of the planes of the two ring systems in the molecule, shall in the following serve as the parameter for the degree of transition in the molecule from one modification into the other. The internal energy of the molecule when $\Phi = \pi/2$ (i.e. in the spiropyran) is several kcal/mol less than the internal energy of the molecule when $\Phi = 0$ (i.e. in the merocyanine). This explains why the merocyanine can preponderate in the photochromic solution only at either very low temperatures (below -80°C, where the equilibrium is "frozen in"), or very high temperatures(where it is favoured by the equilibrium being the high-energy form).

In addition to the isomerization just discussed which involves a change from $\Phi = 0$ to $\Phi = \pi/2$ there exist also other isomerization reactions - of minor importance - which do not affect the oxygen ligand and where all isomers are planar, i.e. $\Phi = 0$. These stereoisomers of merocyanine differ between themselves only by different cis-trans arrangement about the central double bond. They correspond to S_{o_1}, S_{o_2}, S_{o_3}, S_{o_4}. The equi-

2)

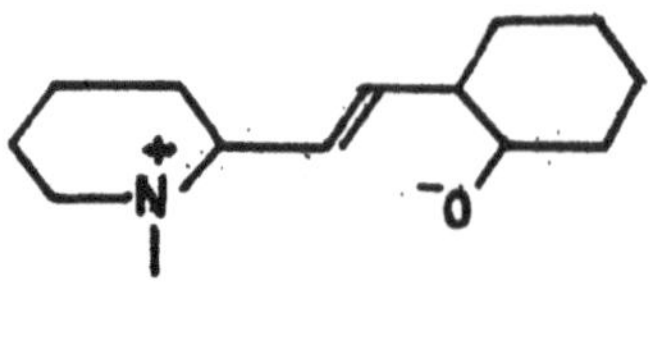

librium between them establishes itself swiftly even at very low temperatures (-160°C), the exact points of equilibrium depending on temperature, the nature of the solvent (notably its polarity), the presence of impurities etc. The existence of these cis-trans-isomers serves to explain secondary details of the phenomenon of photochromism, but shall not be mentioned here further.

3. Kinetic Data

The purpose of kinetic studies of the isomerization processes was to determine the activation energies a knowledge of which is necessary for the construction of a model of their mechanisms. The energy of activation for the dark isomerization process of merocyanine, A_0, was found, from the temperature dependence of the reaction rate, to be 19.3 kcal/mol. In Fig. 2, which is a schematic diagram of the potential energy of the molecule in its transition states from one modification to the other, the indicated convex shape of the ground state curve is determined by the experimentally obtained values of and A_0.

The kinetic studies of the photoisomerization process revealed, surprisingly, that this process, too, depends on the temperature -particularly the process of the photoconversion of merocyanine to spiropyran in highly purified non-polar solvents:

Temperature [°K]	Time of irradiation needed to reduce the concentration of the merocyanine to 3/4 of its initial value, in minutes
183	0.15
153	14
138	120
113	immeasurable

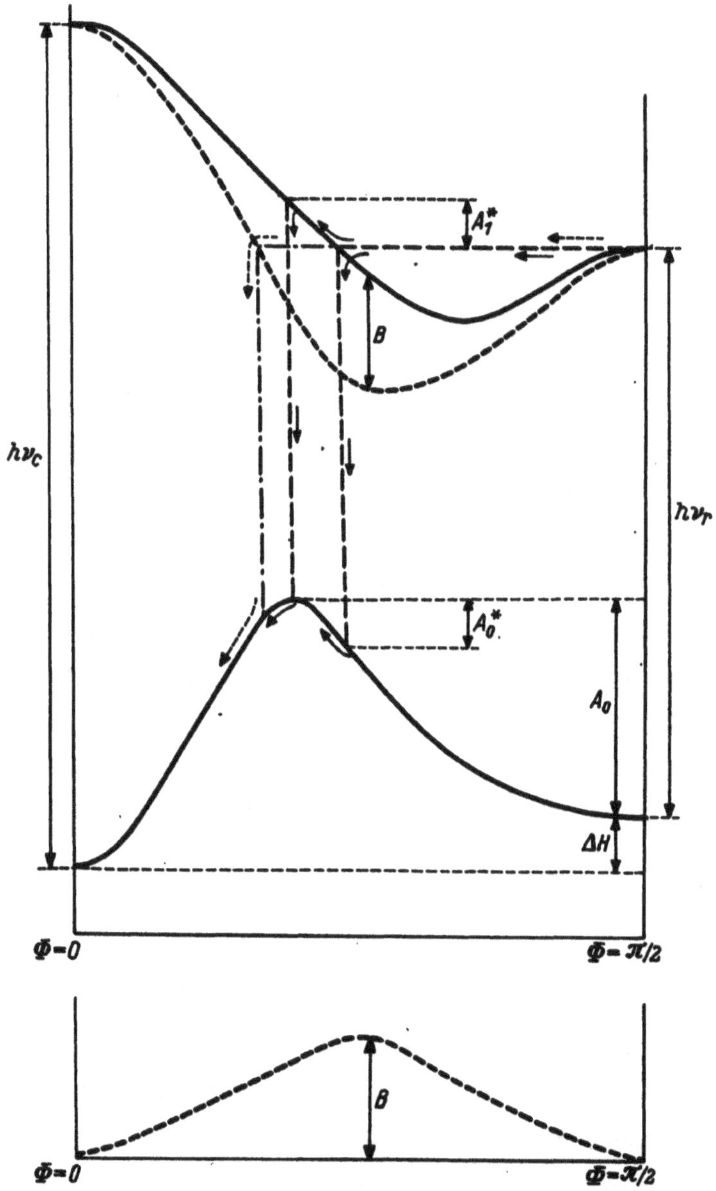

Fig. 2

The energy of activation calculated from these data is 7 kcal/mol. The question arises how the scheme in Fig. 2 can account for the energy of activation in the process that takes place via the excited state. It might, and was at one stage, argued that not intramolecular conditions but the rigidity of the solvent medium might be operative at these low temperatures to keep the planes of the ring systems locked in specific orientations once they have attained them. The following considerations and experimental results point against attributing this role to the solvent:

a) The rate of the isomerization in the dark was not found to be related in a directly interpretable way to the medium's viscosity.

b) A merocyanine formed by irradiation of a spiropyran in a solvent as rigid as paraffin wax was not found to be stable at higher temperature. Similarly, also increasing the mediums's viscosity by addition of substances like sorbitol, or fructose) that converted the medium into rigid glass had no stabilizing effect [3].

c) Conversely, there are systems in which the photoisomerization of spiropyran to merocyanine cannot be reversed at temperatures at which the medium is still fluid. For instance, the temperatures at which total inhibition of photoisomerization of merocyanine occurs was found to be -130°C in one certain solvent mixture (of non-polar character), whereas the reaction did proceed even at -140°C in a certain other solvent mixture (of polar character); yet the viscosity of that non-polar mixture is, at the operative temperature, lower than the viscosity of the polar solvent mixture.

d) In the same solvent medium different photochromic compounds obey their own characteristic temperatures of photoisomerization inhibition. These temperatures are constant for each compound.

4. Model of Potential Barrier Between Excited States

To account for the kinetics and energy data presented above a model, involving the ground state and the first excited state of one molecule during its transition from one modification into the other can be constructed. It is presented in Fig. 2. The curve for the ground state has already been discussed, the curve for the first excited state and the relationship between these two curves will be dealt with presently.

The energies of the spiropyran and the merocyanine in their excited states can be calculated from the wavelength of the exciting radiation ν_c and ν_r, and are entered in Fig. 2 approximately to scale. The curvature of the potential energy curve between these points is assumed to be of concave shape (as opposed to the convex shape of the curve pertaining to the ground state) for reasons of analogy with simple ethylenic compounds[3].

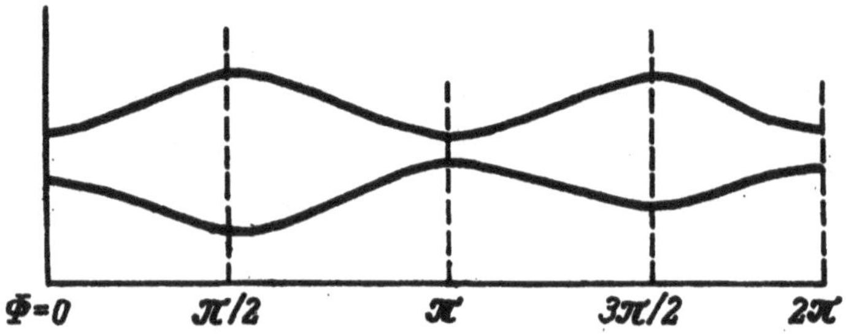

Fig. 3

The bond order of the central double bond, calculated for the simplified hypothetical molecule referred to before ([2], footnote p.270) by quantum mechanical methods, is in the first excited state 0.541, versus the mentioned 0.783 in the ground state; which shows that optical excitation is a factor aiding rotation around the central double bond.

In addition to opposite curvature of the potential energy in the ground state and in the excited state, the

---

3) According to [4] the potential energy of ethylenic molecules in different positions of rotational displacement, Φ, around the double bond shows maxima and minima which are in opposite phase in the ground state and the first excited state (see schematic illustration Fig. 3).

model must show an appropriate phase relationship between the minimum of the upper curve and the maximum of the lower curve, in such a way that only those excited merocyanine molecules that possess additional thermal energy - namely the observed activation energy - can undergo transition to spiropyran. It some solvents an activation energy exists, in some not; therefore the model assumes the existence of an environment-dependent energy barrier of the amplitude B (drawn separately in the bottom part of Fig. 2). This energy barrier is then, if the case demands, added to the potential energy curve in the excited state. (It appears, from the experimental results, that the potential barrier becomes insignificantly small in alcoholic solutions or in the presence of alcohol or certain impurities in the solution - perhaps because the barrier is a manifestation of electrostatic forces between the partially ionized portion of the molecule which are suppressed by the screening action of polar substances.) The dotted curve in the upper portion of Fig. 2 represents the potential energy of the excited state without the superimposed barrier, the fully drawn curve shows the energy with the barrier. The path of the photoconversion of merocyanine is indicated by arrows: dotted arrows for the case where no energy barrier has to be surmounted (in alcohol solution), and fully drawn arrows for the case where the energy barrier exists. In the latter case there are two alternative paths and the respective energies of activation are marked as A_0^* and A_1^* in the schematic diagram Fig. 2, the smaller one of the two being equal to 7 kcal/mol for the discussed compound. A_0 represents in this diagram, the activation energy for the dark conversion (19.3 kcal/mol) and ΔH the difference of the internal energies in the ground state (6.3 kcal/mol [4]); $\hbar\nu_r$ and $\hbar\nu_c$ represent their energies

---

4) for alcoholic solutions ΔH = 3 kcal/mol. The values of ΔH were determined for this compound by Y. HIRSHBERG and E. FISCHER and by P. RUMPF.

of excitation, calculable from the wavelengths of the exciting light (546 mμ and 365 to 313 mμ for the merocyanine and the spiropyran respectively).

This model is in accord with all the known facts so far and appears to explain the nature and the mechanism of the electronic processes linked with thermal steps, that are involved in the phenomenon of photochromy.

Zusammenfassung

Obwohl die Erscheinung der Photochromie oft in Systemen auftritt, die - bei den niedrigen Temperaturen, bei denen die Erscheinung auftritt - feste Körper sind, muß die Photochromie durch ein Modell erklärt werden, das von den bekannten Modellen der Phototropie in Kristallen grundsätzlich verschieden ist.
Die Eigenschaft der Photochromie ist mit einem bestimmten Molekülbau verbunden.
Bekanntlich [1] besteht die Photochromie darin, daß ein fester, amorpher oder flüssiger Körper durch Bestrahlung mit Licht einer bestimmten Wellenlänge seine Farbe reversibel ändert, d.h., daß durch Bestrahlung mit Licht einer gewissen anderen Wellenlänge (oder durch zyklische Änderung der Temperatur) der ursprüngliche Zustand des Körpers wiederhergestellt werden kann. Nun hat es sich erstaunlicherweise aus kinetischen Experimenten ergeben, daß der eigentliche photochemische Vorgang temperaturabhängig ist. Es ist nicht möglich, diesen eigentlichen Vorgang weiter in Teilprozesse zu zerlegen, von denen ein Teil chemisch-thermische (d.h. temperaturabhängige) Prozesse wären. Dagegen wird der beobachteten Temperaturabhängigkeit des reversiblen photochemischen Vorgangs durch ein Modell entsprochen, das einen besonderen Verlauf der Energiekurve des angeregten photochromischen Moleküls voraussetzt.

Literatur:

[1] Y. HIRSHBERG und E. FISCHER, J. Chem. Soc. (1954) 297 und 3129

[2] O. BLOCH-CHAUDÉ und J.L. MASSE, Bull. Soc. Chim. France (1955) 625

[3] Photochromotropic Behaviour of
2 - (2' 4' Dinitrobenzyl) - Pyridine.
R. HARDWICK, H.S. MOSHER und P. PASSAILAIGUE,
Trans. Faraday Soc. 56 (1959) 44

[4] R.S. MULLIKEN, Phys. Rev. 41 (1946) 166

Rehovoth, Israel, The Weizmann Institute of Science,
Laboratory of Photochemistry and Spectroskopy

Haftstellen anorganischer kristalliner Luminophore im atomaren Konfigurationskoordinatenmodell

J. BUHROW

Im Rahmen der üblichen Einteilung von anorganischen kristallinen Luminophoren in drei Gruppen, wie sie bei M. SCHÖN [23] zu finden ist, wurden die selbst- oder fremdaktivierten Rekombinationsleuchtstoffe im Energiebändermodell der Festkörperphysik einer umfassenden theoretischen Behandlung zugänglich. Dabei verstehen viele Autoren im Sinne des Bändermodells die obengenannte Gruppe oft als eigentliche Kristallphosphore.

In den folgenden beiden Klassen lassen sich die elektronischen Vorgänge für Absorption, Emission und strahlungslose Übergänge einem speziellen Ion oder einer Gruppe von benachbarten Ionen zuordnen. Bei den Reinstoffluminophoren sind die Gitterbausteine selbst leuchtfähig, wie von den Wolframaten, Molybdaten, Vanadaten, Uranylverbindungen und Salzen der Seltenen Erden bekannt ist.
Die dritte Gruppe wird durch den Einbau von Fremdionen leuchtfähig und findet in den sauerstoffdominierenden Grundgittern zahlreiche Vertreter, wie z.B. Silikate, Phosphate, Borate, Stannate, Antimonate und andere.

Zur Interpretation der Lumineszenz in den beiden letzten Klassen wurde durch A. von HIPPEL [9], F. SEITZ [24], R.W. GURNEY und N.F. MOTT [7] das atomare Konfigurationskoordinatenmodell vorgeschlagen. Sinngemäß wird in dem Modell der lineare Oszillator einschließlich seiner quantenmechanischen Verfeinerung auf das leuchtfähige Aktivatorion und seine symmetrisch angeordneten Gitternachbarn im Kristallverband übertragen. Diese Vereinfachung liegt auf der Hand, da nach wie vor eine einzige generalisierte Ortskoordinate benutzt wird, um die Kernabstände einschließlich ihrer Ausschläge aus der Gleichgewichtslage zu beschreiben. Die Potentialenergiekurven werden in erster Näherung als quadratische Funktionen berücksichtigt.

Mit Hilfe des verallgemeinerten FRANCK-CONDON-Prinzips lassen sich die elektronischen Vorgänge der Absorption und Emission als senkrechte Übergänge zwischen den Potentialkurven deuten.

Im Laufe der vergangenen zwei Jahrzehnte ist eine Reihe von Luminophoren auf diese Weise theoretisch interpretiert worden. In den richtungweisenden Arbeiten von F.E. WILLIAMS, P.D. JOHNSON und Mitarbeitern wurde unter anderem der Halogenidleuchtstoff KCl : Tl^+ ausführlichen theoretischen Berechnungen zugänglich [12, 13, 15, 28, 29, 30, 31, 32]. Im Zusammenhang mit den Arbeiten der obengenannten Autoren seien noch die Systeme KCl : In und ZnF_2 : Mn genannt [14, 16, 17, 35]. Für weitere Halogenidphosphore wird auf R.S. KNOX und J.W. ELDER [6, 19] verwiesen. C.C. KLICK und G.A. RUSSELL wenden das Modell auf die Farbzentren an und stellen zusammen mit D.L. DEXTER [5] ein allgemeines Kriterium für das Auftreten der Lumineszenz auf. Die Reinstoffluminophore $CaWO_4$ und $MgWO_4$ sind von H.F. HAMEKA und C.C. VLAM [8, 27] dem Modell erschlossen worden. Anwendungen auf Wolframate und Molybdate, die durch Samarium aktiviert wurden, liegen in den Arbeiten von F.A. KRÖGER und Th.P.J. BOTDEN [1, 2] vor. Schließlich werden von K.H. BUTLER die Silikate in der Aktivierung mit Blei diskutiert, da Pb^{++} die gleiche Elektronenkonfiguration wie Tl^+ aufweist [4]. Bi^{+++} wäre in diesem Sinne der nächste Schritt. Ebenfalls aus der Reihe der Silikate bearbeiten C.C. KLICK und J.H. SCHULMAN das System Zn_2SiO_4 : Mn [18]. Innerhalb der thalliumaktivierten Borate liegen von H. WITZMANN und J. MALUR Analogien zum KCl : Tl^+ vor [38].

Temperaturfunktion der Intensität im Modell

Bereits auf der 2. Internationalen Konferenz in Oxford 1938 schlugen die Begründer des Modells einen Weg zur Erklärung der Temperaturlöschung vor. Für die relative Intensität I/I_0 lautet die wohlbekannte Formel

$$\frac{J}{J_0} = \left(1 + C e^{-\frac{W}{kT}}\right)^{-1} \qquad (1)$$

mit der Aktivierungsenergie W als Differenz zwischen dem Minimum der angeregten Potentialkurve und dem "Schnittpunkt" von Grund- und Anregungskurve. Die Temperatur T ist die Variable. Für die Gültigkeit von (1) sind genügend experimentelle Beispiele aufgefunden worden. Gleichzeitig erlaubt der Ansatz (1) eine genaue Definition des Bereiches, in dem die Temperaturlöschung vollzogen wird [3, 36, 37].

Einfluß einer Haftstelle

Der Kurvenverlauf nach Formel (1) erfolgt im weiteren Sinne monoton fallend, während viele experimentelle Beispiele im Intensitätsverlauf ein Maximum aufweisen, bevor die eigentliche Temperaturlöschung einsetzt. Der Intensitätsanstieg mit steigender Temperatur unterhalb des Maximalwertes T_M wird von F.E. WILLIAMS [33] als thermische Befreiung der Leuchtelektronen aus Haftstellen gedeutet, die auf diese Weise in den strahlungsfähigen Anregungszustand gelangen.

Durch Thermolumineszenzmessungen wird vom selben Autor der Nachweis erbracht, daß die Haftstellen dem Aktivatorion zugeordnet werden können. In Abb. 1 ist die Abhängigkeit der Intensität von Fluoreszenz- und Glowmaximum der Emission bei 3050 Å über der Thalliumkonzentration im UV-Leuchtstoff $KCl : Tl^+$ aufgetragen. Systematische Erzeugung von Kristallfehlstellen hatte auf die Konzentrationsabhängigkeit keinen Einfluß.

Abweichend von dem Ansatz nach F.E. WILLIAMS wurde für den Gesamtverlauf der Temperaturfunktion unter Berücksichtigung einer Haftstelle folgende Zuordnung vorgeschlagen [3, 39]

$$\frac{J}{J_0} = \frac{C_1 e^{-\frac{W_1}{kT}}}{1 + C e^{-\frac{W}{kT}}} \qquad (2)$$

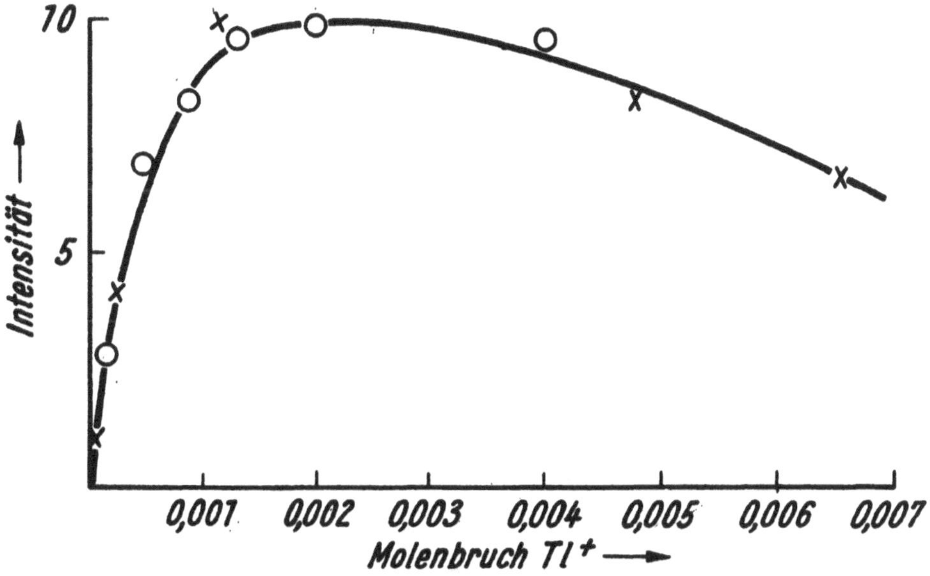

Abb. 1: Konzentrationsabhängigkeit der Emission 3050 Å in KCl : Tl^+
o Glowmaximum
+ Fluoreszenz

In der zitierten Arbeit wird eine Reihe von experimentellen Resultaten auf die Gültigkeit der Formel (2) geprüft, wobei die Größenordnungen der Aktivierungsenergien W und W_1 die grobe Abschätzung

$$1\text{eV} \geq W \geq 10^{-1}\text{eV}$$

und

$$10^{-1}\text{eV} \geq W_1 \geq 10^{-2}\text{eV}$$

erlauben.

Die Parameter C, C_1, W und W_1 können aus der Darstellung von log I/I_0 über T^{-1} entnommen werden, und zwar aus dem linearen Verlauf für hohe und tiefe Temperaturen, wie aus der schematischen Abb. 2 hervorgeht.

Führt man die Aktivatorkonzentration als Scharparameter für die Formel (2) ein, so findet sich die exponentielle Zuordnung der Werte für C und W ebenfalls wieder.

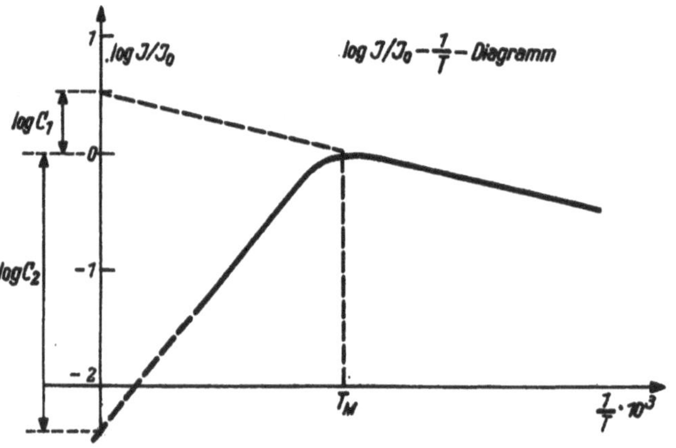

Abb. 2: Logarithmische Darstellung der Intensität gegen die reziproke Temperatur

Nicht beeinflußt werden dagegen die Parameter C_1 und W_1. Der Ausdruck für das Maximum der Intensität nach F.E. WILLIAMS und nach Ansatz (2) dient als Instrument für eine allgemeine Diskussion des Gültigkeitsbereiches beider Ansätze. Durch Einführung einer geeigneten Hilfsfunktion lassen sich die expliziten Zusammenhänge mit den Parametern T_M, W und W_1 ableiten.

Haftstellen verschiedener Aktivierungsenergien

Deutet man die Haftstellen als angeregte Niveaus innerhalb des Aktivatorions, von denen strahlende Übergänge in den Grundzustand zu vernachlässigen sind, so bietet sich die Verallgemeinerung für die Existenz eines Haftstellenspektrums diskreter Energiedifferenzen an. Solche Haftstellen verschiedener Aktivierungsenergie W_A werden in speziellen Temperaturbereichen ihre durch direkte Absorption aufgenommenen Elektronen an den strahlungsfähigen Anregungszustand abgeben und somit die Lumineszenz verstärken.

Bei Abwesenheit von Infrarotausleuchtung besitzen

die Übergangskoeffizienten in ihrer Temperaturabhängigkeit die Gestalt

$$(3) \qquad Q_\lambda = c_\lambda \cdot e^{-\frac{W_\lambda}{kT}}$$

Untersucht man, von welchen Temperaturen ab die Übergangskoeffizienten (3) wirksam werden, so erhält man aus den Bedingungsgleichungen

$$(4) \qquad \frac{d^2 Q_\lambda}{dT^2} = 0 \; ; \qquad \frac{d^3 Q_\lambda}{dT^3} \neq 0$$

für die Temperatur des steilsten Anstiegs der Intensität die Werte

$$(5) \qquad T_\lambda = \frac{1}{2} \cdot \frac{W_\lambda}{k} \, ,$$

d.h. Proportionalität zu W_λ.

Wegen der verschiedenen Größenordnung der Werte für W und W_1 aus Ansatz (2) ist daher eine Trennung von Löschbereich und Aktivierungsvorgang für die Haftstelle sichergestellt.

Damit nun auch bei mehreren Haftstellen die Aktivierungsbereiche voneinander geschieden sind, müssen die Werte für eine zweite Haftstelle unterhalb des Intervalls

$$10^{-1}\mathrm{eV} \geq W_1 \geq 10^{-2}\mathrm{eV}$$

liegen. In den zusammengetragenen experimentellen Beispielen liegen in der Tat Aktivierungsenergien von der Größenordnung

$$10^{-2}\mathrm{eV} \geq W_2 \geq 10^{-3}\mathrm{eV}$$

vor.

Kürzlich veröffentlichte Arbeiten über Silberhalogenide von E. JELTSCH weisen ebenfalls die Existenz von Haftstellen in der angeführten Größenordnung aus [10, 11].

Für den Ansatz (2) läßt sich damit eine verallgemeinerte Form

$$(6) \qquad \frac{J}{J_0} = \frac{C_1 e^{-\frac{W_1}{kT}} + C_2 e^{-\frac{W_2}{kT}}}{1 + C e^{-\frac{W}{kT}}}$$

mit der Abstufung

$$W > W_1 > W_2$$

vorschlagen.

Halblogarithmische Darstellung der normierten Intensität gegen die reziproke Temperatur duldet ebenfalls diese Verallgemeinerung, da die Linearität des Löschbereiches für $T > T_M$ durch beide Exponentialterme im Zähler nicht beeinflußt wird. Umgekehrt bestimmt die erste Haftstelle für $T < T_M$ den linearen Verlauf, bis bei einer Temperatur $T_k < T_M$ durch einen Knick die zweite Haftstelle zur Wirkung kommt.

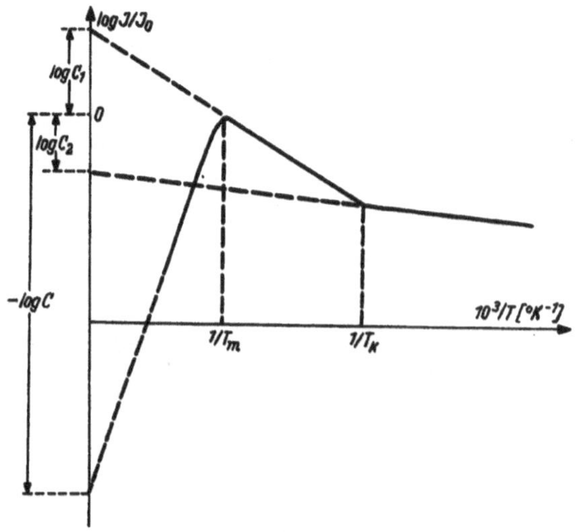

Abb. 3: Diagramm der Temperaturfunktion für zwei Haftstellen

Aus den Achsenabschnitten für $1/T = 0$ und den Steigungsfaktoren sind dann insgesamt die Parameter C, W, C_1, W_1, C_2 und W_2 zugänglich, wie aus Abb. 3 ersichtlich ist.

Experimentelle Beispiele

Am Cadmiumborat mit Mangan als Aktivator liegen von L. THORINGTON [25] Messungen der Temperaturabhängigkeit vor, die bei tiefen Temperaturen mehrere Zwischenwerte aufweisen.

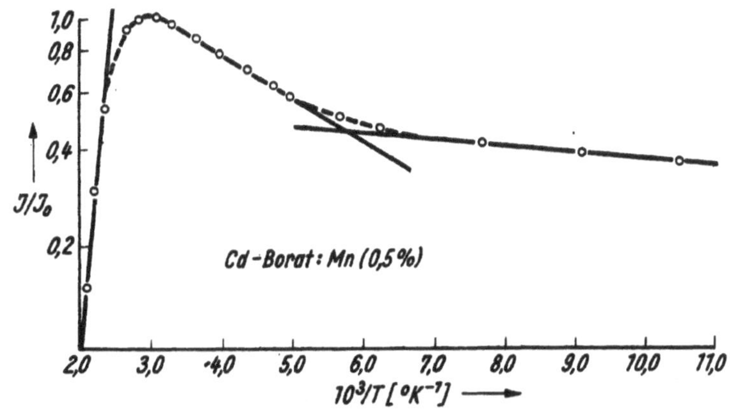

Abb. 4: Temperaturverlauf der Intensität für Cadmiumborat : 0,5 % Mn. Daten nach [25]

Abb. 4 enthält die halblogarithmische Darstellung der relativen Intensität der gemessenen Manganemission bei 6000 Å als Funktion der reziproken Temperatur. In numerischer Auswertung lautet hierfür die verallgemeinerte Intensitätsfunktion

$$\frac{J}{J_0} = \frac{2{,}6 \cdot e^{-\frac{300}{T}} + 0{,}58 \cdot e^{-\frac{46}{T}}}{1 + 4 \cdot 10^6 \cdot e^{-\frac{6390}{T}}} \quad (7)$$

Die Aktivierungsenergien sind

$$W = 0{,}55 \text{ eV}; \; W_1 = 2{,}6 \; 10^{-2} \text{eV}; \; W_2 = 3{,}5 \; 10^{-3} \text{eV}.$$

Mit Rücksicht auf die folgenden Beispiele ist das relativ niedrige Temperaturmaximum $T_M = 340^0$K hervorzuheben.

Ein weiteres Beispiel einer Manganaktivierung findet sich bei F.A. KRÖGER und W. HOOGENSTRAATEN [20] im Silikat der Zusammensetzung $CdSiO_3$: 10^{-3} Mol $MnSiO_3$, dessen Zerlegung in zwei lineare Bereiche im ansteigenden Kurvenzweig aus Abb. 5 zu ersehen ist.

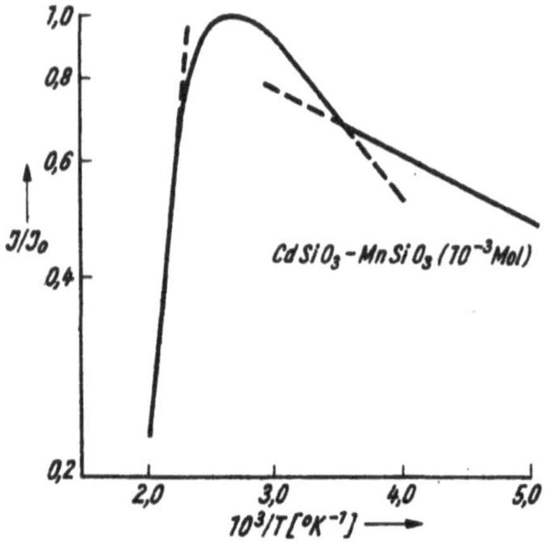

Abb. 5: Temperaturverlauf der Intensität für $CdSiO_3$ - $MnSiO_3$ (10^{-3} Mol) Daten nach [20]

Die zugehörigen Parameter liegen in den Größenordnungen des oben genannten Beispiels.

J. RUDOLPH und H. RUFFLER [21] untersuchen eine Reihe von Sulfatleuchtstoffen, deren Temperaturabhängigkeit ebenfalls ausführlich gemessen wurde, um die Bandenüberlagerung der Manganemission zu isolieren. Im Falle der Emission mit kleinerer Wellenlänge weisen die Systeme Kaliumsulfat bei verschiedener Mangan- und Cerkonzentration in ihrem Lumineszenzabfall nach tiefen Temperaturen einen Knick auf, der beim

$$Ce_2(SO_4)_3 : 1{,}5 \% \ Mn$$

besonders gut ausgeprägt ist. Abb. 6 enthält die halblogarithmische Darstellung für diesen Leuchtstoff, gemessen bei 5400 Å. Exponentielle Zeitcharakteristiken für die

Abklingkurven wurden in der zitierten Arbeit ebenfalls gefunden.

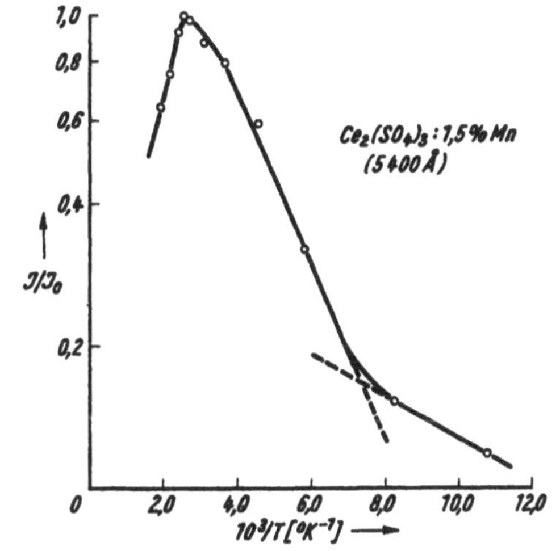

Abb. 6: Temperaturverlauf der Intensität für $Ce_2(SO_4)_3$: 1,5 % Mn bei 5400 Å Daten nach [21]

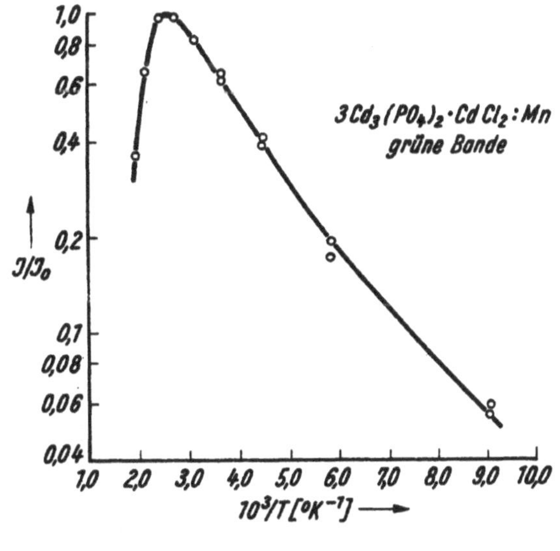

Abb. 7: Temperaturverlauf der Intensität für die grüne Bande von Cadmiumchlorophosphat : Mn Daten nach [22]

Aus der Klasse der Phosphatluminophore hat H. RUFFLER [22] Cadmiumchlorophosphate der Zusammensetzung

$$3\ Cd_3(PO_4)_2 \cdot CdCl_2 : Mn$$

auch hinsichtlich ihres Temperaturverhaltens untersucht, wobei der Einfluß des Wismuts zur Diskussion steht.

Abb. 7 und 8 weisen in halblogarithmischer Darstellung die Temperaturabhängigkeit der grünen Manganemission mit und ohne Wismutzusatz aus.

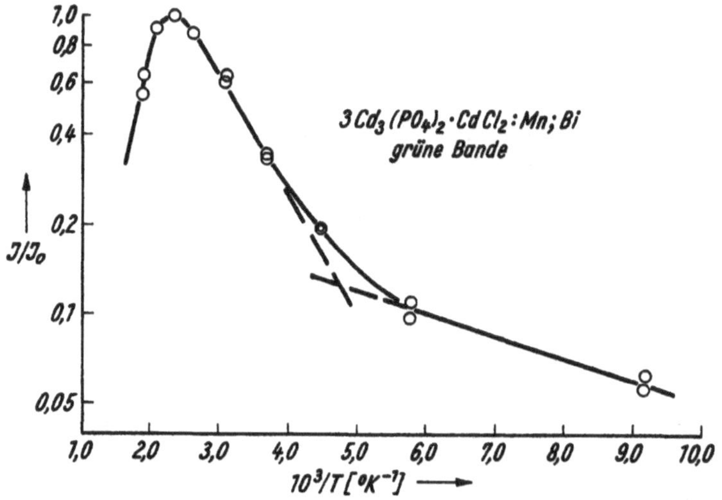

Abb. 8: Temperaturverlauf der Intensität für die grüne Bande von Cadmiumchlorophosphat : Mn,Bi Daten nach [22]

Durch den Einbau von Wismut wird die Stufenfolge im ansteigenden Teil der Lumineszenzkurve ausgeprägter, obwohl die Übergänge nach wie vor dem Mn^{2+} zugeordnet bleiben. L. THORINGTON [26] legt im Rahmen der Diskussion um Leuchtstoffe für die Farbkorrektur in den Quecksilberhöchstdrucklampen eine Arbeit über Magnesiumgermanate vor, in die Mangan der vierwertigen Stufe als Leuchtzentrum eingebaut wurde. Abb. 9 enthält die Meßresultate für das System

$$Mg_4GeO_6 : 0{,}1\ Mn\ ,$$

während Abb. 10 die Ergebnisse für das entsprechende Fluorogermanat enthält. Zur Anregung dient der Quecksilberbereich um 3650 Å. Wird dagegen die Resonanzlinie 2537 Å eingestrahlt, so verlaufen die Temperaturkurven monoton fallend, d.h. ein Anstieg mit steigender Temperatur findet nicht statt.

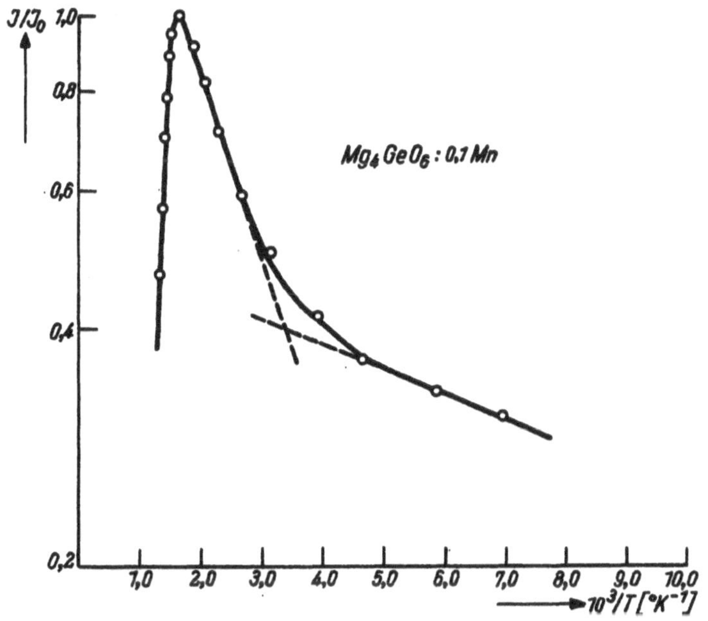

Abb. 9: Temperaturverlauf der Intensität für Mg_4GeO_6 : 0,1 Mn Daten nach [26]

Im Sinne des atomaren Konfigurationskoordinatenmodells könnte man die Wirkung der Einstrahlung mit der Resonanzlinie 2537 Å durch Überspringen der Haftstellen deuten, d.h. dadurch, daß der strahlungsfähige Zustand absorbiert. Der Knick im Bereich der thermischen Aktivierung von Abb. 9 und Abb. 10 scheint gegen einen stetigen Aufbau der Absorption im Bereich von 3650 Å zu sprechen, wie ihn THORINGTON für den Lumineszenzanstieg verantwortlich macht. Gerade diese Beispiele sind durch Messungen in kleinen Temperaturintervallen gut belegt. Ein letztes Beispiel findet sich bei F.A. KRÖGER und HOOGENSTRAATEN [20]. Abb. 11 verzeichnet die Intensität der Samariumemission innerhalb des Calciumwolframats als Funktion der Temperatur. Bekanntlich sensibilisiert das Grundgitter die Fluoreszenz der Samariumionen. Die beiden gut getrennten linearen Teilbereiche im ansteigenden Zweig der Kurve lassen auch hier stufenweise Aktivierung thermischer Natur vermuten.

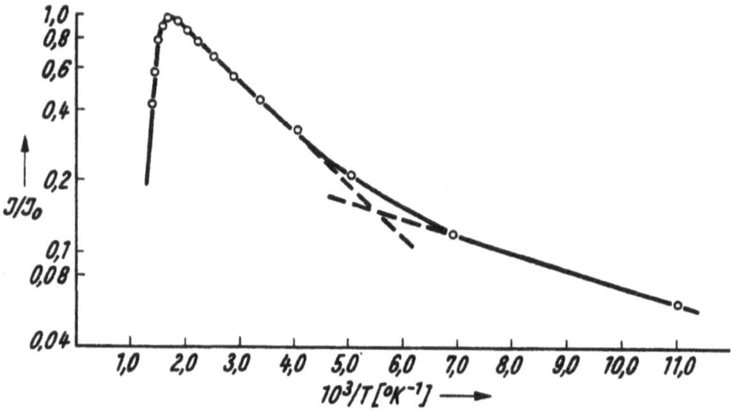

Abb. 10: Temperaturverlauf der Intensität für Magnesiumfluorogermanat : Mn Daten nach [26]

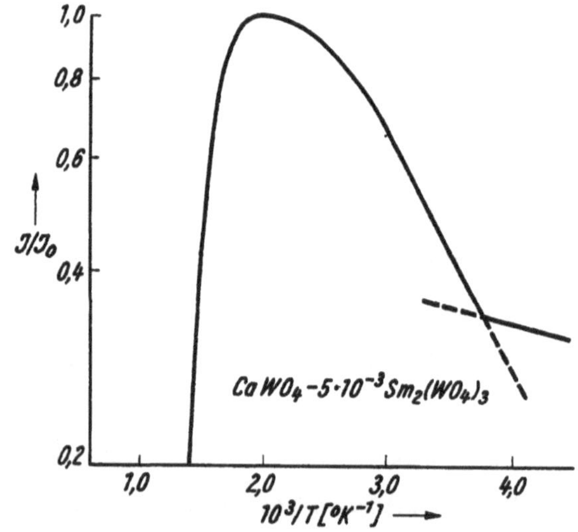

Abb. 11: Temperaturverlauf der Samariumemission für $CaWO_4 - 5\cdot10^{-3}\ Sm_2(WO_4)_3$ Daten nach [20]

Für die Praxis der Industrie bei der Verarbeitung von Leuchtstoffen entscheidet die Konkurrenz von Temperaturlöschung und thermischer Aktivierung über eine Einsatzmöglichkeit für spezielle Zwecke.

Prüft man die Reihenfolge der vorgelegten Beispiele im Interesse der Verwendung für hohe Arbeitstemperaturen, so liegt eine Verschiebung des Temperaturmaximums zu hohen Temperaturen bei der Aktivatorfolge

$$Mn^{2+};\ Mn^{4+};\ Sm^{3+}$$

vor. Wird das umliegende Gitter in seiner Wechselwirkung mit dem Aktivator für die Temperaturabhängigkeit verantwortlich gemacht, so läßt sich die Steigerung vom zweiwertigen zum vierwertigen Mangan im Sinne der stärkeren Coulomb-Kräfte verstehen. Das vierwertige Mangan leitet hier wieder zu den Seltenen Erden als Aktivator über, in denen die Schirmwirkung der äußeren Elektronenschale zusätzlich ihren Einfluß geltend macht.

In neueren Arbeiten [34, 19] werden höhere als quadratische Glieder in die Potentialenergiekurven einbezogen. Für geringe Ausschläge aus der Gleichgewichtslage bleiben jedoch die bisherigen Näherungen gültig. Thermische Aktivierung im oben diskutierten Sinne fällt aus diesem Rahmen nicht heraus.

Literatur:

[1] T.P.J. BOTDEN, Philips Res. Rep. 6 (1951) 425 und 7 (1952) 197

[2] T.P.J. BOTDEN und F.A. KRÖGER, Physica 15 (1949) 747

[3] J. BUHROW, Dissertation Greifswald 1959

[4] K.H. BUTLER, J. Electrochem. Soc. 95 (1949) 267

[5] D.L. DEXTER, C.C. KLICK und G.A. RUSSELL, Phys. Rev. 100 (1955) 603

[6] J.W. ELDER, Proc. Phys. Soc. B 69 (1956) 934

[7] R.W. GURNEY und N.F. MOTT, Trans. Far. Soc. 35 (1939) 69

[8] H.F. HAMEKA und C.C. VLAM, Physica 19 (1953) 943

[9] A. von HIPPEL, Z. Phys. 101 (1936) 680

[10] E. JELTSCH, Z. Phys. 154 (1959) 601

[11] E. JELTSCH, Z. Phys. 154 (1959) 613

[12] P.D. JOHNSON, J. chem. Phys. 22 (1954) 1143

[13] P.D. JOHNSON und F.E. WILLIAMS, J. chem. Phys. 21 (1953) 125

[14] J.S. JOHNSON und F.E. WILLIAMS, J. opt. Soc. Am. 39 (1949) 709

[15] P.D. JOHNSON und F.E. WILLIAMS, J. chem. Phys. 20 (1952) 124

[16] P.D. JOHNSON und F.E. WILLIAMS, J. chem. Phys. 18 (1950) 323

[17] P.D. JOHNSON und F.E. WILLIAMS, J. chem. Phys. 17 (1949) 435

[18] C.C. KLICK und J.H. SCHULMAN, J. opt. Soc. Am. 42 (1952) 910

[19] R.S. KNOX, Phys. Rev. 115 (1959) 1095

[20] F.A. KRÖGER und W. HOOGENSTRAATEN, Physica 16 (1950) 30

[21] J. RUDOLPH und H. RUFFLER, Techn. Wiss. Abh. Osram Ges. 7 (1958)

[22] H. RUFFLER, Techn. Wiss. Abh. Osram Ges. 7 (1958)

[23] M. SCHÖN, Techn. Wiss. Abh. Osram Ges. 6 (1953) 49

[24] F. SEITZ, Trans. Far. Soc. 35 (1939) 74

[25] L. THORINGTON, "Preparation and Characteristics of Solid Luminescent Materials" New York 1948, S. 269

[26] L. THORINGTON, J. opt. Soc. Am. 40 (1950) 579

[27] C.C. VLAM, Physica 15 (1949) 609

[28] F.E. WILLIAMS, J. opt. Soc. Am. 39 (1949) 648

[29] F.E. WILLIAMS, J. chem. Phys. 19 (1951) 457

[30] F.E. WILLIAMS, J. Phys. Chem. 57 (1953) 780

[31] F.E. WILLIAMS, Phys. Rev. 82 (1951) 281

[32] F.E. WILLIAMS, Adv. in Electronics 5 (1953) 137

[33] F.E. WILLIAMS und H. EYRING, J. chem. Phys. 15 (1947) 289

[34] F.E. WILLIAMS und P.D. JOHNSON, Phys. Rev. 113 (1959) 97

[35] F.E. WILLIAMS, B. SEGALL und P.D. JOHNSON, Phys. Rev. 108 (1957) 46

[36] H. WITZMANN und J. BUHROW, Z. phys. Chem. 212 (1959) 279

[37] H. WITZMANN und J. BUHROW, Z. phys. Chem. 210 (1959) 97

[38] H. WITZMANN und J. MALUR, Physik und Chemie der Kristallphosphore, Akademie Verlag Berlin 1960

[39] H. WITZMANN und J. BUHROW, Physik und Chemie der Kristallphosphore, Akademie Verlag Berlin 1960

Greifswald, Institut für Physikalische Chemie der Ernst-Moritz-Arndt-Universität

Diskussion

STASIW: Nach einer neueren Arbeit von KNOX [1] könnte man das gemessene Lumineszenzspektrum auch Übergängen zwischen Chlor- und Thalliumionen zuschreiben. Die von Ihnen getroffene Zuordnung der Lumineszenzspektren zu Übergängen innerhalb eines Thalliumzentrums ist also nicht unbedingt zwingend.

BOHUN: Die Bemerkung von Herrn STASIW wird durch Photoleitungsmessungen der amerikanischen und der russischen Schule an Tl-aktivierten KCl-Kristallen unterstützt.

BUHROW: Das Auftreten einer Photoleitung ließe sich auch mit dem SLATER'schen Mechanismus der Bandverbiegung in der Umgebung des Zentrums erklären.

SCHÖN: Meines Erachtens ist es durchaus sinnvoll und zweckmäßig, das Modell etwa in der Art aufzustellen und zu diskutieren, wie es Herr BUHROW getan hat. Man muß nur immer dabei daran denken, daß man es mit räumlich getrennten Zentren zu tun hat, wie es ja auch aus dem bimolekularen Charakter des Abklingens der Phosphoreszenz folgt.

SEIWERT: Man sollte die beiden Modellvorstellungen des RIEHL-SCHÖN'schen Bändermodells und des Potentialkurvenmodells nicht zu konträr einander gegenüberstellen, denn Aktivatorterme des Bändermodells sind letzten Endes nichts anderes als Grundzustände im Potentialkurvenmodell.

Literatur:

[1] R.S. KNOX, Phys. Rev. 115 (1959) 1095

Bemerkungen zur Rekombination von Frenkelpaaren im Kristallvolumen und an Versetzungen

O. STASIW und J. TELTOW

Die Kinetik der Bildung und Rekombination materieller Gitterdefekte in Realkristallen ist bedeutungsvoll nicht nur für die Zeitabhängigkeit von Transporteigenschaften des Gitters und technisch wichtig z.B. für die Ausheilung von Strahlenschäden in einem Reaktorwerkstoff, sondern sie greift auch, wie andere Beiträge zu dieser Tagung zeigen, als Teil der "Vorgeschichte" entscheidend in das reine Elektronengeschehen ein, bei dem materielle Fehlstellen als Donatoren und Akzeptoren wirken. Als einfaches Beispiel für die dabei auftretenden reaktionskinetischen Probleme wird im folgenden die FRENKEL-Fehlordnung im Silberhalogenidkristall zusammenfassend erörtert.

Ausgangspunkt ist die Bildung und Rekombination im Volumen des Idealkristalls. Eine erste Behandlung dieser Frage gab MATEJEC [1]. Wir bevorzugen nachstehend einen etwas anderen Weg, der eine bessere Anpassung an die vorliegenden experimentellen Daten gestattet. Die Bilanz

$$\frac{dx}{dt} = K_b - K_r x^2 \qquad (1)$$

beschreibt, wie in [1], die Bildung der FRENKEL-Defekte durch "thermische Dissoziation eines Gitterkations" (K_b mal pro Zeiteinheit) und ihre Rekombination (für ein Zwischengitterkation bzw. eine Kationenlücke $K_r x$ mal pro Zeiteinheit). Dabei bedeuten: x Gitterkonzentration (Anzahl pro AgBr-Gittermolekül) der Ag-Lücken, gleich der der Ag-Zwischengitterionen (Neutralität!), K_b, K_r temperaturabhängige Konstanten.

Einen ersten experimentellen Zugang zu K_b und K_r ergibt die Gleichgewichtskonzentration x_g der Fehlstellen

$$\frac{dx}{dt} = 0 \quad ; \qquad x_g^2 = \frac{K_b}{K_r} \tag{2}$$

x_g ist aus Ionenleitfähigkeitsmessungen [2,3] an AgBr- und AgCl-Kristallen mit zweiwertigen Zusätzen wenigstens für Temperaturen oberhalb 200°C bekannt und kann mittels

$$x_g = A e^{-W_F/2kT} \tag{3}$$

nach tieferen Temperaturen extrapoliert werden [1].

Eine weitere Bestimmungsmöglichkeit für K_b und K_r liefern alle Experimente über die Zeitabhängigkeit der Gleichgewichtseinstellung, z.B. das isotherme Anklingen von x an x_g nach Abschrecken bzw. momentanem Hochheizen des Kristalls. Die entsprechende Lösung von (1) zeigt wegen des bimolekularen Charakters der Rekombination kein einfaches exponentielles Anklingen der Konzentration x selbst, wohl aber des Ausdrucks

$$\frac{x - x_g}{x + x_g} = \frac{x_1 - x_g}{x_1 + x_g} e^{-2\sqrt{K_b K_r}\, t} \tag{4}$$

Anfangsbedingung $x = x_1$ für $t = 0$.
Man kann daher cum grano salis

$$\tau_r = \frac{1}{\sqrt{K_b K_r}} = \frac{1}{K_r x_g} = \frac{x_g}{K_b} \tag{5}$$

---

1) In [1] wird zwar für die Fehlordnungsenthalpie W_F der experimentelle Wert 1,27 eV (AgCl: 1,69 eV) benutzt, aber für A der aus der idealen Statistik folgende Wert $\sqrt{2}$ eingesetzt. Dies ergibt gegenüber dem Experiment 361 (AgCl: 1580) mal zu kleine Leitfähigkeiten, und diese Faktoren hängen nicht, wie in [1] irrtümlich behauptet, von der Konzentrationseinheit ab. Es erscheint konsequenter, auch für A den empirischen Wert zugrunde zu legen.

als Rekombinationsdauer bezeichnen; innerhalb dieser Zeit klingt eine Anfangskonzentration 0 (bzw. ∞) auf den Wert 0,76 x_g an (bzw. 1,31 x_g ab). Die konzentrationsabhängige mittlere Lebensdauer einer einzelnen Fehlstelle ist $\tau_r x_g/x$.

Leider fehlen bis jetzt systematische Untersuchungen der Geschwindigkeit der Gleichgewichtseinstellung. Es ist auch fraglich, ob solche Experimente wegen der am Schluß zu besprechenden Störeinflüsse aussagefähig sind (über den Zusammenhang von τ_r mit dem Diffusionskoeffizienten und der Leitfähigkeit s. weiter unten). Zunächst bleibt nur die Möglichkeit, K_b bzw. K_r theoretisch abzuschätzen.

MATEJEC [1] tut dies für K_b, indem er die "Dissoziation eines Gitterkations" als thermisch aktivierten Sprung über einen Potentialsattel der Höhe $W_F + U$ (U = Schwellenenergie) betrachtet und für den Frequenzfaktor einen Pauschalwert der Gitterschwingungsfrequenzen 10^{13} s^{-1} einsetzt. Nach VINEYARD [4], der diese Art von Übergängen genauer untersuchte, trifft eine solche Festsetzung nur die ungefähre Größenordnung. Überdies verlangt wegen der COULOMB-Attraktion der beiden Partner ihre völlige Dissoziation, daß mehrere Sättel ungleicher Höhe überwunden werden, so daß im vorliegenden Fall nicht einmal die Voraussetzung der Rechnung von VINEYARD erfüllt ist.

Andererseits sind Rekombinationsvorgänge der fraglichen Art seit v. SMOLUCHOWSKI [5] Gegenstand vieler eingehender theoretischer Untersuchungen [6] gewesen, die neuerdings mit Erfolg auf den völlig analogen Fall der Assoziation beweglicher substituierter Fremdatome in Halbleitern (z.B. Li und Ga in Ge) angewendet wurden. Der in diesen Arbeiten betonte Unterschied gegenüber der Kinetik der Gase und der der Elektronenprozesse in Kristallen sei auch hier nochmals hervorgehoben: Die FRENKEL-Fehlstellen wandern im Gitter nicht geradlinig, sondern diffundieren durch statistische Aneinanderreihung von (gittergeometrisch erlaubten) Sprungwegen s ($\approx$ Gitterkonstante a), bevor sie rekombinieren, wobei sie gewissermaßen ihre nächste Nachbarschaft nach Reaktionspartnern abtasten; dabei ist stets ihre "mittlere freie Weglänge"

$$s \ll d = \frac{a}{2\sqrt[3]{x}} \tag{6}$$

klein gegen den mittleren Nachbarabstand d der Reaktionspartner[2]. Andererseits wird die Einfangwahrscheinlichkeit bei genügender Annäherung zur Gewißheit. Diese grundlegenden Unterschiede verbieten die formale Übertragung von gaskinetischen Begriffen wie "Wirkungsquerschnitt" u.ä. auf unser Problem.

Im folgenden sollen die Ergebnisse dieser wohlfundierten Rechnungen zur Berechnung von K_r dienen. Sehr wertvoll dafür ist der Umstand, daß der in ihnen auftretende effektive Einfangradius R (in diesem Abstand vom Reaktionspartner wird x = 0 gehalten, d.h. für $r \leq R$ die Rückdiffusion ausgeschlossen) gestattet, die Frage der Wechselwirkung näherungsweise zu erledigen. Für ein COULOMB-Potential $V = e^2/4\pi\varepsilon\varepsilon_0 r$ zwischen den Reaktionspartnern gilt nämlich $R = e^2/4\pi\varepsilon\varepsilon_0 kT$, d.h. R ist identisch mit dem "thermischen Radius" der Teilchen; in dieser Entfernung ist die COULOMB-Energie eines Antiteilchens gleich seiner mittleren thermischen Energie. Bei Annäherung unter R erfolgt also die Rekombination zwangsläufig.

Aus der (1) entsprechenden Rekombinationsgleichung [6], Gl. (5) folgt dann, wenn wir statt der Teilchenanzahlen C pro Raumeinheit die Gitterkonzentratio-

---

2) Der Faktor $2 = \sqrt[3]{8}$ in (6) entspricht der doppelten Zählung der Konzentration x und der Anzahl 4 der Gittermolekeln pro Elementarzelle a^3 (a = 5,76 Å für AgBr, 5,54 für AgCl).

nen $x = Ca^3/4$ einführen

(7) $$K_r = 16\pi \frac{RD}{a^3}$$

mit D = Summe der Diffusionskoeffizienten der beiden Teilchenarten. In (7) ist rechts ein Korrekturfaktor $(1 + R/\sqrt{\pi Dt})$ vernachlässigt, also die Versuchsdauer $t \gg R^2/\pi D$ angenommen, ein Fall, der praktisch meist vorliegt (s. die Zahlenwerte weiter unten). Der Faktor besagt, daß die Rekombination, die, wie angenommen, im Zeitpunkt t = 0 mit statistisch verteilten Reaktionspartnern startet, anfangs, solange sich noch Partner spontan in kürzerem Abstand als R voneinander befinden, schneller als bimolekular (Gl. (1)), d.h. zeitweilig auch monomolekular fortschreitet. Das bedeutet nicht unbedingt einen Einwand gegen Gl. (1) überhaupt, da ja infolge des Hochheizens oder Abschreckens für t = 0 meist eine von der statistischen Verteilung abweichende Anfangsbedingung vorliegen wird, z.B. eine Ausbildung von DEBYE-HÜCKEL-Ionenwolken. Im Interesse einer einfachen Abschätzung von K_r begnügen wir uns mit dem Ausdruck (7). Möglicherweise würde eine genauere Analyse des Wechselspiels zwischen Bildung und Rekombination mit COULOMB-Kräften erhebliche Abweichungen von (1) zeitigen. Doch dürfte die strenge Lösung dieses kinetischen Problems, womöglich bis zu Konzentrationen x = 0,01, vorläufig unmöglich sein, da bisher nicht einmal das (2) und (3) entsprechende Gleichgewicht streng berechnet wurde [7]. Gl. (7) stützt sich auf die experimentellen Diffusionskoeffizienten der Partner, die einerseits über $D_i = kTu_i/e$ mit den elektrischen Beweglichkeiten u_i zusammenhängen, andererseits wegen ihrer Proportionalität zur Platzwechselwahrscheinlichkeit w ($D_i = s^2 w_i/6$) eine Temperaturabhängigkeit exp (-const/T) erwarten lassen. Damit sind die D_i aus den experimentell ab 200°C bekannten Beweglichkeiten [2] gegeben, vorbehaltlich der sehr großen Ungenauigkeit der Extrapolation auf niedrige Temperaturen.

Dabei zeigen die Zahlenwerte, daß man die Beiträge der Silberionenlücken zu D unterhalb etwa 200°C vernachlässigen kann.

Tabelle 1 AgBr

	225°C	20°C	-182°C
D $[cm^2s^{-1}]$	$1{,}04\cdot10^{-4}$	$3{,}9\cdot10^{-6}$	$2{,}3\cdot10^{-13}$
ε 3)	15,7	13,1	11,5
R/a	3,7	7,6	28
K_r $[s^{-1}]$	$5{,}8\cdot10^{12}$	$4{,}5\cdot10^{11}$	$9{,}9\cdot10^{4}$
x_g	$2{,}04\cdot10^{-4}$	$6{,}8\cdot10^{-9}$	$4{,}7\cdot10^{-32}$
$d(x_g)/a$	8,5	260	$3{,}0\cdot10^{10}$
K_b $[s^{-1}]$	$2{,}4\cdot10^{5}$	$2{,}1\cdot10^{-5}$	$2{,}2\cdot10^{-60}$
τ_r [s]	$8{,}5\cdot10^{-10}$	$3{,}3\cdot10^{-4}$	$2{,}2\cdot10^{27}$
τ_r [1] [s]	$1{,}2\cdot10^{-5}$	4,3	$3{,}5\cdot10^{30}$

Die Tabellen 1 und 2 enthalten sämtliche so für AgBr und AgCl ausgewerteten Größen bei drei Temperaturen, sowie die nach MATEJEC [1] berechneten Rekombinationsdauern. Diese sind durchschnittlich 4 bis 5 Zehnerpotenzen größer als nach der vorstehenden Abschätzung, als Folge der in [1] enthaltenen Vernachlässigungen, und ergeben so schon bei 225°C ein Verhalten der Kristalle, das sie laut unserer Rechnung erst bei etwa 50°C besitzen.

3) Werte bei 20 und -182°C nach A. EUCKEN und A. BÜCHNER [8]. Der Wert bei 225°C ist eine Extrapolation aus diesen Messungen; Ergebnisse von KAMIYOSHI [9] an AgCl lassen einen viel höheren Wert vermuten.

Tabelle 2 AgCl[4)]

	225°C	20°C	-182°C
D $[cm^2 s^{-1}]$	$1,27 \cdot 10^{-4}$	$1,09 \cdot 10^{-5}$	$2,9 \cdot 10^{-11}$
ε 3)	15,9	12,3	10,4
R/a	3,8	8,4	32
K_r $[s^{-1}]$	$7,9 \cdot 10^{12}$	$1,5 \cdot 10^{12}$	$1,5 \cdot 10^{7}$
x_g	$6,6 \cdot 10^{-6}$	$6,9 \cdot 10^{-12}$	$4,5 \cdot 10^{-44}$
$d(x_g)/a$	27	$2,6 \cdot 10^{3}$	$1,4 \cdot 10^{14}$
K_b $[s^{-1}]$	340	$7,1 \cdot 10^{-11}$	$3,1 \cdot 10^{-80}$
τ_r $[s]$	$1,9 \cdot 10^{-8}$	$9,7 \cdot 10^{-2}$	$1,4 \cdot 10^{36}$
τ_r [1] $[s]$	$2 \cdot 10^{-3}$	$2,8 \cdot 10^{4}$	$5,7 \cdot 10^{42}$

τ_r ist andererseits aus Messungen des Brutto-Selbstdiffusionskoeffizienten D_{Ag} der Ag^+-Ionen, der ja gleich $x_g D$ ist, unmittelbar abschätzbar:

$$\tau_r = \frac{1}{K_r x_g} = \frac{a^3}{16\pi R D_{Ag}} \quad (8)$$

MILLER [12] mißt bei 227°C an AgBr $D_{Ag} = 1,35 \; 10^{-8} cm^2 s^{-1}$, dies ergibt $\tau_r = 1,3 \; 10^{-9}$ s, in ausreichender Übereinstimmung mit dem Tabellenwert; der Unterschied beruht auf den Korrelationseffekten, die wir hier durchgehend außer acht lassen. Eine Extrapolation dieser D_{Ag}-Werte hat wegen ihres zusammengesetzten Charakters wenig Sinn. Sehr wertvoll wären als weiterer experimenteller Zugang zu den kinetischen Größen ausgedehnte D_{Ag}-Messungen nach tie-

4) Diese Zahlen für AgCl werden mit allem Vorbehalt mitgeteilt, da die Extrapolation der u_i aus den Leitfähigkeitsdaten [2,3] hier besonders unsicher ist. Für die gegenüber AgBr raschere Diffusion der Zwischengitterionen, insbesondere bei tiefen Temperaturen, liegen experimentelle Hinweise vor [10,11].

feren Temperaturen.

Dasselbe würden auch zuverlässige Messungen der Ionenleitfähigkeit $\varkappa$ bei diesen Temperaturen an sehr reinen Kristallen leisten, denn die NERNST-EINSTEIN-Beziehung (ohne Korrelationsfaktor) $D_{Ag} = kT\varkappa/C_o e^2$ ergibt mit der Zahl $C_o = 4/a^3$ der Gitterkationen pro Raumeinheit und dem genannten Ausdruck für R, in (8) eingesetzt

(9) $$\tau_r = \frac{\varepsilon \varepsilon_o}{\varkappa}$$

Zwar streuen die von MATEJEC [13] veröffentlichten $\varkappa$-Meßkurven an AgBr (Teilkurven A) untereinander um den Faktor 10. Entnimmt man aus ihnen, daß $\varkappa$ bei 20°C zwischen 10^{-7} und $10^{-8}\ \Omega^{-1}\mathrm{cm}^{-1}$ liegt, so folgt $\tau_r = 10^{-5} - 10^{-4}$s. Extrapoliert man ebenso aus den AgCl-Meßkurven $\varkappa(20°C) = 10^{-11}\ \Omega^{-1}\mathrm{cm}^{-1}$, so ergibt sich $\tau_r = 10^{-1}$s. Beide Abschätzungen passen gut zu den τ_r-Werten der Tabelle 1 und 2.

Wie diese Zahlen zeigen, wird die Gleichgewichtseinstellung der Fehlordnung mit abnehmender Temperatur rasch langsamer und beansprucht schließlich bei -182°C astronomische Zeitdauern. Dieser Vorgang ist aber nicht ein echtes Einfrieren im Sinne zu seltener Platzwechselsprünge, deren sekundliche Anzahl für ein Zwischengitterion bei -182°C immer noch etwa $6\ D/s^2 \approx 6\ D/a^2 = 4\cdot 10^2$(AgBr) bzw. $6\cdot 10^4$(AgCl) beträgt. Vielmehr sterben die Fehlstellen bei Abkühlung einfach aus [14] (vgl. die Zahlen für den mittleren Nachbarabstand $d(x_g)$ der Partner!), dank der hohen Fehlordnungsenthalpie und der Fähigkeit der FRENKEL-Fehlordnung, sich jederzeit überall im Idealgitter spontan zu etablieren und zu vernichten. Daher hat AgCl trotz seiner größeren Fehlstellenbeweglichkeit gegenüber AgBr eine zum Zehnerpotenzen längere Rekombinationsdauer.

Damit werden die Grenzen dieser Volumenrekombination

im Idealkristall deutlich. Derart kleine x_g-Werte, wie in Tab. 1 und 2 für tiefe T berechnet, sind im Realkristall unmöglich, dank der stets anwesenden Verunreinigungen und Versetzungen.

Einer ohne besonderen Aufwand erreichbaren Gitterkonzentration 10^{-6} der Verunreinigungsatome entspricht ihr Nachbarabstand d = 60a. Das hat laut Tab. 1 und 2 zur Folge, daß unterhalb etwa 80°C in AgBr (180°C in AgCl) die Konzentrationen der Fehlstellen nicht mehr entsprechend (3) abnehmen, sondern daß eine von ihnen (x_o) durch die vorherrschende zweiwertige Verunreinigung konstant gehalten wird. Das bedeutet zwar ein noch schnelleres Aussterben der Reaktionspartner; deren Rekombination verläuft aber jetzt nach einem monomolekularen Gesetz mit einer Halbwertszeit (=Lebensdauer)

$$\tau = \frac{a^3}{16\pi R D x_o} = \frac{1}{K_r x_o}, \tag{10}$$

die x_o/x_g mal kleiner ist als die Rekombinationsdauer τ_r der Tabellen. D.h. die Annäherung an den Gleichgewichtszustand erfolgt um Zehnerpotenzen schneller als im idealen reinen Kristall bei gleicher Temperatur.

Rechnet man mit Versetzungsdichten σ zwischen 10^6 (weitgehend spannungsfrei) und $10^{11}\,cm^{-2}$ (stark plastisch verformt), so entspricht das einem mittleren Abstand $d_v = 1/\sqrt{\sigma}$ benachbarter Versetzungen zwischen $1{,}7\cdot 10^4$a und 60a. Tab. 1 und 2 liefern wieder die Größenordnung der "Konkurrenztemperatur", bei der d (x_g) = d_v ist. Schon oberhalb dieser Temperatur dürfte aber die linienhaft ausgedehnte Versetzung für ein betrachtetes Zwischengitterion im Vergleich zu den Kationenlücken als Falle viel attraktiver werden. JELTSCH und STASIW [15] haben dies durch eine Modellbetrachtung illustriert, bei der die Versetzung als gemeinsames Rekombinationszentrum für beide Fehlstellenarten wirkt. Eine "Oberflächenladung" der Versetzung würde, ähnlich wie zweiwertige Fremdionen, lokale Abweichungen von der Gleichheit der Konzentration bedingen. Alle diese Effekte, obgleich im einzelnen schwer übersehbar, verhindern vermutlich gleichfalls das "Aussterben" und beschleunigen die Rekombination. Überdies ist an Versetzungen auch die Bildung von Fehlstellen erleichtert.

Abschließend sei kurz auf die Bedeutung der Impulsmessungen von Elektronenlaufstrecken im elektrischen Feld [16,17,18] für die Fehlordnungskinetik in derartigen Kristallen hingewiesen. Untersucht werden hierbei weitgehend mechanisch spannungsfreie Einkristalle bei konstanter Temperatur, während Experimente mit hochgeheizten bzw. abgeschreckten Kristallen durch Effekte der Wärmeleitung und der plastischen Verformung infolge inhomogener Temperatur (Fehlstellenbildung durch kletternde Versetzungen!) verfälscht sein können. Im Institut für Kristallphysik werden zu diesem Zweck elektrodenfreie AgCl-Kristalle bei 20°C Licht- und gleichzeitigen Feldimpulsen von 10^{-6} s Dauer ausgesetzt, die in $2\cdot10^{-3}$ s Abstand aufeinander folgen. Nach etwa 10^7 Impulsen resultiert eine gut sichtbare Färbung des Kristallinnern, die vom belichteten Teil der Oberfläche ausgeht und durch etwa 10^{16} pro cm^3 ausgeschiedene Ag-Atome verursacht wird. Das elektrische Feld zieht also pro Impuls 10^9 Photoelektronen in den Kristall hinein, die an geeigneten Fangstellen haften bleiben und in der nachfolgenden feldfreien Dunkelpause von 10^9 Ag^+-Ionen neutralisiert werden müssen.

Damit diese beiden Vorgänge ablaufen können, muß einmal die Ionenleitung so klein sein, daß sie während des Impulses keinen merklichen Feldzusammenbruch bewirkt. Andererseits muß sie während der Dunkelpause zum Ausgleich der Elektronen-Raumladung hinreichen. Das ergibt für die hier im wesentlichen maßgebende Relaxationszeit $\tau = \varepsilon\varepsilon_0/\varkappa$ [19] die folgende rohe Abschätzung

(11) $$10^{-6} < \tau < 2\cdot10^{-3}.$$

τ ist mit τ_r (9) identisch. Der in Tabelle 2 extrapolierte τ_r-Wert genügt der Bedingung (11) nicht, erst recht nicht der nach MATEJEC [1] berechnete. Demnach ist entweder der extrapolierte τ_r-Wert noch um einen Faktor 50 zu groß, oder aber, was wahrscheinlicher ist, zeigen die benutzten Kristalle infolge zweiwertiger Verunreinigungen erhöhte Leitfähigkeiten und damit zu kleine τ-Werte. Es wird z.Zt. versucht, diese Frage durch Versuche mit besonders reinem Kristallmaterial und bei verschiedenen Temperaturen zu klären. Zu erwarten ist, daß lt. Tabelle 1 auch reine AgBr-Kristalle in der gleichen Impulsanordnung bei 20°C Photoelektroneneinfang im Kristallinnern zeigen, während andererseits reine AgCl-Kristalle mit einem τ_r-Wert nach MATEJEC dabei sicher versagen würden.

Eine zweite Abschätzung folgt aus der abgeschiedenen Ag-Menge und ist gegen Verunreinigungen immun: Wenn pro Impuls 10^9 pro cm^3 Ag-Atome abgeschieden werden, so muß mindestens die gleiche Anzahl (Gitterkonzentration $10^9 a^3/4 = 4 \cdot 10^{-14}$) Zwischengitterkationen in der Dunkelpause neu gebildet werden, d.h. $K_b > 2 \cdot 10^{-11} s^{-1}$. Diese Bedingung wird von dem K_b-Wert der Tabelle 2 noch erfüllt, während K_b nach [1], Gl. (4)) $1{,}6 \cdot 10^{-19} s^{-1}$ betragen soll. Gegen diese rohe Abschätzung läßt sich einwenden, daß das Wachstum der mikroskopischen Ag-Teilchen ein Grenzflächenproblem (Metall/Salz) ist und wahrscheinlich die nächstgelegenen Gitterkationen einbezieht. Sie bleibt dann wenigstens für das Anfangsstadium der Silberabscheidung gültig.

Die vorstehenden Ausführungen geben, von einem halbempirischen Standpunkt ausgehend, plausible Größenordnungen für die Parameter der Fehlordnungskinetik in Silberhalogenidkristallen. Es wird gezeigt, daß die Extrapolation von Fehlordnungskonzentrationen und Rekombinationsdauern der Volumenprozesse im reinen Kristall für die Deutung von Experimenten an Realkristallen bei 20°C und darunter wenig Wert hat. Erst die Kenntnis des Reinheitsgrades und der Versetzungsstruktur ermöglichen ein befriedigendes Verständnis der Gleichgewichtseinstellung in diesen Kristallen.

Literatur:

[1] R. MATEJEC, Z. Phys. 151 (1958) 595

[2] J. TELTOW, Ann. Phys. (6) 5 (1949) S. 63 und 71

[3] I. EBERT und J. TELTOW, Ann. Phys. (6) 15 (1955) 268

[4] G.H. VINEYARD, J. Phys. Chem. Solids 3 (1957) 121

[5] M. von SMOLUCHOWSKI, Z. Phys. Chem. 92 (1917) 192

[6] T.R. WAITE, J. Chem. Phys. 32 (1960 21. Dort weitere Literatur.

[7] J. TELTOW, Halbleiterprobleme III, Braunschweig 1956, S. 26

[8] A. EUCKEN und A. BÜCHNER, Z. Phys. Chem. (B) 27 (1934) 321

[9] KAMIYOSHI, Photographic Sensivity I (Hakone-Symposium), Tokio 1956, S. 57

[10] G. SEIFERT und O. STASIW, Z. Phys. 140 (1955) 97

[11] A. SCHOLZ, Ann. Phys. (7) 3 (1959) 298

[12] A.S. MILLER und R.J. MAURER, J. Phys. Chem. Solids 4 (1958) 196

[13] R. MATEJEC, Z. Phys. 148 (1957) 454

[14] F. SEITZ, Revs. Mod. Phys. 23 (1951) 328, besonders 335

[15] E. JELTSCH und O. STASIW, Monatsber. D.Akad.Wiss. Berlin 1 (1958) 178

[16] J.R. HAYNES und W. SHOCKLEY, Phys. Rev. 82 (1951) 935

[17] P. SÜPTITZ, Naturwiss. 44 (1957) 629

[18] P. SÜPTITZ, Z. Phys. 153 (1958) 174

[19] P. SÜPTITZ, Diplomarbeit Humboldt-Universität Berlin 1954

Berlin, Institut für Kristallphysik der Deutschen Akademie der Wissenschaften

Diskussion

STASIW: Unsere gemessenen Lebensdauern sind kleiner als die nach der MATEJEC'schen Theorie zu erwartenden. Der Grund dafür liegt darin, daß die Versetzungen einen sehr großen Einfluß auf die Lebensdauer ausüben.
BÖER: Läßt sich für die Einfriertemperatur eine allgemeine Abschätzung angeben ?
STASIW: Eine solche allgemeine Angabe ist wegen des Einflusses der Versetzungen nicht möglich. Daher treten von Kristall zu Kristall je nach Versetzungsdichte und Reinheitsgrad sehr große Schwankungen auf.
LANDSBERG: Können Sie Angaben über die Wanderungsgeschwindigkeit von Versetzungen machen ?
STASIW: Das ist z. Zt. noch nicht möglich. Wir können noch nicht einmal sichere Aussagen über die Art der vorliegenden Versetzungen machen.
SÜPTITZ: Wahrscheinlich handelt es sich im wesentlichen um gewissermaßen "verhakte" Versetzungen, d. h. Versetzungen, die aufgrund der Verunreinigungen im Kristall weitgehend lokalisiert sind.
TELTOW: Darauf läßt sich aufgrund der mechanischen Eigenschaften schließen.
BÖER: Demnach würde man bei einem weitgehend versetzungsfreienKristall besonders hohe Einfriertemperaturen und bei einem versetzungsreichen Kristall niedrige Einfriertemperaturen zu erwarten haben. Wenn man also einen Kristall mit besonders geringer Fehlordnung haben will, sollte man eine durchaus beträchtliche Versetzungsdichte zulassen.
STASIW: Zweifellos.

Zur Größe der Rekombinationskoeffizienten in Cadmiumsulfid

E.A. NIEKISCH

I. Es ist bekannt, daß die Temperaturabhängigkeit des Photostroms weitgehend durch die Termdichte in der verbotenen Zone bestimmt wird (vgl. etwa [1], [2]). Betrachten wir nämlich einen Photoleiter mit einer Reihe von Störstellen, z.B. einer Sorte von Grundzuständen G und einer Reihe von Elektronenhaftstellen H_i, so gilt für die Ladungsträger im Inneren des Kristalls im allgemeinen eine Neutralitätsbedingung, die im angeführten Beispiel wie folgt lautet:

$$n + \sum_i h_i = p_G + \text{const.} \tag{1}$$

(Hierbei bedeuten n, h_i, p_G die Ladungsträgerkonzentrationen im Leitfähigkeitsband in den i-ten Haftstellen und den Grundzuständen; die Konstante trägt verschiedenen Umladungscharakteren Rechnung). Dann gelten, wenn τ die Lebensdauer und α die Anregungsrate ist, folgende Beziehungen

$$\alpha = \frac{n}{\tau} \tag{2a}$$

$$\frac{1}{\tau} = \gamma p_G = \gamma \left(n + \sum_i h_i - \text{const.} \right). \tag{2b}$$

Bei schwacher Anregung kann hier auch noch n gegenüber den übrigen Konzentrationen vernachlässigt werden:

$$\frac{1}{\tau} \approx \gamma \left(\sum_i h_i - \text{const.} \right) \tag{3}$$

Wir wollen annehmen, unser Kristall befinde sich im angeregten Zustand und bei so tiefen Temperaturen, daß die Haftstellen bis zu einem bestimmten Abstand unterhalb des Leitfähigkeitsbandes gefüllt sind. Wenn wir den Kristall jetzt erwärmen, so muß jedesmal, wenn die sich vom Leitfähigkeitsband jetzt entfernende Quasi-Fermi-Grenze durch eine Haftstellentermgruppe läuft, diese sich entleeren, und die Ladungsträger müssen in tieferliegende freie Terme zurückkehren. Nach (3) muß also bei dieser Temperatur die Lebensdauer einen "Sprung" machen. Bei einer Reihe von Haftstellen, die so nacheinander entleert werden, wäre also qualitativ ein Verlauf von $\frac{1}{\tau}$ zu erwarten, wie er in Abb. 1 angegeben ist.

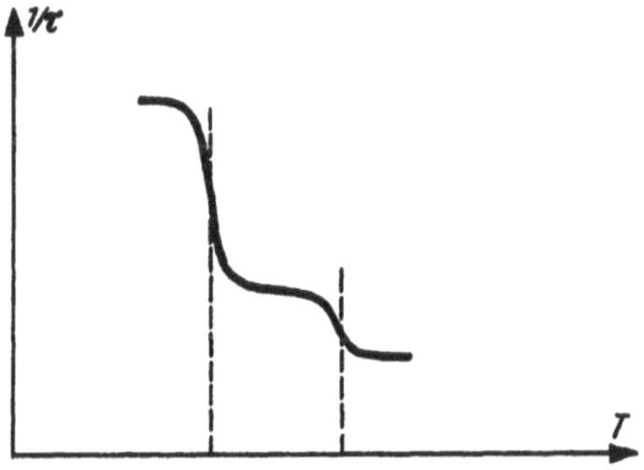

Abb. 1

(Dies gilt natürlich nur bei hinreichend tiefen Temperaturen, d.h. solange die Grundzustände wirklich noch Grundzustände sind und eine thermische Wechselwirkung dieser - und anderer, hier nicht betrachteter - Grundzustände mit dem Valenzband den Verlauf von $\frac{1}{\tau}$ noch nicht wesentlich beeinflußt. Nach Messungen von BUBE [3] und den eigenen Ergebnissen ist das beim CdS aber erst oberhalb Zimmertemperatur der Fall. Dann fällt die Lebensdauer schnell um mehrere Größenordnungen.)

Aus dem Verlauf der Photoleitung im CdS als Funktion der Temperatur bekommt man nun in der Tat qualitativ ein solches Verhalten der Lebensdauer (Abb. 2 unten). Statt der Temperatur ist hier die Quasi-Fermi-Grenze $\zeta = kT \ln N_L/n$ selbst aufgetragen. Der starke Anstieg von $\frac{1}{\tau}$ oberhalb von etwa 0,4 eV ist durch die oben erwähnte thermische Wechselwirkung mit dem Valenzband deutbar. Ein Sprung von $\frac{1}{\tau}$ muß nach dem oben Gesagten dem Integral über die zugehörige Haftstellentermdichte entsprechen; mißt man also auch diese gleichzeitig, so kann man aus der Änderung von $\frac{1}{\tau}$ und diesem Integral den Rekombinationskoeffizienten γ ausrechnen.

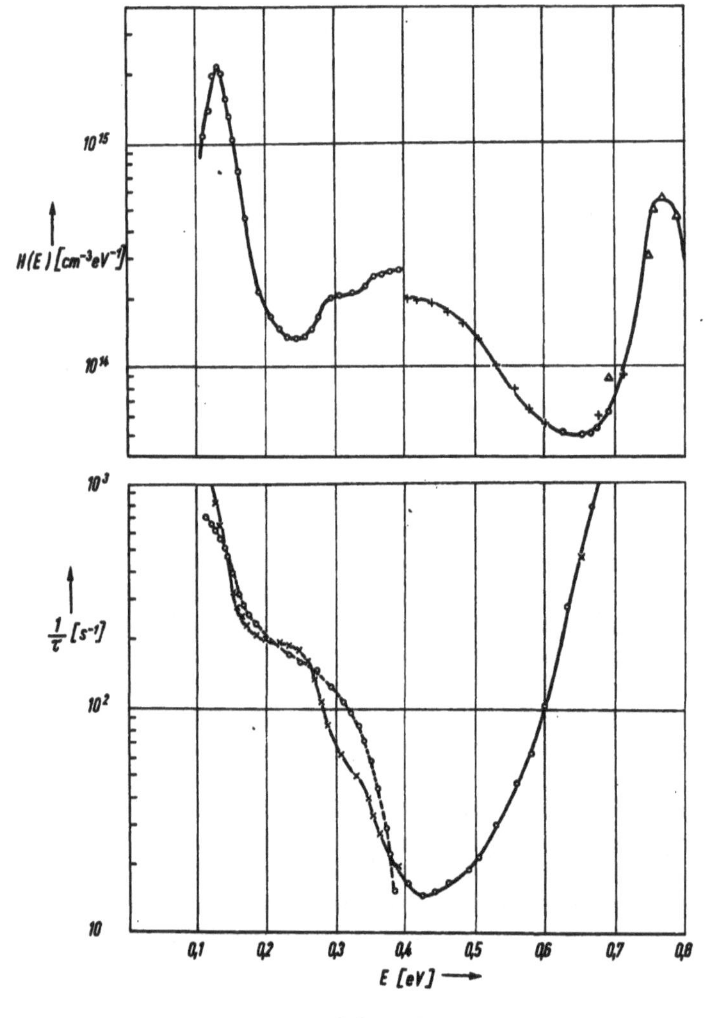

Abb. 2

Für den r-ten Haftterm gilt also (unter Benutzung von (3)):

$$(4) \quad \Delta\frac{1}{\tau} = \gamma h_r = \gamma \int_{(r)} H(E)\,dE \qquad \gamma = \frac{\Delta\frac{1}{\tau}}{\int_{(r)} H(E)\,dE}$$

Die Haftstellenverteilung wurde mit der früher beschriebenen Wechsellichtmethode [4] gemessen und mit der Lebensdauer verglichen, die gemäß (2 a) aus dem Temperaturverlauf des Photogleichstroms berechnet wurde. In

Abb. 2 erkennt man (unterhalb 0,4 eV) die den Maxima bei 0,13 und 0,3 eV entsprechenden $\frac{1}{\tau}$ -Änderungen. Unten ist gestrichelt das Integral über die obere Kurve eingezeichnet; bringt man die beiden Kurven wie angegeben zur Deckung, so ergibt sich hier

$$\gamma = 5{,}6 \cdot 10^{-12} \text{ cm}^3 \text{s}^{-1} \quad .$$

Derartige Messungen an 9 verschiedenen Kristallen, die zum Teil auch verschiedenen Vorbehandlungen unterworfen worden waren (Temperung in Schwefeldampf, Beschuß mit 300 kV-Elektronen), ergaben folgende Werte:

a) Kristalle, die bei etwa 175°C im Vakuum und im Dunkeln ausgeheizt worden waren:

Tabelle I

Nr.	$\gamma \cdot 10^{12}$ [$cm^3 s^{-1}$]	$1/\tau$ [s^{-1}]
71	2,6	150
	2,3	56
65	2,9	67
	5,4	170
	6,7	260
75	15	310
72	5,7	820
77	49	630
79	75	150
	4,8	44
86	2,1	81
51	1,5	15
	5,0	14
87	1,0	20

b) Kristalle, die längere Zeit kräftig vorbelichtet worden waren:

Tabelle II

Nr.	$\gamma \cdot 10^{11}$ $[cm^3 s^{-1}]$	$1/\tau$ $[s^{-1}]$
71	6,1	950
	3,7	2500
65	8,9	1400
	33	2700
	0,29	160
	0,53	520
75	6,9	1800
72	0,8	1100
86	40	4000
79	60	600
77	50	2200
82	82	2000
51	59	860
	113	800
	65	490

Die Messungen erfolgten bei schwacher Lichtanregung im Ausläuferabsorptionsgebiet; entsprechend beziehen sich die angegebenen Werte auf Rekombinationszentren, die unter solchen Bedingungen in Funktion treten.

II. Kürzlich hat COLLINS [5] in einer Arbeit sich eingehender mit der sogenannten grünen Kantenlumineszenz befaßt und u.a. darauf hingewiesen, daß diese sehr wahrscheinlich der Rekombination eines Leitfähigkeitselektrons mit einem Term in der verbotenen Zone 0,15 eV oberhalb des Valenzbandes zuzuschreiben sei. Aus Messungen der Temperaturabhängigkeit der grünen Lumineszenz von LINK und SEIWERT [6] geht hervor, daß sie bei Erwärmung bei etwa 100°K verschwindet. Aus der Bedingung, daß die der Lumineszenzemission entsprechende Rekombinationswahrscheinlichkeit gleich der thermischen Anregungswahrscheinlichkeit $\delta = \delta_0 \exp(-\frac{E}{kT})$ von Elektronen aus dem Valenzband in das Rekombinationszentrum bei d e r Temperatur ist, bei der die Lumineszenzintensität auf die Hälfte abgesunken ist, findet man für den Rekombinationskoeffizienten γ einen Wert von $10^{-10} \ldots 10^{-9} cm^3 s^{-1}$, wenn man für $\delta_0 \approx 10^{12} s^{-1}$ setzt.

Der Einfangsquerschnitt ist in diesem Fall also ein wenig kleiner als der geometrische ($10^{-17} \ldots 10^{-16} cm^2$), während er bei den zuerst erwähnten Untersuchungen bis zu drei Größenordnungen kleiner ist ($10^{-19} cm^2$).

III. Der Vollständigkeit halber soll noch erwähnt werden, daß für den Elektroneneinfang in die Haftstellen selbst ein Wert von $\gtrsim 10^{-7} cm^3 s^{-1}$ für den Übergangskoeffizienten anzunehmen ist, wie in [2] schon berichtet wurde; dies folgt aus dem Funktionieren der Wechsellichtmethode selbst. Für den Frequenzfaktor der Reemissionswahrscheinlichkeit aus der Haftstelle α_0 folgt dann $\gtrsim 10^{12} s^{-1}$.

Zusammenfassung

Durch Vergleich der Temperaturabhängigkeit des Photogleichstroms mit der Haftstellenverteilung unterhalb des Leitfähigkeitsbandes lassen sich Rekombinationskoeffizienten bestimmen. Bei Cadmiumsulfid-Kristallen, die bei etwa 175°C im Dunkeln und im Vakuum "ausgeheizt" worden waren, ergaben sich im allgemeinen Werte γ von $2 \cdot 10^{-12}$ bis $7 \cdot 10^{-12} cm^3 s^{-1}$; bei Kristallen, die längere Zeit stark belichtet worden waren, wurden größere Werte bis zu $10^{-9} cm^3 s^{-1}$ gefunden. Diese Werte gelten für solche Zentren, die bei schwacher Lichtanregung (im Ausläuferabsorptionsgebiet) für die Rekombination der Elektronen wirksam sind.
Aus in der Literatur angegebenen Daten läßt sich der Rekombinationskoeffizient für die sogenannte "grüne Kantenlumineszenz" abschätzen. Man findet $\gamma \approx 10^{-10} \ldots 10^{-9} cm^3 s^{-1}$. Für den Elektroneneinfang in die Haftstellen selber ist etwa ein Übergangskoeffizient $\gtrsim 10^{-7} cm^3 s^{-1}$ anzunehmen.

Literatur:

[1] A. ROSE, RCA Review 12 (1951) 362

[2] E.A. NIEKISCH, Ann. Phys. (6) 15 (1955) 288

[3] R.H. BUBE, J. Phys. Solids 1 (1957) 234 und J. Chem. Phys. 30 (1959) 266

[4] E.A. NIEKISCH, Ann. Phys. (6) 15 (1955) 279
[5] R.J. COLLINS, J. Appl. Phys. 30 (1959) 1135
[6] R. LINK und R. SEIWERT, Z. Phys. Chem. 212 (1959) 295

Berlin, II. Physikalisches Institut
der Humboldt-Universität

Diskussion

SEIWERT: Bekanntlich ist gerade beim CdS die Quantenausbeute relativ gering. Man kann daher Übergänge von den Haftstellen ins Valenzband nicht unbedingt ausschließen, wie es in diesem Modell angenommen wird.
SCHÖN: Auch aus der Lumineszenzerfahrung muß man schließen, daß die "Unten-Herum-Prozesse" doch hier berücksichtigt werden müßten.
NIEKISCH: Ich beschränke mich auf einen Temperaturbereich bis maximal Zimmertemperatur, in dem man meines Erachtens die thermische Entstehung von Löchern im Valenzband vernachlässigen kann. Das anregende Licht war hinreichend langwellig (600 $m\mu \approx$ 2 eV), so daß Übergänge von Elektronen aus dem Valenzband in Haftstellen unwahrscheinlich sind.
SCHÖN: Der Anregungsvorgang ist wohl doch komplizierter, als im allgemeinen angenommen wird; darauf weisen auch zur Zeit bei uns laufende Untersuchungen hin, die sogar das Auftreten einer stufenweisen Anregung wahrscheinlich machen.

Zur Größe reaktionskinetischer Parameter

MICHAEL SCHÖN

Im folgenden soll im Zusammenhang mit der Diskussion der Werte reaktionskinetischer Parameter kurz auf zwei Bestimmungsmethoden hingewiesen werden - hierüber wurde früher schon an anderer Stelle berichtet [1]-, aus denen man die Größenordnung der Verhältnisse γ/β und γ/γ^* erhält, des Verhältnisses also des Rekombinationskoeffizienten für den leuchtenden Übergang in den Aktivator einmal zum Einfangkoeffizienten für Elektronen in die Haftstellen, zum anderen zum Koeffizienten für die strahlungslose Rekombination freier Löcher mit eingefangenen Elektronen.

Das erste Verhältnis erhält man aus den außerordentlich engen Bedingungen für das Auftreten der Superlinearität der Ausbeute, die viel schärfer sind als die für die Stromsuperlinearität. Zu diesen Bedingungen gehört, daß zwei von den drei Polen in der Beziehung $J = f(w)$ (J = Anregungsintensität, w = Verhältnis der strahlenden zu den strahlungslosen Übergängen, bei kleinen Ausbeutewerten gleich der Ausbeute selbst) sehr klein und negativ sind. Es läßt sich zeigen, daß das praktisch nur möglich ist, wenn beide Pole den Wert $-\gamma/\beta$ haben. Außerdem kann gezeigt werden, daß die Superlinearität der Ausbeute erst dann auftreten kann, wenn die Ausbeute größer als γ/β geworden ist. In der Tat läßt sich an den von NAIL, URBACH und PEARLMAN [2] an Zn(50%)Cd(50%)S:Ag($4\cdot10^{-4}$)Ni-Phosphoren mit variablem Ni-Gehalt gemessenen Ausbeutekurven sehen, daß der superlineare Ausbeuteanstieg erst einsetzt, wenn die Ausbeute Werte zwischen 10^{-5} und 10^{-4} angenommen hat. Das ist also der Wert von γ/β , in guter Übereinstimmung mit den nach anderen Methoden gewonnenen Werten (nähere Einzelheiten der Berechnung s. [1]).

Über γ^* erhält man Auskunft aus Messungen der Ausbeute des Leuchtens bei verschiedenen Temperaturen und Intensitäten, und zwar im Bereich relativ starker Anregung, in dem die Neutralitätsbedingung in der Form $n = p_A$ und $n \gg H$ gilt. (Es sei hier erwähnt, daß die strahlungslosen Übergänge im wesentlichen über die in den beiden früheren Beiträgen mehrfach erwähnten tiefen Haftstellen gehen, die stets in einer Konzentration von 10^{14} bis 10^{15} cm^{-3} vorhanden sind, und die man daher als die Rekombinationszentren anzusehen hat. Bei der Druckzerstörung wird die Konzentration dieser Haftstellen erhöht, wie sich aus Anklingmessungen ergibt.) In diesem Anregungsbereich ist die Häufigkeit der strahlungslosen Übergänge n, die der leuchtenden n^2 proportional. Trägt man die reziproke Ausbeute über der reziproken Wurzel aus der Leuchthelligkeit auf, so erhält man Geraden, deren Neigungen von der Temperatur abhängen (Abb. 1; nach Messungen von KLASENS, RAMSDEN und CHOW QUANTIE [3]).

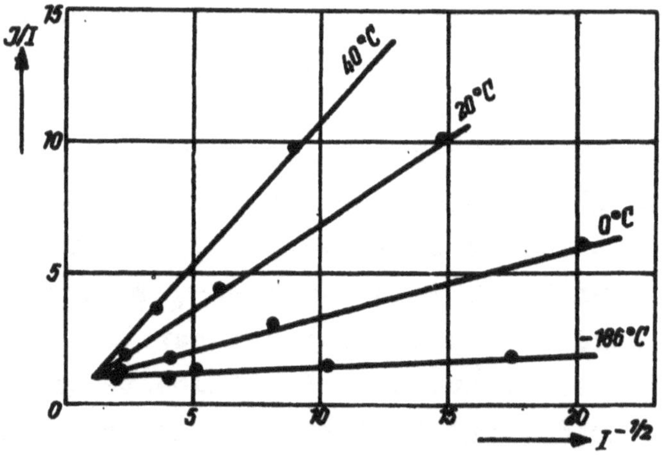

Abb. 1: Intensitätsabhängigkeit eines ZnS-Phosphors, aktiviert mit 10^{-4} Ag, Co-Gehalt $4 \cdot 10^{-6}$ (nach [3], I in willkürlichen Einheiten, $1/\eta = \mathfrak{J}/J$ bei $I \to \infty$ gleich 1 angenommen; $p_A \to H$ auf der rechten Seite der Abbildung noch nicht erkennbar)

Nach dem Minimal-Modell erhält man hierfür die Beziehung

$$(1) \qquad \frac{1}{\eta} = 1 + \frac{\gamma^*}{\beta^*}\frac{H}{A} + N_v \exp\left(-E_A/kT\right) \frac{\gamma^*}{\gamma}\frac{H}{A}\sqrt{\frac{\gamma}{J}}$$

η ist die Ausbeute, γ^* und β^* sind die Einfangkoeffizienten für Löcher, E_A ist der energetische Abstand des Aktivatorterms vom Valenzband, N_V ist dessen statistisches Gewicht und I die Leuchtintensität. Wegen der geringen Konzentration der Rekombinationshaftstellen ist das zweite Glied in (1) zu vernachlässigen. Im dritten Glied kennen wir E_A aus den Messungen der Temperaturabhängigkeit der Ausbeute, d.h. aus dem Temperaturgang der Geraden der Abb. 1; H ist bei Ni-Zusatz (Ni bildet ebenfalls Rekombinationshaftstellen) durch dessen Konzentration bestimmt, bei Phosphoren ohne Ni-Zusatz gleich 10^{14} bis 10^{15} cm^{-3}, und $(J/\gamma)^{\frac{1}{2}}$ ist unter unseren Bedingungen gleich $n = p_A$ und daher aus der Anregungsintensität leicht abzuschätzen. An der Stelle, an der die Ausbeute $\frac{1}{2}$ geworden ist und die man aus den Messungen der Temperaturabhängigkeit des Leuchtens erhält (obere Temperaturgrenze), hat das dritte Glied in (1) den Wert 1, so daß man, da die übrigen Größen bekannt sind, hieraus den Wert von γ / γ^* erhält. Er ergibt sich aus mehreren Messungen zu etwa 10^{-5}.

Zu berücksichtigen ist bei beiden Bestimmungsmethoden der Einfluß der zunächst vernachlässigten flachen Haftstellen, der aber für die Werte von γ und β der gleiche ist. Der Einfluß der flachen Haftstellen auf die Bestimmung von $\gamma | \beta$ fällt bei der Ungenauigkeit der Abschätzung nicht sehr ins Gewicht. (siehe hierzu und zu dem Einfluß flacher Haftstellen bei der Bestimmung der γ-Werte die Bemerkung von SCHOTTKY in [1], S. 356 ff.).

Literatur:

[1] M. SCHÖN, Halbleiterprobleme IV, Braunschweig 1958,283

[2] N.R. NAIL, F. URBACH und B. PEARLMAN, J. Opt. Soc. America, 39 (1949) 690

[3] H.A. KLASENS, W. RAMSDEN und CHOW QUANTIE, J. Opt. Soc. America 38 (1948) 60

München, Laboratorium der Technischen Physik
der Technischen Hochschule

Diskussion:

OBERLÄNDER: Für den Frequenzfaktor bei CdS werden sehr verschiedene Werte angegeben. Häufig findet man in der Literatur Angaben der Größenordnung 10^8 s^{-1}. Aus Wechsellichtmessungen ergeben sich Werte um 10^{12} s^{-1}. Das Verhältnis des Frequenzfaktors zum Einfangkoeffizienten einer Haftstelle ergibt sich aus thermodynamischen Überlegungen zu etwa 10^{19} cm^{-3}. Damit führt aber der Frequenzfaktor von 10^{12} s^{-1} zu Einfangkoeffizienten in der Größenordnung von 10^{-7} cm^3 s^{-1}, die um Größenordnungen über den von uns experimentell gefundenen Werten liegen. Umgekehrt lassen diese experimentell gefundenen Werte für den Einfangkoeffizienten auf Frequenzfaktoren von $\lesssim 10^9$ s^{-1} schließen. Bei welchen Werten wäre nun vernünftigerweise eine Korrektur anzubringen; sind Frequenzfaktoren um 10^8 s^{-1} oder Einfangkoeffizienten um $10^{-7} cm^3 s^{-1}$ wahrscheinlicher?

SCHÖN: Diese Frage läßt sich wohl z. Zt. wegen der Unsicherheit der Deutung der experimentellen Ergebnisse nicht eindeutig beantworten. Andererseits hält SCHOTTKY Einfangkoeffizienten bis zu 10^{-5} cm^3 s^{-1} für durchaus denkbar.

SCHÖN bemerkt auf eine Frage von RUPPEL, daß die Übereinstimmung des aus dem gemessenen Einfangkoeffizienten von 10^{-8} cm^3 s^{-1} sich ergebenden Einfangquerschnitts mit dem geometrischen Einfangquerschnitt erstaunlich sei. LANDSBERG, SCHÖN und SEIWERT weisen darauf hin, daß die wirklichen Einfangquerschnitte im allgemeinen wegen der Notwendigkeit der Energieabgabe an das Gitter kleiner sein sollten als die geometrischen Einfangquerschnitte. RUPPEL gibt zu bedenken, daß bei zusätzlicher Berücksichtigung des Ladungszustandes Abweichungen von den geometrischen Einfangquerschnitten in beiden Richtungen auftreten können.

LANDSBERG bemerkt, daß Elektronenübergänge in

nicht zu tief liegende Terme theoretisch häufig im Rahmen des BOHR'schen Modells behandelt werden, nach dem die Übergangswahrscheinlichkeit für angeregte Zustände der Hauptquantenzahl n wie n^4 wächst. Er weist darauf hin, daß nach einem Vorschlag von LAX [1] zunächst ein Einfang in einen angeregten Zustand und von dort ein Übergang in immer tiefer liegende Zustände des Zentrums erfolgen soll. STASIW stellt fest, daß nach einer Theorie von MEYER, die die adiabatische Näherung voraussetzt, sich für strahlungslose Übergänge eine 10^5- mal größere Wahrscheinlichkeit als für strahlende Übergänge ergibt.

Anschließend macht BÖER einen Vorschlag für eine ökonomische, von physikalischen Annahmen weitgehend unabhängige Bezeichnungsweise der reaktionskinetischen Größen. SCHÖN gibt zu bedenken, daß eine einheitliche Bezeichnungsweise wünschenswert sei, daß sie jedoch die Symmetrie zwischen Elektronen- und Löcherprozessen berücksichtigen solle. NIEKISCH schlägt vor, einen Ausschuß zu bilden, der die einheitliche Bezeichnungsweise mit allen in Frage kommenden Institutionen abspricht und anschließend einen entsprechenden Vorschlag publiziert mit der Empfehlung, daß sich alle auf dem Festkörpergebiet arbeitenden Physiker dieser Bezeichnungsweise anschließen sollten.

<u>Literatur:</u>

[1] M. LAX, J. Phys. Chem. Solids 8 (1959) 66

Festkörperphysik
und Physik der Leuchtstoffe

Tagung der Physikalischen Gesellschaft in der Deutschen Demokratischen Republik vom 20.—24. Oktober 1957 in Erfurt

Herausgegeben im Auftrage der Physikalischen Gesellschaft in der Deutschen Demokratischen Republik

1958. 322 Seiten — 287 Abbildungen — 23 Tabellen — gr. 8° — DM 48,—

Der Tagungsbericht enthält die Beiträge, die auf der Fachtagung „Festkörperphysik und Physik der Leuchtstoffe" in Erfurt vom 20.—24. Oktober 1957 von namhaften Wissenschaftlern vorgetragen wurden. Die behandelten Probleme vermitteln einen umfassenden Überblick über die Ergebnisse und den Stand der aktuellen Forschung auf diesem Gebiet. Die Bedeutung der Festkörperphysik ist in den letzten Jahrzehnten, insbesondere durch die Erforschung und Anwendung der Halbleiter, ständig gewachsen. Bereits heute ermöglicht dieser Zweig der physikalischen Forschung eine breite Anwendung auf vielen Gebieten der Technik. Die Vielseitigkeit der Erscheinungen, die die Eigenschaften der Halbleiter charakterisieren, stellen der Forschung neue große Aufgaben.

Bestellungen durch eine Buchhandlung erbeten

THEORIA CUM PRAXI

A K A D E M I E - V E R L A G   B E R L I N

Kolibri 360 GmbH
Ferdinand-Jühlke-Straße 7
99095 Erfurt, Deutschland
produktsicherheit@kolibri360.de